"十三五"普通高等教育规划教材

产 教 融 合

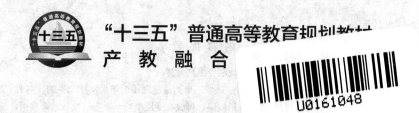

电力系统现场故障分析

DIANLI XITONG XIANCHANG
GUZHANG FENXI

主 编 赵珏斐 芮新花
编 写 王传建 吴淮宁 李 飞
主 审 袁宇波

中国电力出版社
CHINA ELECTRIC POWER PRESS

内 容 提 要

本书为"十三五"普通高等教育规划教材 产教融合系列教材。

本书共分为 10 章,以电力系统故障概述为引,选取了电力系统现场近年来实际发生的、具有一定技术含量、值得借鉴和学习研究的 50 余个电气故障案例,包括线路、母线、变压器等一次电气设备故障案例,二次回路、继电保护装置、直流系统等二次电气设备故障案例,发电厂、智能变电站及人员责任等电气故障案例,并加以研究分析、总结。附录 A 为故障录波图的阅读与分析,附录 B 为电力系统调度操作术语说明。本书配有数字资源,内容为近年世界各国大停电故障典型案例分析,读者可通过扫描书中二维码获得。

本书既可作为高等学校本科电气工程及其自动化专业及其他电气类、自动化类专业本科生和研究生的教材,也可作为从事电力系统设计、运行维护、安装与调试等工程技术人员的培训教材,对电力行业各电气设备厂家进行产品升级与创新也有很好的参考借鉴价值。

图书在版编目(CIP)数据

电力系统现场故障分析 / 赵珏斐,芮新花主编 . —北京:中国电力出版社,2020.5

"十三五"普通高等教育规划教材 产教融合系列教材

ISBN 978-7-5198-3345-9

Ⅰ . ①电… Ⅱ . ①赵…②芮… Ⅲ . ①电力系统-故障诊断-高等学校-教材 Ⅳ . ① TM711.2

中国版本图书馆 CIP 数据核字(2019)第 238999 号

出版发行:中国电力出版社

地　　址:北京市东城区北京站西街 19 号(邮政编码 100005)

网　　址:http://www.cepp.sgcc.com.cn

责任编辑:陈　硕

责任校对:黄　蓓　朱丽芳

装帧设计:郝晓燕

责任印制:吴　迪

印　　刷:北京天宇星印刷厂

版　　次:2020 年 5 月第一版

印　　次:2020 年 5 月北京第一次印刷

开　　本:787 毫米×1092 毫米　16 开本

印　　张:15.5

字　　数:375 千字

定　　价:42.00 元

前　言

　　科技发展电力先行，随着电力体制改革的不断深化、全国电力联网步伐的加快和社会进步带来用户对电力供应依赖性的增强，电力系统电气故障对社会造成的影响也越来越大，因此保障电力系统的安全生产和稳定运行尤为重要。

　　近年来，随着电网规模不断扩大，电网结构日趋复杂，电网安全问题日益突出，提高电力系统从业人员的专业水平、应急能力和现场处置能力，成为当前乃至今后一段时间的突出任务。本书共分为 10 章，收集、整理、分析了电力系统现场近年来实际发生的、具有一定技术含量的、可以借鉴的 50 个各类电气故障案例，并加以研究分析、总结。本书不仅介绍了输电线路、电力母线、变压器等一次电气设备故障案例，二次回路、继电保护装置、直流系统等二次电气设备故障案例，还介绍了发电厂、智能变电站及人员责任等故障案例。每个案例均分为故障简述、故障分析、经验教训、措施及建议和相关原理五部分，力争让读者正确认识电气故障处理与分析的方法，从而提高读者处理电力系统现场故障的技术水平。附录 A 介绍了被称为电力系统"黑匣子"的故障录波图的阅读与分析方法。附录 B 给出了电力系统调度操作术语说明。本书配有数字资源，内容为世界各国大停电故障案例分析，读者可通过扫描书中二维码获得。

　　本书第 1、4、5、7、10 章及附录 B 由南京供电公司赵珏斐编写；第 2、3、6、8、9 章及附录 A、数字资源内容由南京工程学院芮新花编写。全书由赵珏斐、芮新花负责统稿并担任主编，由江苏省电力科学研究院研究员级高级工程师袁宇波担任主审。

　　本书编写过程中，参阅了国内、外许多单位的相关资料，得到了国网江苏省电力公司继保处、国网江苏省电力科学研究院、南京南瑞继保电气有限公司、南京工程学院电力工程学院等单位的无私帮助；在统稿和校核过程中得到了南京希尼尔通信技术有限公司吴淮宁，南京南瑞继保电气有限公司李飞，南京市第五十五所技术开发有限公司王传建等同志的大力协助，在此一并表示衷心的感谢！

　　限于作者水平，书中难免存在错误和疏漏之处，恳请读者批评指正。

编　者

2019 年 11 月

电气常用文字符号新旧对照表

名称	新符号	旧符号
备用电源自动投入装置	AAT	BZT
中央信号装置	ACS	
自动调节励磁装置	AER	ZTL
按频率减负荷装置	AFL	ZPJH
故障录波装置	AFO	
自动重合闸装置	ARE	ZCH
自动准同期装置	ASA	ZZQ
手动准同期装置	ASM	SZQ
远动装置	ATA	
硅整流装置	AUF	
自动电压调节器	AVR	
压力变送器	BP	YB
温度变送器	BT	WDB
电容器	C	
避雷器、放电间隙	F	BL
熔断器	FU	RD
交流发电机	GA	JF
直流发电机	GD	ZF
同步发电机	GS	TF
蓄电池	GB	XDC
励磁机	GE	L
警铃、蜂鸣器、电铃	HA	JL、FM、DL
绿灯	HG	LD
红灯	HR	HD
信号灯	HL	XD
光字牌	HP	GP
继电器	K	J
电流继电器	KA	LJ
加速继电器	KAC 或 KCL	JSJ
信号冲击继电器	KAI	XMJ
负序电流继电器	KAN	FLJ
零序电流继电器	KAZ	LLJ
事故信号中间继电器	KCA	SXJ
闭锁继电器	KCB	BSJ
防止断路器跳跃闭锁继电器	KCF	TBJ
合闸位置继电器	KCP	HWJ

名称	新符号	旧符号
跳闸位置继电器	KTP	TWJ
差动继电器	KD	CJ
母线差动继电器	KDB	
频率继电器	KF	PJ、F<、F>
瓦斯继电器	KG	WSJ
闪光继电器	KH	SGJ
手动合闸继电器	KHC	SHJ
手动跳闸继电器	KHT	STJ
中间继电器	KM	ZJ
合闸接触器	KMC	HC
保护出口中间继电器	KOM	CKJ
跳闸继电器	KOF	TJ
合闸继电器	KON	HJ
极化继电器	KP	JJ
复归继电器	KPE	FJ
压力监察或闭锁继电器	KPL	YJJ
阻抗继电器	KR	ZKJ
信号继电器	KS	XJ
启动继电器	KST	QDJ
时间继电器	KT	SJ
电压继电器	KV	YJ
绝缘监察继电器	KVI	XJJ
电压中间继电器	KVM	YZJ
负序电压继电器	KVN	FYJ
正序电压继电器	KVP	ZYJ
电源监视继电器	KVS	JJ
欠电压继电器	KVU	
零序电压继电器	KVZ	LYJ
功率继电器	KW	
同步监察继电器	KY	TJJ
失步继电器	KYO	
电压切换继电器	KCWV	YQJ
电抗器	L	
电动机	M	
交流电动机	MA	JD
异步电动机	MA	YD
直流电动机	MD	ZD
电流表	PA	A
电压表	PV	V
频率表	PF	
电能表（电度表）	PJ	

名称	新符号	旧符号
有功功率表	PPA	wh
无功功率表	PPR	varh
保护线	PE	
接地线	PEN	
自动开关	QA	ZKK
转换开关	QC	HK
断路器	QF	DL
低压断路器、刀开关	QK	DK
负荷开关	QL	FK
隔离开关	QS	G
并列开关	SG	BK
控制开关	SA	KK
同期转换开关	SAS	TK
按钮开关	SB	AN
复位开关	SR	FA
变压器、调压器	T	B
电流互感器	TA	CT 或 LH
电压互感器	TV	PT 或 YH
自耦调压器	TT	
导线、母线、信息总线	W	
控制母线	WC	
直流母线	WD	
闪光母线	WF	SM
事故信号小母线	WFA	SYM
信号母线	WS	XM
同期电压小母线	WVB	TQM
告警母线	WW	YBM
电力电缆	WP	
光纤	WX	
接线柱	X	
连接片	XB	LP
切换片	XS	QP
端子排	XT	
合闸线圈	YC	HQ
跳闸线圈	YT	TQ

目　录

前言

电气常用文字符号新旧对照表

第1章　电力系统故障概述 …………………………………………… 1

  1.1　故障的概念 ………………………………………………… 1

  1.2　电力系统故障 ……………………………………………… 2

  1.3　电力系统故障处理 ………………………………………… 3

第2章　输电线路故障 …………………………………………………… 10

  2.1　线路电流互感器故障引起多条线路跳闸 ………………… 10

  2.2　线路区外故障引起保护误动 ……………………………… 15

  2.3　线路零序互感引起保护误动 ……………………………… 23

  2.4　线路断路器多次跳合闸 …………………………………… 29

  2.5　引下线脱落引起保护越级跳闸 …………………………… 33

第3章　发电厂故障 ……………………………………………………… 39

  3.1　发电机—变压器组总启动电气试验时失磁保护误动 …… 39

  3.2　发电机差动保护电流采样错误 …………………………… 42

  3.3　水电站发电机故障 ………………………………………… 47

  3.4　发电机组断油烧损轴瓦故障 ……………………………… 52

  3.5　发电机—变压器组励磁过电压保护误动作 ……………… 61

第4章　电力变压器故障 ………………………………………………… 66

  4.1　隔离开关三相不一致引起多台主变压器停运 …………… 66

  4.2　线路故障引起主变压器跳闸 ……………………………… 71

  4.3　主变压器高压侧后备保护越级动作 ……………………… 79

  4.4　主变压器故障引起线路保护误动 ………………………… 82

  4.5　主变压器匝间短路故障 …………………………………… 87

第5章　电力母线故障 …………………………………………………… 95

  5.1　母线全停故障 ……………………………………………… 95

  5.2　处理故障不当引起母线失压 ……………………………… 98

  5.3　断路器绝缘击穿引起母线保护动作 ……………………… 101

  5.4　母线短路引起全所失电 …………………………………… 105

  5.5　母线失压故障 ……………………………………………… 109

第6章　二次回路故障 …………………………………………………… 113

  6.1　手分断路器引起备用电源自动投入装置误动 …………… 113

  6.2　SF_6气压低引起断路器误动 ……………………………… 116

6.3　二次回路接地引起主变压器保护误动 ························ 119

6.4　两点接地引起主变压器差动保护动作 ······················ 122

6.5　二次回路虚接引起母线失电 ································· 125

6.6　重合闸未动作导致断路器三相跳闸 ························· 129

第7章　继电保护装置故障 ····································· 135

7.1　保护死机引起线路故障跳主变压器 ························· 135

7.2　插件故障引起高频保护误动 ································· 139

7.3　插件故障引起主变压器差动保护误动 ······················ 142

7.4　操作箱损坏引起断路器跳闸 ································· 147

7.5　插件损坏引起备用电源自动投入装置拒动 ·················· 148

7.6　程序缺陷引起厂用变压器差动保护误动 ···················· 151

第8章　直流系统故障 ··· 155

8.1　一点接地和交直流串扰引起保护误动 ······················ 155

8.2　直流系统故障引起线路保护误动1 ························· 160

8.3　直流系统故障引起线路保护误动2 ························· 165

8.4　查找直流接地引起母线失电 ································· 169

8.5　站用变压器切换方式错误引起备用电源自动投入装置拒动 ····· 173

第9章　智能变电站故障 ······································· 176

9.1　光纤电流互感器故障引起保护装置闭锁 ···················· 176

9.2　报文传输异常引起保护装置异常 ··························· 179

9.3　电容器故障引起主变压器三侧断路器跳闸 ·················· 183

9.4　连接片误退出引起备用电源自动投入装置失败 ·············· 186

9.5　电压互感器受干扰引起母线电压异常 ······················ 188

9.6　合并单元故障引起保护误动 ································· 193

第10章　人员责任故障 ·· 198

10.1　误拆线引起高压电抗器差动保护误动 ····················· 198

10.2　安全措施不完备引起失灵保护误动 ······················· 200

10.3　操作不当引起主变压器保护误动 ························· 203

10.4　后台配置错误引起开关误动 ····························· 205

10.5　接线错误引起保护跳错相 ······························· 209

10.6　接线错误引起断路器不重合 ····························· 210

10.7　接线错误引起手合时远跳误动 ··························· 214

附录A　故障录波图的阅读与分析 ····························· 219

附录B　电力系统调度操作术语说明 ··························· 230

参考文献 ··· 236

数字资源：　1　美国西部大停电故障

　　　　　　2　土耳其大停电故障

　　　　　　3　巴西大停电故障

　　　　　　4　印度大停电故障

第1章 电力系统故障概述

随着电网规模不断扩大，电网结构日趋复杂，电网安全问题日益突出，电力系统故障对社会造成的影响也越来越大，因此保障电力系统的安全稳定运行尤为重要。为了保障电力系统的安全可靠，加强对电力系统现场故障的分析和处理就显得尤为重要。随着计算机技术、通信技术、网络技术等的发展，还可以采用更为先进的智能技术来进行故障的诊断、处理和分析。

1.1 故障的概念

1.1.1 故障的定义

设备（或系统）或零部件丧失了规定功能的状态（即出现问题），工作行为超出允许误差。这种不正常的状态称为故障。

故障也可以定义为是造成装置、组件或元件不能按照规定方式工作的一种物理状态。

1.1.2 故障的基本特征

故障一般具有以下五个基本特征。

（1）层次性。复杂的设备，可划分为系统、子系统、部件、元件，表现一定的层次性，与之相关联，故障也具有层次性的特征，即故障可能出现在系统、子系统、部件、元件等不同的层次上。

（2）传播性。元件的故障会导致部件的故障，部件的故障会引起系统故障，即故障会沿着元件→部件→子系统→系统的路径传播。

（3）放射性。某一部件的故障可能会引起与之相关联的部件发生故障。

（4）延时性。故障的发生、发展和传播有一定的时间过程，故障的这种延时性特征为故障的前期预测、预报提供了条件。

（5）不确定性。故障的发生具有随机性、模糊性、不可确知性。

1.1.3 故障的分类

（1）按故障的持续时间分类，可分为永久故障、瞬时故障和间歇故障。永久故障由元器件的不可逆变化所引发，其永久地改变元器件的原有逻辑，直到采取措施消除故障为止。瞬时故障的持续时间不超过一个指定的值，并且只引起元器件当前参数值的变化，而不会导致不可逆的变化。间歇故障是可重复出现的故障，主要由元件参数的变化、不正确的设计和工艺等方面的原因所引发。

（2）按故障的发生和发展进程分类，可分为突发性故障和渐发性故障。突发性故障出现前无明显的征兆，很难通过早期试验或测试来预测。渐发性故障是由于元器件老化等其他原因，导致设备性能逐渐下降并最终引发的故障，因此具有一定的规律性，可进行状态监测和故障预防。

（3）按故障发生的原因分类，可分为外因故障和内因故障。外因故障是因人为操作不当或环境条件恶化等外部因素造成的故障。内因故障是因设计或生产方面存在的缺陷和隐患而导致的故障。

（4）按故障的部件分类，可分为硬件故障和软件故障。硬件故障是指故障原因是硬件系统失效。软件故障是指程序运行了一些非法指令，如特权指令等。

（5）按故障的严重程度分类，可分为破坏性故障和非破坏性故障。破坏性故障既是突发性的，又是永久性的，故障发生后往往危及设备和人身的安全。而非破坏性的故障一般是渐发性的，又是局部的，故障发生后暂时不会危及设备和人身安全。

（6）按故障的相关性分类，可分为相关故障和非相关故障。相关故障也称间接故障，因设备其他元器件而引发，比较难诊断。非相关故障也称直接故障，由元器件本身直接因素所引起，非相关故障相对相关故障而言，比较容易诊断。

还可以按照故障的因果关系分成物理性故障和逻辑性故障，按故障的表征分为静态故障和动态故障，按故障变量的值分为确定值故障和非确定值故障等。

1.2　电力系统故障

在一个电力系统内，发电、供电和用电在电磁上相互连接和耦合。在任何一点发生故障或任何一个设备出现问题，都可能会影响系统甚至波及全系统，如果处理不及时或控制不当，往往会引起连锁反应，导致故障扩大，在严重情况下会使系统发生大面积的停电故障，给社会带来巨大损失。

电力系统故障是指设备不能按照预期的指标进行工作的一种状态，也就是说设备未达到其应该达到的功能。

1.2.1　常见的电力系统故障

电力系统常见故障有以下几种：发电机组故障、输电线路故障、变电站故障、母线故障及全厂（站）停电等。

（1）发电机组故障。发电机组故障包括空载电压太低或太高、稳态电压调整率差、电压表无指示、振动大等。

（2）输电线路故障。输电线路是电网的基本组成部分，由于其分布范围广，常面临各种复杂地理环境和气候环境的影响，当不利环境条件导致线路运行故障时，就会直接影响线路的安全可靠运行，严重时甚至会造成大面积停电故障。输电线路的故障主要有雷击跳闸故障、外力破坏故障、鸟害故障、线路覆冰及导线的断股、损伤和闪络烧伤故障等。

（3）变电站故障。

1）变电站是电力系统中对电能的电压和电流进行变换、汇集、分配的场所。变电站中有着不同电压等级的配电装置、电力变压器、控制、保护、测量、信号和通信设施，以及二次回路、交直流电源等。有些变电站中还由于无功功率平衡、系统稳定和限制过电压等因素，装设并联电容器、并联电抗器、静止无功功率补偿装置、串联电容补偿装置、同步调相机等。

2）变电站按其用途可分为电力变电站和牵引变电站（电气铁路和电车用）。电力变电站又分为输电变电站、配电变电站和换流站。这些变电站按电压等级又可分为：中压变电站

（60kV 及以下）、高压变电站（110～220kV）、超高压变电站（330～765kV）和特高压变电站（1000kV 及以上）。按其在电力系统中的地位可分为：枢纽变电站、中间变电站和终端变电站。

3）变电站故障主要有以下几种：直流系统接地故障、电容器故障、断路器故障、避雷器故障、继电保护装置及二次回路故障、变压器故障等。

（4）母线故障及全厂（站）停电。母线是电能集中和分配的重要设备，母线发生故障，将使接于母线的所有元件被切除，造成大面积用户停电，电气设备遭到严重破坏，甚至破坏电力系统稳定运行，导致电力系统瓦解，后果是十分严重的。

母线故障的原因有：母线绝缘子和断路器套管的闪络，装于母线上的电压互感器和装在母线和断路器之间的电流互感器的故障，母线隔离开关和断路器的支持绝缘子损坏，运行人员的误操作等。

1.2.2 电力系统故障的特征

电力系统故障特征是指反映故障征兆的信号经过加工处理后所得的反映设备与系统的故障种类、部位与程度的综合量。电力系统故障的基本特征有：

（1）电流增大，即连接短路点与电源的电气设备中的电流增大。

（2）电压下降，即故障点周围电气设备上的电压降低，而且距故障点的电气距离越近，电压下降越严重，甚至降为零。

（3）线路始端电压与电流间的相位差将发生变化。

（4）线路始端电压与电流间的比值，即测量阻抗将发生变化。

1.3 电力系统故障处理

1.3.1 电力系统故障的处理原则

（1）当故障发生时，当值人员要迅速、准确查明情况并快速做出记录，报告上级和有关负责人员，迅速正确地执行调度命令及运行负责人的指示，按照有关规程规定正确处理；

（2）迅速限制故障发展，消除根源，并解除故障对人身和设备的威胁；

（3）用一切可能的方法让设备能继续运行，以保证用户和线路的供电正常；

（4）尽快对已停电的用户恢复供电，优先恢复重要用户的供电；

（5）调整系统的运行方式，使其恢复正常运行；

（6）对故障进行分析时只允许与故障处理有关的人员留在控制室，在处理故障过程中要保持头脑清醒，随时与上级调度保持紧密联系，随时执行命令。故障处理完毕后，进行总结，应记录故障发生的原因，处理过程及结果。

1.3.2 电力系统故障的处理方法

1. 概述

电力系统故障处理会涉及绝大部分的电气设备，包括一次设备，如发电机、变压器、电动机、断路器、熔断器、负荷开关、隔离开关、母线、绝缘子、电缆、电压互感器、电流互感器、电抗器和避雷器等；二次设备，如各种电气仪表、继电器、自动控制设备、信号电缆和控制电缆等。大部分电力系统故障的发生与基建、安装、调试过程密切相关。因此掌握足够必要的电力系统各种设备的原理及相关知识，是分析和处理故障的首要条件。同时丰富的现场经验往往对准确分析与定性故障，又起着关键作用。在电力系统故障处理中必须查明原因，有针对性地制定防范措施，并举一反三，避免类似故障重演。

电力系统继电保护和安全自动装置是在电力系统发生故障和不正常运行情况时，用于快速切除故障，消除不正常状况的重要自动化技术和设备。电力系统发生故障或危及其安全运行的事件时，他们能及时发出告警信号，或直接发出跳闸命令以终止事件。因此，大多数电力生产设备的故障分析，最终就是电力系统继电保护和安全自动装置的故障分析。

2. 利用二次系统设备的故障信息

当电力系统发生故障时，能获取的故障信息来源很多，例如继电保护装置面板信号灯指示信息、跳闸信号继电器信息、继电保护装置事件记录及报文信息、保护装置故障录波信息、专用故障录波器录波信息、行波测距装置信息、监控系统后台信息、测控装置的信息、保护管理机（保护管理信息子站）的信息、功角测量装置的信息、网络分析仪的报文信息等。为了保证二次系统设备的故障信息采集正常及正确，并且在进行故障分析的时候，能正确利用这些二次系统设备的故障信息，要注意以下几点：

（1）要重视各类二次信息辅助设备的运行维护，保证这些设备的工作状况正常。

（2）保护装置的故障信息不能替代专用故障录波器信息。

（3）电力系统检修工作人员应能正确熟练地使用这些相关电气设备。

（4）应做好二次系统故障信息的记录和备份。

3. 利用一次系统设备的故障信息

利用二次设备信息指示，去判断一次设备是否发生故障，这是电气设备故障分析的一般思维方式。在无法区分到底是一次设备真有故障，还是二次设备误动时，最好的办法是一次、二次方面同时展开故障调查工作。对一次设备进行必要的检查和检测工作，并尽快得出结论，可以在短时间内给进行故障处理和分析的工作人员提供极为有价值的信息。

4. 逆序检查法

一般当电气设备出现误动时，使用逆序检查法对设备相关的继电保护装置及二次回路进行检查。逆序检查法就是从故障的不正确结果出发，利用保护动作原理逐级向前查找，动作需要的条件与实际条件不相符的地方就是故障根源所在。逆序法的运用要求工作人员对继电保护动作原理、二次回路接线有较高的熟知程度，且有类似故障检查的经验，这样往往会使故障的查找进展迅速。下面用两个案例分析来说明如何使用逆序检查法来进行故障分析及处理。

（1）案例一。

1）故障概述。某 10kV 电容器保护中的电流、电压保护在输入电压电流元件没有动作时，出口元件有动作信号输出。电容器的电压、电流保护逻辑如图 1-1 所示。

2）故障分析及处理思路。结合图 1-1 所示的保护逻辑回路，出口元件有动作信号输出，则前置的或门有高电平输出，而或门有高电平输出，则其前置的三条逻辑回路至少有一条有高电平输出，所以可按下列三路的顺序的进行检查：

第一路：或门→t_1→比较 1→滤波 1；

第二路：或门→t_2→比较 2→滤波 1；

第三路：或门→t_3→比较 3→滤波 2。

检查后进行分析，首先判断问题出在哪一路，假设查到 t_1 有高电平输出，t_2、t_3 均为低电平，则问题出在第一路；然后对有问题的回路进行元件检查，假设 t_1 的输入为正常低电平，则表明 t_1 元件损坏，依次类推。

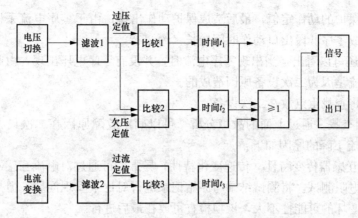

图 1-1 电容器电流、电压保护逻辑图

（2）案例二。

1）故障概述。某 220kV 系统主变压器（简称主变）配置两套主后一体的微机保护，某日第二套保护的 110kV 侧零序过流 Ⅱ 段保护动作，跳开主变压器 110kV 侧断路器。零序过流 Ⅱ 段保护定值 1.5A/1.5s。在保护动作前差动保护报"差流异常告警"。主变压器另一套保护正常无任何启动告警信号，站内专用故障录波器及其他保护装置也无任何启动信号。第二套主变保护 110kV 侧故障录波图如图 1-2 所示。

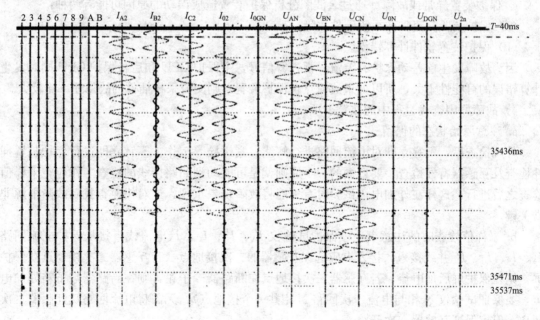

图 1-2 第二套主变保护 110kV 侧故障录波图

2）故障分析及处理思路。

a. 由于站内无其他设备的启动信号，且第一套保护一切正常，所以可以判断本次保护动作不是由于一次系统的故障造成的。

b. 分析保护录波图，110kV 侧在故障前正常运行每相负荷电流在 1.47A 左右，零序电流为 0，但 B 相电流却突然下降至 0.3A，使得零序电流突增至 1.45A。由于零序电流采样值已接近零序Ⅱ段保护的动作定值，最后造成保护动作出口，由于零序电流采样值在保护定值的临界，所以造成零序Ⅱ段出口动作时间较长（约35s）。

c. 从录波图还可以看出，当出现零序电流时，并没有零序电压出现，由此可以判断保护采样到的零序电流是因为二次设备原因造成的。

综上所述，将查找重点放在二次设备。

3）故障原因查找。通过上面的故障分析，可以确定故障原因在二次设备上，二次设备可能导致B相电流下降的原因如下：

a. B相电流互感器传变特性（传递变化特性）异常。可通过对电流互感器伏安特性、变比、绝缘、直流电阻测试，将测试结果与原始记录进行对比来发现问题，但是运行中的电流互感器特性突然变坏的可能性不大，该项检查可放在最后进行。

b. 电流互感器至保护装置二次电流回路异常。二次电流回路异常的检查方法如下：

（a）二次电流回路外观检查。检查有无放电、灼烧等异常痕迹，检查相与相之间、相与地之间是否有异物搭碰。

（b）全回路绝缘测试。测试芯对地、芯对芯绝缘，绝缘水平应满足相关检验规程的标准，应尽可能将测试范围从互感器接线盒到保护装置背板的电流二次回路全部包含进去。

（c）B相电流互感器二次全回路负荷测试。与原始记录比较，查B相回路负荷是否有明显增大现象。

c. 保护装置异常或故障。通过录波图分析保护装置造成误动的原因可能有两种：

（a）保护装置交流采样系统硬件故障；

（b）保护装置软件计算错误。

因为故障发生前差动保护有差流异常告警信号，主保护CPU和后备保护CPU同时发生计算错误的可能性不大，所以如果故障点在保护装置，则交流采样插件的故障几率比较大。

4）故障原因查找过程中的注意事项。

a. 注意原始状态的保留。

外观检查后，不宜立即对电流回路进行解线、紧螺栓等工作，不宜立即进行保护装置插件检查及互感器特性检查。要遵循的一个原则就是可能动到回路接线的检查工作应在采样值检查之后进行。这样在外加电流试验时有可能将故障现象重现，这对快速查找到故障根源非常关键。

b. 采样值检查时的注意事项。保护试验仪 I'_A、I'_B、I'_C、I'_N 电流线直接从保护电流回路 I_A、I_B、I_C、I_N 并线接入，接入点应选在互感器的二次接地点（若互感器二次接地点在保护屏，则在保护屏后加电流，若互感器二次接地点在断路器端子箱，则在断路器端子箱处加电流，要保证试验仪N相与电流二次回路N相共一个接地点），无需将电流回路从互感器二次脱离，但应保证互感器一次开路。

c. 注意测试用仪器仪表的准确性和正确的使用，避免不必要的误导。

本案例最后检查结果为保护装置交流采样插件的低通滤波器（Low Pass Filter，LPF）元器件故障，造成B相电流在进入模数转换（Digital to Anolog，D/A）之前幅值下降所致。

5. 顺序检查法

顺序检查法是一种比较费时费力的检查方法，但也是最为彻底的检查方法。全面的顺序检查法常用于电力系统设备出现拒动或者逻辑出现错误的故障处理。一般也是逆序检查法失效的情况下运用的方法。

（1）顺序检查法的内容。顺序检查法与检验调试相类似，目的是运用检验调试的方法来寻找故障的根源，但故障处理又不同于检验调试，前者的任务是寻找故障点，而后者则是检查装置的所有性能指标是否合格，然后将不合格项调整到合格的范围以内，指标的不合格不一定会导致故障。顺序检查法的基本内容如下：

1）外观检查。外观检查主要是检查电气设备的元器件有无机械损伤、烧坏、脱焊、螺栓松动等问题。对电气设备进行全面、仔细的外观检查，可以发现有外观损伤的故障。外观检查的内容如下：

a. 检查电气设备的插件、插头接触情况；

b. 检查电气设备元器件的完好性、颜色，焊接是否正常；

c. 检查印刷电路板的腐蚀情况；

d. 检查插件固定支架的螺栓、电流端子的螺栓是否拧紧，互相之间是否有接触及过热现象，带电部位距边框金属件的距离是否满足要求；

e. 检查插件板上各元件及导线的高度应不超过框架的高度；

f. 检查整定插销、拨轮位置是否正确；

g. 检查各端子排连接是否紧固，接线是否正确；

h. 检查所有接线应无压伤现象；

i. 跳闸连接片、合闸连接片等连接逐一试验，确保连接片退出后回路断开，连接片投入后回路接通；

j. 检查操作开关、操作按钮是否正常。

2）绝缘检查。检查前先断开交流电流电压回路的接地点。绝缘测试时应将电流互感器、断路器全部停电，电压回路也已断开后才能进行。

a. 强电回路的绝缘检查。强电回路用 1000V 绝缘电阻表测试，要求绝缘电阻大于 10MΩ，带上全部外回路要求大于 1MΩ。

b. 弱电回路的绝缘检查。弱电回路用不大于 500V 绝缘电阻表测试，绝缘电阻大于 10MΩ，带上全部外回路要求大于 1MΩ。

3）电源检查。在设备电源的输入端接通电源后进行下列项目检查：

a. 检查输出的各级电压；

b. 测试交流成分；

c. 检查稳压性能。

4）保护装置定值检查。

a. 检查整定位置的正确性；

b. 测试保护的定值是否与定值单相符；

c. 若发现定值有问题，应分清是计算错误还是整定错误，并予以纠正。

5）特性检查。

a. 与定值有关的特性检查。检查定值下的特性是否与记录相近，若相差较大，应检查其原因并处理。

b. 与定值无关的特性检查。检查与定值无关的特性曲线并与记录值相比较。

6）逻辑检查。对保护的逻辑配合、逻辑关系应逐步检查，找出错误逻辑的根源。

7）电位测试。对继电保护的电子元件，应按要求检查其静态工作电位。在测量其保护动作后的电位时，有几种方法可达到目的，例如利用按钮、短接前一级或者加交流信号。

8）触点检查。

a. 输入触点的功能检查。模拟开关量输入信号接通，相应的内部逻辑状态应有正确的反应。

b. 输出触点的功能检查。在输出信号继电器动作后，触点输出应正常。

9）传动试验。对配置的每一种继电保护、自动装置及重合闸等，应相互配合做联合试验，检查每一个跳闸出口继电器及合闸出口继电器的跳合闸能力，以及相互配合的逻辑关系的正确性。以上检查内容应根据故障的不同情况、不同特点选择应用。

（2）顺序检查法的运用。

1）检查外观及绝缘。这种方法对于外观有损伤的故障最为直接，不仅能快速判断故障的部位，并且可以直接发现被损元件。外观检查及绝缘检查一般要求在设备停电后进行。

2）识别故障现象。在进行外观检查未发现问题后，应进行故障现象识别。故障现象是电气设备或装置的集成块、元件的特性出现变差或损坏的现象。识别方法一是重现故障现象，二是观察故障现象的特征。

3）判断故障范围。发现故障现象，抓住故障特征的目的是尽快判断出故障的范围，把故障点压缩在最小的范围以内。判断故障范围，关键在于熟悉电气设备的特性，比如继电保护及自动装置的方框图，清楚各种电路的功能以及它们之间的关系，明确单元电路在故障状态下对整套电气设备所起的作用。通过对故障现象的分析，可以划定故障的范围。

4）确定故障的元件。如果由故障现象所判断出的故障范围比较广泛，查找故障元件就必须灵活运用各种测试仪器，把故障范围内的有关部位的电压值、电阻值等参数及波形，根据需要测试出来，再根据原理进行分析，找出故障元件。

（3）顺序检查法注意事项。

1）将重点怀疑项目先检查，以便最快速度接近故障点。

2）同时要注意在检查过程中拆线和接线可能导致的故障点现象被破坏的问题，还要注意可能的双重故障现象等。

3）要注意在测试检查时的接线及方法的正确性。

4）要注意装置实测数据与存档的原始数据的对比，特别是一些保护装置的与定值无关的功能、特性、曲线数据等。

5）要注意测试用仪器仪表的准确性和正确使用，避免不必要的误导。

6. 整组传动试验法

整组传动试验法的主要目的是检查继电保护装置的逻辑功能、动作时间、出口回路是否正常。整组传动试验往往可以重现故障，这对于快速找到故障根源很重要。在整组传动试验时输入适当的模拟量、开关量使保护装置动作，如果动作关系出现异常，再结合逆序法寻找问题根源。在进行整组传动试验时，应尽量使保护装置、断路器与故障发生时的运行工况一致，避免在传动试验时有人工模拟干预。

7. 对于无法确定绝对原因的故障处理思路

电力系统中的各种设备和回路故障的发生有时具有间歇性，甚至有的故障只发生一次，且事后一切试验结果全部正常，这给故障的处理带来了极大的麻烦，造成这种现象的原因一般如下：

（1）故障点在事后检查中被破坏，故障现象消失；

（2）故障元器件的自恢复，故障现象消失，但仍存在再发生故障的可能；

（3）故障点实际仍存在，但外部触发的客观条件不成立，故障未排除，还有再发生故障的可能。

（4）其他未知的原因。对此类故障的处理原则建议如下：

1）原因不明，没有防范措施不投入运行。

2）对于双套配置保护的设备可以将故障设备不投跳闸，投信号试运行，待故障现象再现后进行处理。

3）对于只有单套配置保护的设备，但又必须复役送电时，在有针对性地更换故障可能性较大的元器件、插件、装置、电缆等后进行试验，试验正常后投入运行。同时应做好如下措施：

a. 调整其他相关设备的保护定值，确保系统运行的稳定。

b. 提请调度部门转移重要负荷，并做好相关故障预案。

c. 要求运行部门加强对相关设备的巡视检查，要求设备检修人员定期对相关设备进行技术性跟踪巡检。

d. 根据故障的性质，有针对性地在关键部位设置在线监测、故障录波设备，以便于以后故障分析。

e. 报上级专业管理部门批准。

第 2 章 输 电 线 路 故 障

电力系统中电厂大部分建在动力资源所在地，如水力发电厂建在水力资源点，即集中在江河流域水位落差大的地方；火力发电厂大都集中在煤炭、石油和其他能源的产地；而大电力负荷中心则多集中在工业区和大城市，因而发电厂和负荷中心往往相距很远，这就出现了电能输送的问题，需要用输电线路进行电能的输送和分配。

输电线路按传输方式分为架空线路和电缆线路；按电能性质分为交流输电线路和直流输电线路；按电压等级分为输电线路和配电线路。架设在发电厂升压变电站与区域变电站之间的线路，以及区域变电站与区域变电站之间的线路，是用于输送电能的，称为输电线路。我国输电线路的电压等级主要有交流电压等级和直流电压等级。其中交流电压等级输电线路有交流高压输电线路 220kV，交流超高压输电线路 330、500、750kV，交流特高压输电线路1000kV。直流电压等级输电线路有 110、220、330、500、750kV。一般情况下，线路输送容量越大，输送距离越远，要求输电电压就越高。从区域变电站到用户变电站或城乡电力变压器之间的线路，是用于分配电能的线路，称为配电线路。我国配电线路的电压等级有高压配电线路 35kV 或 110kV，中压配电线路 10kV 或 20kV，低压配电线路 220V 或 380/400V。

由于输电线路是电网的基本组成部分，其分布范围广，数量多，常面临各种不同地理环境和气候环境的影响，因而容易发生故障。故障大多数是由于过电压污闪、绝缘损坏、树障、外力破坏等因素造成的。线路故障一般有单相接地、两相接地短路、两相短路和三相短路等多种形态，其中以单相接地最为频繁，占全部线路故障的 95％以上。线路跳闸是发电厂、变电站运行中最常见的故障之一。当发生线路跳闸时，轻则降低电网供电可靠性、引起电厂窝电（窝电是指发电机组、发电厂或局部电网由于联结元件的限制，造成部分多余输出功率不能向系统输送），造成电网局部供电紧张，或直接造成用户停电。重则会进一步引起电网故障，触发继电保护误动、系统振荡、电网解裂，从而造成更大范围停电。

2.1 线路电流互感器故障引起多条线路跳闸

2.1.1 故障简述

1. 故障经过

某日，某 500kV 变电站 A 的 220kV AE1 线/2 线断路器，AD1 线/2 线断路器，AC1 线/2线断路器，AB 线断路器，220kV Ⅰ、Ⅱ 段母 QF1 断路器，220kV Ⅱ、Ⅳ 段分段断路器 QF跳闸，共计 7 回 220kV 线路跳闸，220kV Ⅱ 段母线差动保护出口动作，AB 线、AD1 线、AC1 线、AE1 线相间距离保护动作。220kV 变电站 B、变电站 C、变电站 D、变电站 E 对应线路断路器跳闸，造成负荷损失 8.5 万 kW。

变电站 A 现场检查发现 AE2 线 A 相电流互感器爆炸起火，A 相断路器与电流互感器连接的管型母线掉落在 AE2 线断路器上。

2. 故障前运行方式

变电站 A 的 220kV Ⅰ～Ⅳ 段母线经过 220kV Ⅰ、Ⅱ 段母联 M1 断路器，220kV Ⅲ、Ⅳ 段母联 M4 断路器，220kV Ⅰ、Ⅲ 段分段 M2 断路器，220kV Ⅱ、Ⅳ 段分段断路器 QF3 并列运行；AB 线、AD1 线、AC1 线、AE1 线、3 号主变压器 QF 断路器运行于 220kV Ⅰ 段母线；AC2 线、AD2 线、AE2 线断路器运行于 220kV Ⅱ 段母线。220kV 变电站 B 变电站 E 为正常运行方式。变电站 A 故障前系统运行方式如图 2-1 所示。

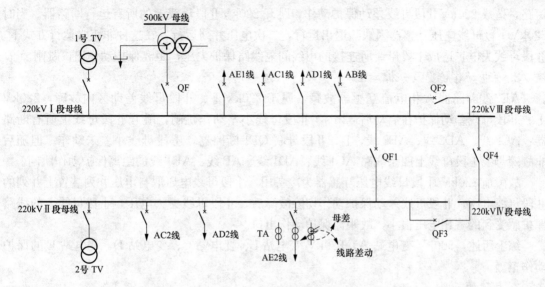

图 2-1　变电站 A 故障前运行方式

3. 区域电网结构

该地区电网为终端型网络，500kV 变电站 A 共有两台 1000MW 主变压器，所供 220kV 变电站有变电站 B、变电站 C、变电站 D、变电站 E、变电站 F、变电站 G、变电站 H、变电站 I，其中变电站 B、变电站 C、变电站 D、变电站 E 接于 220kV Ⅰ、Ⅱ 段母线，变电站 F、变电站 G、变电站 H 接于 220kV Ⅲ、Ⅳ 段母线，另外，变电站 C 还接有风电，接线示意图如图 2-2 所示。

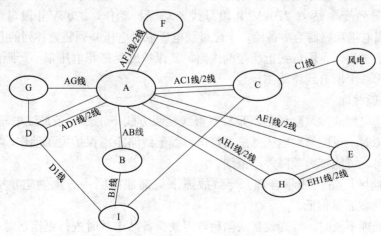

图 2-2　地区电网接线示意图

2.1.2　故障分析

1. 现场检查情况

变电站 A 的 AE2 线 A 相电流互感器爆炸起火，A 相断路器与电流互感器连接的管型母线掉落在 AE2 线断路器上，220kVⅠ段线、Ⅱ段母线及其附属设备、各线路间隔一次设备无异常。

220kV 变电站 B、变电站 C、变电站 D、变电站 E 一次设备检查无异常。

初步分析本次故障为变电站 A 的 AE2 线 A 相电流互感器运行中发生绝缘故障引起接地短路，造成 220kVⅡ段母线差动保护动作，跳开 220kVⅡ段母线上的所有运行断路器。当时 220kVⅠ段母线电压互感器因缺陷退出运行，二次电压并列运行，在这种非正常运行方式下，Ⅱ段母线失电，造成Ⅰ段母线所连接的出线间隔线路保护失压，距离保护动作出口跳闸。

2. 保护动作情况及分析

AE2 线断路器 A 相电流互感器故障，属于 220kVⅠ、Ⅱ段母线差动区内故障，220kVⅠ、Ⅱ段母线差动保护在启动后 32ms，Ⅱ段母线小差动作跳闸，跳开Ⅱ段母线上所有断路器：AC2 线、AD2 线、AE2 线、Ⅰ、Ⅱ段母联 QF1 断路器，Ⅰ段母线小差未动作。但随后非故障母线Ⅰ段母线上四条线路 AC1 线、AD1 线、AB 线、AE1 线的距离保护动作跳闸。

故障前 220kVⅠ段母线电压互感器为冷备用，Ⅰ段母线电压取自电压并列装置上并列的Ⅱ段母线电压。Ⅱ段母线差动保护动作切除故障后，Ⅱ段母线失去电压，Ⅰ段母线上的线路保护感受到的三相电压很小，故距离保护动作出口。

综上所述，500kV 变电站 A、220kV 变电站 B、变电站 C、变电站 D、变电站 E 的保护动作正确。

3. 故障的后果

变电站 A 的 220kVⅠ、Ⅱ段母线失电后，造成变电站 B、变电站 C 从变电站 A 的Ⅰ、Ⅱ段母线方向来的电源失去，另一路电源由系统经变电站 G→变电站 D→变电站Ⅰ供电，因为 AC1 线/2 线断路器、AB 线断路器跳闸解环，220kV D1 线线路严重超载（最高送出负荷电流近 1200A，限额标准为 600A），导线迅速发热致使弧垂下降，造成对与其交跨的一条 10kV 线路放电，变电站 B、变电站 C、变电站Ⅰ三个变电站全站失电，致使风电脱网。

4. 故障的原因

由于 AE2 线 A 相电流互感器密封圈断裂出现渗漏油，但因缺少备品没有及时更换，最终爆炸起火，导致变电站 A 220kVⅡ段母线差动保护动作，220kVⅡ段母线失电，由于 220kVⅠ段母线电压互感器为冷备用，Ⅰ段母线电压取自电压并列装置并列的Ⅱ段母线电压。Ⅱ段母线电压失去后，Ⅰ段母线上所接的线路，其保护感受三相电压很小，距离保护动作出口，造成Ⅰ段母线上所有线路跳闸。

2.1.3　经验教训

（1）小概率电网故障风险评估不足。双母线接线方式下，当一条母线电压互感器停运，另一条母线故障时，可能导致电压互感器停运母线上线路距离保护失压动作，特别是当该厂站接线不合理时，可能扩大故障停电范围。

（2）局部地区厂站接线不合理。导致故障下局部地区同一方向通道集中失去，部分 220kV 老旧导线载流量偏低。

（3）缺陷处理不及时。发现设备缺陷后，因缺少备品未及时进行更换，对缺陷可能造成的后果认识不到位，消缺工作力度不够，缺陷处置不及时。

（4）区域电网规划不合理。500kV 电源出线向同一区域供电时集中在 I / II（III / IV）段母线上，使得电源点单一，区域网络形成单电源环网。同时两个电源点的联络线备用容量，没有随着地区负荷的增长及时增加。

2.1.4 措施及建议

（1）对照相关条例和规程，针对该区域电网存在的变电站母线接线方式不尽合理等隐患，加快研究制订接线方式优化方案，增加电源点，优化调整变电站 A 出线间隔，使得电源布局合理，提高电网在检修或故障方式下的安全性和可靠性。

（2）开展变电站双母线接线采用三相线路电压互感器的可行性研究。综合平衡接线可靠性下降和电网安全裕度因素，研究线路保护采用线路本体电压互感器的可行性，减少母线电压互感器二次电压并列运行方式下的非故障母线出线保护失压跳闸风险。对于已采用母线电压互感器的老站，在扩建新间隔时，具备条件的情况下也采用线路三相电压互感器的方式。

（3）加强母线电压互感器的运维管理，加强注油设备的巡视检查，提高巡视质量，增加高温天气下红外测温频率，对发现的设备缺陷及时整改并消除。

（4）加强电网临时特殊方式下风险预控分析及控制，降低薄弱方式下出现系统解列或区域电网失电风险。

（5）加强关键设备备品储备和管理。制定备品储备原则，针对电网主设备、缺陷高发设备、采购周期较长设备以及采购来源不稳定设备，合理确定储备备品的型号及数量，根据就近原则适当分散储备，统一管理，并每年结合基建技改工程进行滚动储备，为现场故障抢修提供有力保障。

2.1.5 故障相关原理

1. 电压互感器并列

（1）什么是电压互感器并列。将一段母线的电压量通过并列继电器上传到另一段母线上的并列过程，称之为电压互感器并列。电压互感器并列分为一次并列和二次并列。电压互感器的一次并列是指两组电压互感器和一次母线通过母联断路器并联到一起。电压互感器的二次并列是指两组电压互感器同时向相同的仪表、保护装置输出电压信号。

（2）电压互感器并列的作用。

1）常规运行方式下，两段母线应该是分开运行的，即分段开关在分位，此时两组电压互感器各自独立运行。特殊情况下，如两段母线需并列运行，则将分段断路器合上后，即一次并列，此时两组电压互感器仍可分开独立运行，而不需退出任何一组电压互感器。当有一台电压互感器有故障需检修，或运行上需要停用一台电压互感器时，分段断路器在合位，两段母线并为一段运行，停运的电压互感器二次负荷由运行的电压互感器代供，即二次并列。

2）按照二次设计要求，电气一次并列（即母联接通），电气二次亦要求并列，这样可以保证二次电压的质量（两个电压互感器分担二次负荷），同时还可以退出一个电压互感器检修而不影响供电。电压切换是用于双母接线的二次回路，保证二次保护、测量、计量所用电压为一次设备所接母线的电压。

3）手动并列。在母联断路器分位时，暂时将电压并列到另一段母线上，以保证保护装置和电度表正常运行。

（3）电压互感器并列的条件。分段开关柜断路器和隔离开关在合位，分段隔离开关在合位。两段电压互感器柜的隔离位置信号不作为电压互感器并列的必要条件，而是作为电压互感器切换的条件。

（4）电压互感器并列和电压互感器切换的区别。在大多数情况下电压互感器的并列是临时的。电压互感器的切换不同于并列，电压互感器切换的最终状态是一组电压互感器彻底退出运行，另一组电压互感器投入，替代退出运行的电压互感器，从电压互感器的工作状态来讲，电压互感器的并列和切换是不同的。

（5）电压互感器并列的原理。在电压回路里面，有Ⅰ段电压互感器和Ⅱ段电压互感器，如果直接把电压互感器二次接入交流小母线，既不可靠，还容易发生电压互感器的反送电，即低压往高压充电。因此在电压小母线的进线串接一组触点，这个触点跟着电压互感器高压侧隔离开关的辅助触点动作而动作。而这个触点的提供，就需要一个继电器，这个继电器就是电压互感器的重动继电器（KMR）。

如图 2-3 所示，母线电压互感器并列时，母联断路器及两侧隔离开关合上，有两种方法来进行电压互感器的二次并列，一是合上并列开关 S，切换继电器 KCW 动作，使电压互感器二次并列；二是合上任意一条线路的两组母线隔离开关，通过电压切换继电器 1KCW、2KCW 使电压互感器二次并列。

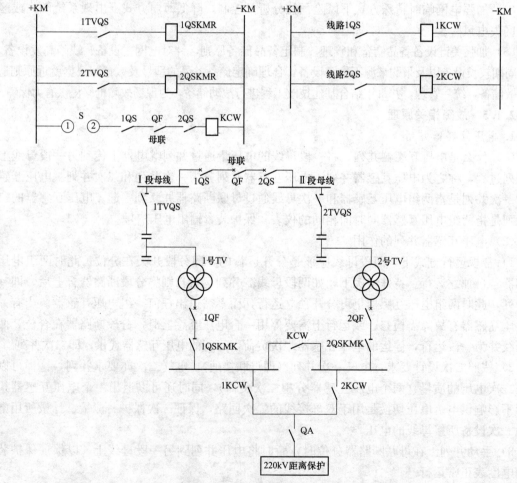

图 2-3 电压互感器并列原理图

不管是哪种方法，母联断路器及其两侧隔离开关在电压互感器并列前是必须合上的，第一种方法 1QS、QF、2QS 断开，则形成闭锁；第二种方法，如果母联断路器及两侧隔离开关没有合上，那么线路上的第二把母线隔离开关是无法合上的，强行合上就是带负荷合隔离开关。

一般现场都是靠 S 触点来实现电压互感器二次并列的，这是因为，虽然并列时一次是并列运行，但由于 1、2 号电压互感器的实际特性不是完全一致，致使二次电压有相差，如果靠电压切换继电器 KCW 的触点来切换二次电压，长期可能使其触点烧损，导致接触不良或粘连，发生设备故障，接触不良可能造成保护失压误动；粘连可能造成从二次侧并列，造成反送电。而靠 S 和断路器的辅助接点来实现，其触点容量大，不容易烧坏。

2. 220kV 母线保护配置原则

（1）220kV 母线应按双重化原则，配置两套母线差动保护和失灵保护，应选用可靠的、灵敏的和不受运行方式限制的保护。

（2）应配置 220kV 母联（分段）保护，可集成于母线保护或独立配置。

（3）220kV 母线保护由母线差动保护、断路器失灵保护、母联（分段）过电流保护、母联（分段）失灵保护、母联（分段）死区保护和母联（分段）三相不一致保护构成，并具有复合电压闭锁功能。

（4）母线保护配置的断路器失灵保护，具有失灵电流判别功能。

（5）220kV 母联（分段）断路器保护，可采用母线保护中的母联（分段）过电流保护。也可配置独立的母联（分段）断路器充电过电流保护。

（6）独立配置的母联（分段）保护由母联（分段）过电流保护和母联（分段）三相不一致保护构成。

（7）母联断路器失灵保护由母线保护完成，并需考虑接入外部独立的母联（分段）过电流保护动作触点。

3. 距离保护失去电压时误动作的原因

距离保护是在测量线路阻抗值（$Z=U/I$）等于或小于整定值时动作，即当加在阻抗继电器上的电压降低而流过阻抗继电器的电流增大到一定值时继电器动作，其电压产生的是制动力矩，电流产生的是动作力矩，当突然失去电压时，制动力矩也突然变得很小，而在电流回路则有负荷电流产生的动作力矩，如果此时闭锁回路动作失灵，距离保护就会误动作。

2.2 线路区外故障引起保护误动

2.2.1 故障简述

1. 故障经过

某日，天气情况恶劣，雷雨闪电，并伴有大风。某 500kV 变电站 A 的 220kV BC 2 线发生 B 相接地故障，单相跳闸单相重合闸成功。与此同时，220kV AB 2 线无故障跳闸（AB 2 线差动保护动作出口），断路器 B 相跳开后重合成功；AB 2 线另一套保护没有动作。

2. 故障前运行方式

故障前系统接线示意图如图 2-4 所示，AB 1 线/2 线为同塔架设双回线，AB 1 线/2 线变电站 A 侧电流互感器变比为 1250/1，变电站 B 侧电流互感器变比为 1200/5；变电站 B 至变电站 C 的 BC 1 线/2 线也为同塔架设双回线，两侧电流互感器变比均为 1200/5。故障前

500kV 变电站 A、220kV 变电站 B 和变电站 C 的 220kV 母线均合排（双母线并列运行方式）运行。保护配置均为双重化 A、B 套保护配置。

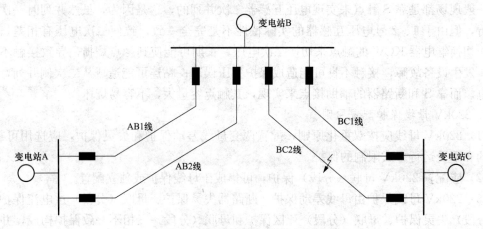

图 2-4　故障前系统接线示意图
■—　断路器闭合状态

2.2.2　故障分析

1. 现场检查情况

AB 1 线、AB 2 线、BC 1 线均无故障，BC 2 线为瞬时性故障，各站一、二次设备及线路均无异常。

2. 保护动作情况及原因分析

（1）保护动作情况。

1）BC 2 线单相故障，重合闸成功，保护正确动作。

2）AB 2 线保护无故障跳闸，两侧变电站内保护动作情况如表 2-1 和表 2-2 所示。

表 2-1　　　　　　　　　　　　　变电站 A 侧保护装置动作情况

保护	动作信号	说明
A 套	启动	—
B 套	差动 B 相动作，重合闸出口	故障测距 22.89km；短路电流 7195A

表 2-2　　　　　　　　　　　　　变电站 B 侧保护装置动作情况

保护	动作信号	说明
A 套	启动	—
B 套	差动 B 相动作，重合闸出口	故障测距－14.25km；短路电流 4232A

（2）保护动作行为分析。由保护动作情况可见，本次线路跳闸期间，两侧双重化配置的保护动作行为不一致。通过对两侧保护装置录波的比较，可以看出线路两侧电流方向相反，即线路 B 相故障电流为穿越性电流，故障点在区外，AB 2 线本身无故障，线路两侧的波形对比图如图 2-5 所示。此外，AB 2 线在变电站 B 侧的 B 套保护的故障测距为负值，也可以佐证故障点在变电站 B 侧的背后（即 AB 2 线区外）。结合 AB 2 线跳闸同一时刻，BC 2 线发生了 B 相瞬时性接地故障的情况，可以认定 AB 2 线 B 相故障电流是由 BC 2 线故障引起的穿越性电流。

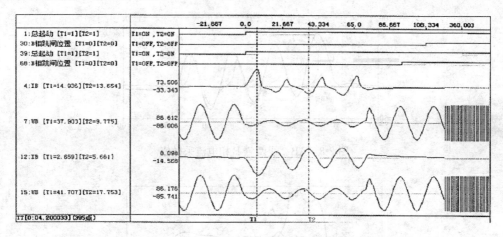

图 2-5　AB 2 线两侧波形对比图

（3）AB 2 线 B 套保护动作分析。AB 2 线在变电站 A 和变电站 B 两侧的故障电流波形如图 2-6 和图 2-7 所示。

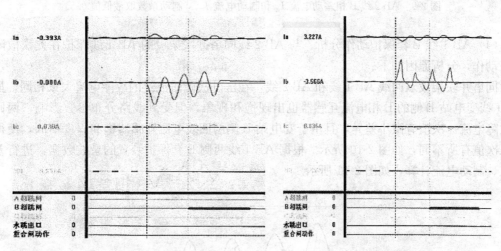

图 2-6　变电站 A 侧故障电流波形　　　　图 2-7　变电站 B 侧故障电流波形

从图 2-6 和图 2-7 可见，故障时刻变电站 B 侧二次电流出现严重畸变，尤其是在故障后第二个周波，电流波形正确传变时间极短，电流采样值从过零到畸变下降的时间只有 3ms，即 AB 2 线在变电站 B 侧的 B 相电流互感器出现严重饱和。

而 B 套保护中差动保护装置的交流模件电流互感器回路，最大量程是 40 倍的额定电流。由于变电站 B 侧采用的二次额定电流为 5A，因此故障电流为 200A 以下时，保护装置的电流互感器都不会饱和。其次，通过与 A 套保护的录波对比发现，A、B 套保护二次电流波形畸变一致，因此可确定变电站 B 侧的 B 相电流畸变是一次电流互感器饱和造成的。根据线路两侧 B 套保护的 B 相电流波形，如图 2-8 所示。结合差动比率制动公式，计算出此次区外故障时，B 套保护中差动保护的差动电流、制动电流相关曲线。计算结果如图 2-9 所示。

由图 2-9 的计算曲线可以看出，在保护启动后 30～45ms 差动电流大于制动电流，差动保护开始满足动作条件，并达到了动作确认延时 10ms，最终跳闸出口。

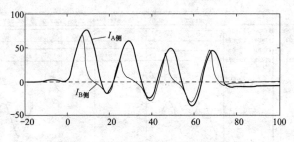

图 2-8　AB 2 线两侧 B 相电流采样值

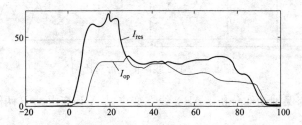

图 2-9　AB 2 线 B 相差动电流 I_{op} 和制动电流 I_{res}（制动系数取最低值 0.5）

（4）AB 1 线 B 套保护动作分析。与 AB 2 线同塔并联架设的 AB 1 线保护在此次故障中没有动作，分析原因如下。

同塔并联架设双回线 AB 1 线和 AB 2 线，在区外故障时流过的故障电流大致相同，虽然 AB 1 线变电站 B 侧的 B 相电流互感器也出现饱和现象，但受到线路分布参数影响，两回线的故障电流一次值有微小差异，且由于变电站 B 侧两回线电流互感器饱和程度不同，使得电流二次值有所不同，如图 2-10 所示。根据 AB 1 线两侧 B 套保护装置的录波数据，进行差动电流、制动电流计算，如图 2-11 所示。

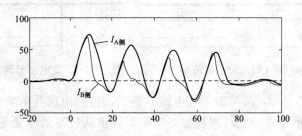

图 2-10　AB 1 线两侧 B 相电流采样值

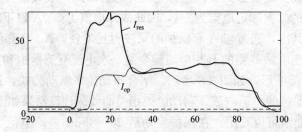

图 2-11　AB 1 线 B 相差动电流 I_{op2} 和制动电流 I_{res}（制动系数取最低值 0.5）

由图 2-11 的计算曲线可以看出，AB 1 线的差动电流比 AB 2 线的差动电流略小，且持续大于制动电流的时段仅 5ms 左右（在 30～35ms 时刻），未达到差动保护动作确认延时，所以差动保护不会动作。

3. 故障的原因

线路两侧电流互感器特性差异较大，变电站 B 侧电流互感器饱和使得二次故障电流波形严重畸变，而变电站 A 侧电流互感器传变准确，造成两侧保护的二次电流出现差流，变电站 B 侧 B 套保护中的差动保护抗饱和逻辑存在缺陷，未能识别此次电流互感器严重饱和状态。

2.2.3　经验教训

（1）变电站 B 侧 B 套保护中差动保护抗饱和逻辑存在缺陷，未能识别此次电流互感器严重饱和状态，造成差动保护没有采取有效抵抗电流互感器饱和的措施。

（2）线路两侧电流互感器设计选型存在问题，两侧电流互感器特性差异相差较大，变电站 B 侧电流互感器饱和使得二次故障电流波形严重畸变，而变电站 A 侧电流互感器传变（传输和变换）准确，造成两侧保护二次电流出现差流。

2.2.4　措施及建议

（1）制造厂采取软件升级措施，对所有两侧电流互感器变比一侧为 5A，一侧为 1A 的线路保护进行了升级。

（2）在设计选型阶段，合理选择线路两侧的电流互感器类型，为降低剩磁影响，建议线路两侧选用 PR 类电流互感器，适当增加电流互感器的二次容量，切实提高线路电流互感器特性的一致性及抗饱和能力。

（3）线路光纤分相电流差动保护应具备一定的抗电流互感器饱和能力，制造厂需改进保护逻辑，提高继电保护抗电流互感器饱和能力。

（4）目前电网发展较快，短路容量增大，新建变电站电流互感器按照远景规划设计，而对线路另一侧老变电站往往会疏忽电流互感器特性的校核，建议在电网设计阶段强化对相关片区所有电流互感器特性校核，以满足线路差动保护的要求。

2.2.5　相关原理

1. 电流互感器饱和及抗饱和方法

（1）电流互感器饱和。电流互感器（TA）的饱和就是电流互感器铁芯中的磁通饱和，由于磁通密度与感应电动势成正比，因此，如果电流互感器二次负荷阻抗大，则在同样电流情况下，二次回路感应电动势就大，或在同样的负荷阻抗下，二次电流越大，感应电动势就越大，这两种情况都会使铁芯中磁通密度大，磁通密度大到一定值时，电流互感器就饱和。电流互感器严重饱和时，一次电流全部变成励磁电流，二次侧感应电流为零，流过电流继电器的电流为零，保护装置就会拒动。

（2）电流互感器抗饱和方法。电流互感器饱和是目前全世界的电力系统主设备继电保护共同面对的问题。由于现行的大型发电机变压器组容量非常大，且故障电流非周期性分量衰减时间过长，可能导致差动保护各侧的电流互感器传变特性不一致或达到饱和。受此影响最大的电气主设备是变压器，其各侧电流互感器特性的不一致，非常容易引起电流互感器饱和，从而有极大可能造成区外发生故障时差动保护的误动。此外，当母线近端发生区外故障时，电流互感器也会因此严重饱和，引发差动保护的误动，因此差动保护需有可靠的电流互感器饱和判据。

1）中阻抗原理。瑞典原 ASEA 公司的 REDSS 母线保护，采用中阻抗原理，巧妙地利用了电流互感器的暂态过程又考虑了稳态过程，具有较强的抗电流互感器饱和能力，能够保证母线保护可靠正确的动作。

2）异步法电流互感器饱和检测。异步法电流互感器饱和检测也叫时差方法，是目前应用比较广泛的一种方法。利用故障启动时间和保护启动时间的时间差，就可以判断电流互感器饱和的时间差。在区外故障时，变压器某侧电流互感器可能会饱和，使差动保护误动。但在故障发生初始时刻和线路电流过零点附近存在一个线性传变区，在该区内，差动保护不会误动，这说明差动保护动作与实际故障在时间上是不同步的，而是滞后实际故障一段时间。而在区内故障时，因为差动电流就是故障电流的实际反映，因此差动动作和故障同步发生。利用这个特点就可以构成一个异步法的电流互感器饱和判据。故障后可快速判别，随后周期性开放差动，即可以有效地克服电流互感器饱和的影响，并且在区外转区内故障时，也能够正确的快速动作。实践证明，电流互感器严重饱和引起的启动与动作之间的时间差约为 5ms，考虑一定的裕度，取时差为 3.75ms，就可以正确判别电流互感器饱和。

3）谐波制动法。电流互感器严重饱和时，有一段饱和时间区域内的一次电流不能正确传变到二次侧，二次侧电流出现缺损和畸变，电流中含有非常丰富的谐波分量。因此提出了一种利用谐波比来制动母线差动保护的方法。谐波比的计算式为

$$a = \sqrt{\sum_{k=2}^{n} I_k^2} \Big/ I_1 \tag{2-1}$$

式中　a——谐波比；
　　　k——二次电流中所含的谐波次数；
　　　n——所需要考虑的谐波的最高次数；
　　　I_k——k 次谐波电流的幅值或有效值；
　　　I_1——二次电流中基波的幅值或有效值。

设置一定 a 值可以用来判断电流互感器是否饱和，决定是开放差动保护还是闭锁差动保护。但二次电流中并非只有电流互感器饱和的时候才出现谐波，还包括涌流、区内故障电流互感器饱和，因此该判据应该与其他方法配合，才能取得比较好的性能。

4）自适应阻抗加权法电流互感器饱和识别。该原理被应用在 LFP-915 母线保护中，采用谐波制动与自适应阻抗加权法的电流互感器饱和识别判据。当发生母线区外故障时，由于故障起始电流互感器还没有进入饱和，工频变化量差流元件 ΔI 和工频变化量阻抗元件 ΔZ 动作滞后于工频变化量电压元件 ΔU；而在母线区内故障时，工频变化量 ΔI、ΔZ、ΔU 基本同时动作。利用工频变化量 ΔI、ΔZ、ΔU 三者之间的相对时序关系特点，得到抗电流互感器饱和的自适应阻抗加权判据。其实这种方法从原理上是异步法的一种，只是实现的方法不同而已。该方法可以在不降低区内故障灵敏度的同时，大大提高保护区外故障抗电流互感器饱和的性能。

5）磁制动原理。从电流互感器饱和的物理本质出发，实时地计算出电流互感器的磁链，认为如果磁链 $\Psi(t)$ 小于饱和磁链 Ψ_{SAT}，就是电流互感器的线性传变区，否则就是饱和区域。提出了基于电流互感器磁链的饱和判据为

$$\Psi(t) = \left| R \int_0^t i \, dt + Li + \Psi(0) \right| \gg \Psi_{SAT} \tag{2-2}$$

式（2-2）满足时电流互感器就进入饱和区域，在这段区域内闭锁差动保护；如果不满足，即开放比率制动特性。进一步采用希尔伯特（Hibert）变换来判断电流互感器饱和，用电流导数最大值法来确定电流互感器初始饱和点，由饱和点磁链计算出电流互感器二次电阻。该判据能够准确地确定电流互感器初始饱和点，不受电流暂态过程与谐波的影响，有效地防止磁制动母线保护因电流互感器二次负荷变化引起的误动。

6）小波变换方法的电流互感器饱和检测。在电流互感器退出饱和的时候投入差动保护，在电流互感器进入饱和的时候闭锁差动保护。利用小波变换方法实时检测电流互感器饱和区和线性区的一种方法，在故障开始后对电流互感器二次电流进行多尺度小波变换，电流互感器二次电流波形在故障发生时刻、进入饱和时刻和退出饱和时刻具有奇异性，分别对应小波变换系数的模极大值，因此可以根据小波模极大值的不同特征，判断对应时刻是进入饱和区还是退出饱和区，实现在饱和区闭锁、线性区开放的差动保护。

2. 保护用电流互感器

（1）概述。保护用电流互感器均为单相，主要与继电保护装置配合，在线路发生短路、过负荷等故障时，向继电保护装置提供信号切断故障电路，保护电力系统的安全。

保护用电流互感器原理与测量用电流互感器一样，均基于电磁感应原理，但是它的工作条件与测量用电流互感器完全不同。测量用电流互感器，应用在正常一次电流工作范围，有合适的准确度即可，当通过故障短路电流时，希望测量用电流互感器尽早饱和，以保护测量仪表不受短路电流损害。而保护用电流互感器在比正常电流大几倍或几十倍电流时才开始工作，其误差（电流和相位误差）要求在误差曲线范围内，而同时考核电流误差和相位差时用复合误差。

（2）保护用电流互感器的分类。保护用电流互感器主要分为 P 类电流互感器和 TP 类电流互感器，P 类电流互感器分为 PR 类和 PX 类，TP 类电流互感器则包括 TPS、TPX、TPY、TPZ 四大类。

1）P 类电流互感器。P 类电流互感器包括 PR 和 PX 类，该类电流互感器的准确限值是由一次电流为稳态对称电流时的复合误差或励磁特性拐点来确定的。P 类及 PR 类电流互感器的准确级以在额定准确限值一次电流下的最大允许复合误差的百分数标称，标准准确级为5P、10P、5PR 和 10PR。P 类及 PR 类电流互感器在额定频率及额定负荷下，电流误差、相位误差和复合误差应不超过表 2-3 所列限值。

表 2-3　　　　　　　　　　　P 类及 PR 类电流互感器误差限值表

准确级	额定一次电流下的电流误差（%）	额定一次电流下的相位差		额定准确限值一次电流下的复合误差（%）
		±min	±crad	
5P，5PR	±1	60	1.8	5
10P，10PR	±3	—	—	10

2）TP 类电流互感器。TP 类保护用电流互感器能满足短路电流具有非周期分量的暂态过程性能要求。

TP 类电流互感器分为以下级别并定义如下：

TPS 级。低漏磁电流互感器，其性能由二次励磁特性和匝数比误差限值规定；剩磁无限制。

TPX 级：准确限值规定为在指定的暂态工作循环中的峰值瞬时误差（$\hat{\varepsilon}$）；剩磁无限制。

TPY 级：准确限值规定为在指定的暂态工作循环中的峰值瞬时误差（$\hat{\varepsilon}$）；剩磁不超过饱和磁通的 10%。

TPZ 级：准确限值规定为在指定的二次回路时间常数下，具有最大直流偏移的单次通电时的峰值瞬时交流分量误差（$\hat{\varepsilon}_{ac}$）。无直流分量误差限值要求，剩磁可以忽略。

（3）影响保护用电流互感器饱和的影响因素。

1）P 类保护用电流互感器饱和的影响因素。P 类电流互感器的准确限值由对称故障电流下的误差确定，影响电流互感器饱和的因素主要是：

a. 短路电流幅值；

b. 二次回路（包括互感器二次绕组）的阻抗；

c. 电流互感器的工频二次励磁阻抗；

d. 电流互感器匝数比等。

2）TP 类保护用电流互感器饱和的影响因素。TP 类电流互感器的准确限值是考虑一次电流中同时具有周期分量和非周期分量，并按规定的暂态工作循环时的峰值误差来确定的。该类电流互感器适用于考虑短路电流中非周期分量暂态影响的情况，影响电流互感器饱和的因素主要是：

a. 短路电流偏移程度；

b. 短路电流中直流分量衰减的时间常数；

c. 铁芯中的剩磁等。

由于电流互感器励磁阻抗与频率成比例，按工频励磁特性设计的电流互感器铁芯，在传变短路电流中缓慢衰减的直流分量时，特性将严重恶化，即所需励磁电流（磁链）大大增加，极容易导致电流互感器饱和。特别在超高压系统和发电厂附近等一次时间常数较大的回路，这是影响电流互感器饱和的极重要因素。

（4）保护用电流互感器的选用原则。

1）一般原则。保护用电流互感器的性能应满足继电保护正确动作的要求，首先应保证在稳态对称短路电流下的误差不超过规定值。对于短路电流非周期分量和互感器剩磁的暂态影响，应根据所在系统暂态问题的严重程度、所接保护装置的特性、暂态饱和可能引起的后果和运行经验等因素来合理考虑。如果保护装置具有减缓电流互感器饱和影响的功能，则可按保护装置的特点来选择适当的电流互感器。具体原则如下：

a. 保护用电流互感器应选用具有适当特征和参数的互感器，同一组差动保护不应同时使用 P 级和 TP 级电流互感器；

b. 当对剩磁有要求时，220kV 及以下电流互感器可采用 PR 级电流互感器；

c. 对 P 级电流互感器准确限值不适应的特殊场合，宜采用 PX 级电流互感器；

d. TPY 级电流互感器不宜用于断路器失灵保护；

e. TPX 级电流互感器不宜用于线路重合闸；

f. TPZ 级电流互感器不宜用于主设备保护和断路器失灵保护。

2）额定参数选择原则。

a. 变压器差动保护回路用电流互感器额定一次电流的选择，宜使各侧电流互感器的二次电流基本平衡。

b. 大型发电机组高压厂用变压器保护用电流互感器额定一次电流的选择，应使电流互感器二次电流在正常和短路情况下，满足继电保护装置整定的选择性和准确性要求。

c. 母线差动保护用各回路电流互感器宜选择相同变比，当小负荷回路电流互感器采用不同变比时，可与制造商协商确定最小变比。

d. 对于在正常情况下一次电流为零的电流互感器，应根据实际应用情况、不平衡电流的实测值或经验数据，并考虑保护灵敏系数及互感器的误差限值和功率稳定、热稳定等因素，选择适当的额定一次电流。

e. 对中性点非有效接地系统的接地保护用电流互感器，可根据具体情况采用由专用电缆式或母线式零序电流互感器。电流互感器应按照保证继电保护装置动作灵敏系数来选择电流互感器变比及有关参数。

3）二次参数选择原则。

a. P 级电流互感器额定输出值宜根据实际计算负荷值，特殊情况下，可选择高于规定最大额定值的数值。

b. TPX 级、TPY 级和 TPZ 级电流互感器额定电阻性负荷宜根据实际计算负荷值。

2.3　线路零序互感引起保护误动

2.3.1　故障简述

1. 故障经过

某日，甲电厂设备进行倒送电（倒送电是指系统向电厂送电）启动，由 500kV 乙变电站通过某 500kV 线路向该电厂 500kV 升压站充电时，电厂侧该 500kV 线路电流互感器 C 相发生单相接地故障。500kV 乙变电站侧线路跳闸的同时，同塔架设的 220kV 线路（由电厂 220kV 母线至丙变电站）两侧 A 套保护动作，220kV 丙变电站侧保护出口跳开 A 相断路器，重合成功；电厂侧保护出口跳开 C 相断路器，重合成功，该 220kV 线路另一套线路保护未动作。

2. 故障前运行方式

系统运行方式如图 2-12 所示，500kV 与 220kV 部分线路同塔双回混压架设，其中电厂经 500kV 升压站与系统 500kV 乙变电站联络，电厂 220kV 升压站与系统 220kV 丙变电站联络，220kV 线路两侧保护为双重化 A、B 套保护配置。

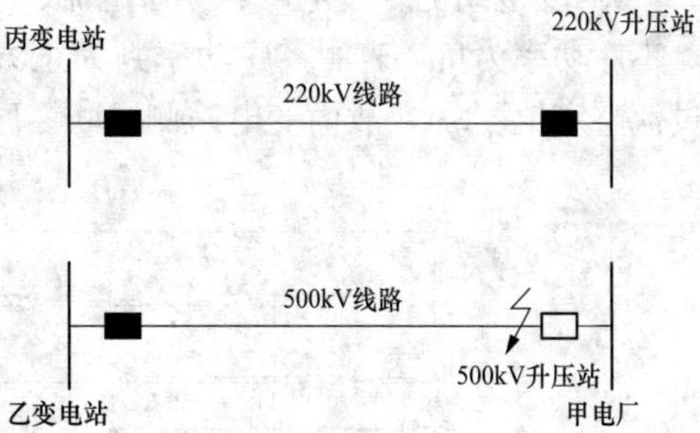

图 2-12　系统运行方式示意图

□—断路器断开状态；■—断路器闭合状态

2.3.2　故障分析

1. 保护动作情况

调取故障时刻线路两侧保护动作波形，如图 2-13（a）、（b）所示，可知均为 A 套保护中纵联零序保护动作出口，进一步分析保护录波发现，丙变电站侧和电厂侧虽然零序电压较小，但也达到了启动值，且零序电流超前零序电压 120° 左右，零序功率方向判为正方向故障，零序保护停信，纵联零序保护动作出口。

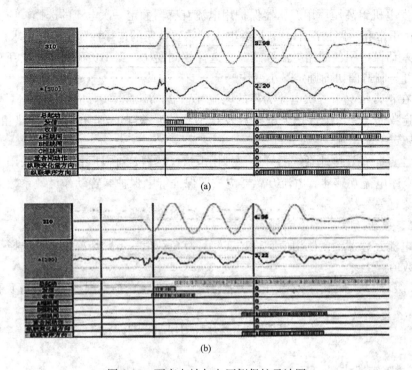

图 2-13　丙变电站与电厂侧保护录波图
(a) 丙变电站侧保护录波图；(b) 电厂侧保护录波图

2. 保护动作行为分析

对 A 套保护装置动作录波图做进一步分析。

(1) 丙变电站侧 A 套保护电气量分析。

1) 丙变电站侧零序电压、零序电流、零序电压电流相对相位和零序功率，如图 2-14 所示，零序功率为负，表明零序功率判为正方向，而零序电流有效值约为 3A，大于"零序方向过流整定值" 2A，故丙变电站侧纵联零序判为正方向。

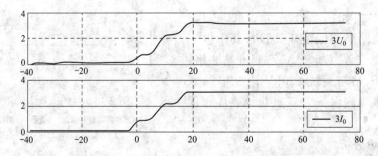

图 2-14　丙变电站侧零序电压、电流、零序电压电流相对相位和零序功率图（一）

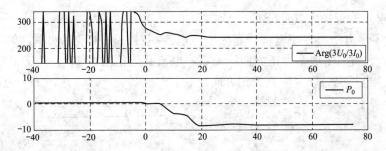

图 2-14　丙变电站侧零序电压、电流、零序电压电流相对相位和零序功率图（二）

2）本次故障中零负序选区进入 A 区，如图 2-15 所示，故变电站侧 A 套保护中纵联零序单相跳闸 A 相。

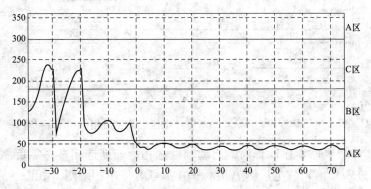

图 2-15　丙变电站侧零负序选区图

3）丙变电站侧负序电压、负序电流、负序电压电流相对相位和负序功率，如图 2-16 所示，负序功率大于零，即表明负序功率判为反方向。

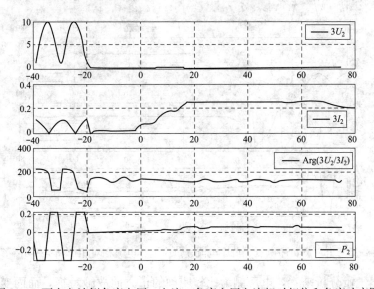

图 2-16　丙变电站侧负序电压、电流、负序电压电流相对相位和负序功率图

（2）电厂侧 A 套保护电气量分析。

1）电厂侧零序电压、零序电流、零序电压电流相对相位和零序功率，如图 2-17 所示，零序功率为负，表明零序功率为正方向，而零序电流有效值约为 3A，大于"零序方向过流整定值" 2A，故电厂侧纵联零序判为正方向。

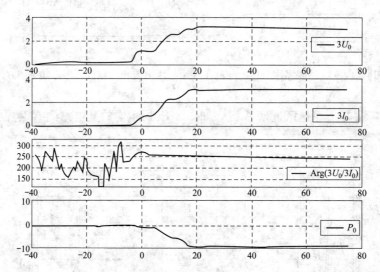

图 2-17　电厂侧零序电压、电流、零序电压电流相对相位和零序功率图

2）A 套保护中仅纵联零序动作时，启动辅助选相，辅助选相参考零负序选区。本次故障中零负区选区进入 C 区，故电厂侧 A 套保护中纵联零序单相跳闸 C 相。

3）电厂侧负序电压、负序电流、负序电压电流相对相位和负序功率，如图 2-18 所示，负序功率低于零，即表明负序功率判为正方向。

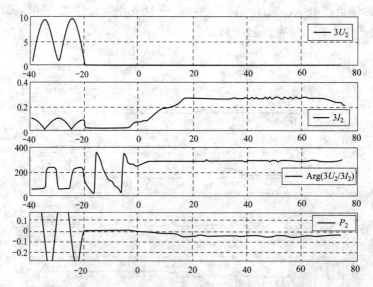

图 2-18　电厂侧负序电压、负序电流、负序电压电流相对相位和负序功率图

综上，从电气量分析来看，电厂侧为比较明确的正方向故障特征，而丙变电站侧零序表现为正方向，虽然负序功率方向判为反方向，但因为没有引入负序功率判据。因此，两侧纵

联零序均判为正方向，电厂侧选跳 C 相而丙变电站侧选跳 A 相。

3. 故障的原因

同塔混压架设线路之间存在着零序互感，当同塔架设的 500kV 线路发生接地故障时，故障电流流过 500kV 线路时零序电流产生很强的零序磁场，导致同塔架设的 220kV 线路两侧的纵联零序保护动作出口。

2.3.3　经验教训

保护原理不够完善。在保护选型时，未充分考虑同塔混压多回线路之间的零序互感影响，在区外故障时发生不正确动作。

2.3.4　措施及建议

（1）按照相关技术规程的要求，对电网稳定影响较大的同塔（杆）混压架设线路，宜配置分相电流差动或其他具有跨线故障选相功能的全线速动保护，以减少同塔（杆）双回线路同时跳闸的可能性。尤其对于不同电压等级架设的同塔混压线路，更应配置光纤电流差动保护，避免不同电压等级线路之间的互感影响。新建同塔（杆）架设线路应考虑采用分相电流差动保护，对于电厂出线和 500kV 出线，为保证通道可靠性，还应该考虑双回光纤复合架空地线（optical fiber composite overhead ground wire，OPGW）。

（2）对保护装置来说，由于同塔（杆）双回线之间没有负序互感，区外故障时，线路两侧的负序功率方向元件是一侧判断为正方向、另一侧判断为反方向，两侧纵联负序方向保护在此情况下不会误动，因此可采用负序方向元件作为纵联零序保护的辅助判据。在系统发生接地故障时，必须要求线路各侧的负序方向元件和零序方向元件均判断为正方向，出口才停止发出信号（简称停信），来防止纵联零序保护的误动。

（3）对于老线路由于塔型问题，无法将架空地线改为 OPGW 的线路应配置双套高频保护，并注意从装置原理上解决上述问题。

2.3.5　相关原理

1. 同塔双回线路的零序互感分析

（1）线路区内接地故障时的零序电流电压分布。正常线路区内接地故障时的零序电流、电压分布如图 2-19 所示，三角形实线为零序电压分布，故障点零序电压 $\dot{U}_{F0}$ 最高，逐渐向接地的中性点降低。虚线为接地点两侧零序电流分布情况。这里故障点零序电压源以并联的形式出现。

图 2-19 中 $\dot{U}_{M0}$、$\dot{I}_{M0}$、$\dot{U}_{N0}$、$\dot{I}_{N0}$ 为两侧零序电压、电流规定正方向，可见两侧实际零序电压 $\dot{U}'_{M0}$、$\dot{U}'_{N0}$ 和规定正方向相同，零序电流 $\dot{I}'_{M0}$、$\dot{I}'_{N0}$ 和规定正方向相反。

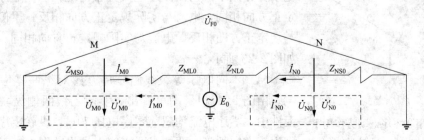

图 2-19　正常区内故障时线路零序电压、电流分布图

　　实际零序电压、电流相量关系如图 2-20 所示，假设线路零序阻抗角为 $80°$，则两侧零序电流超前零序电压 $110°$。

　　（2）不同电压等级线路零序互感模型。假设甲线对乙线是不同电压系统的同塔架设线路，甲线对乙线产生零序互感的模型如图 2-21 所示，在甲线零序电流作用下，乙线产生的零序互感电动势源以串联的形式出现。

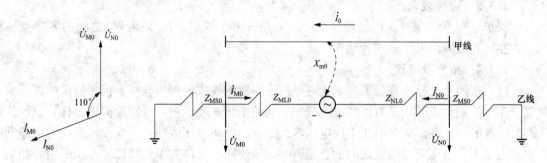

图 2-20　正常接地故障时
零序电压、电流相量关系　　　　　　　　图 2-21　平行双回路的零序互感模型

　　（3）零序互感对非故障系统线路零序电压电流分析。在串联的零序电动势源作用下，乙线的零序电压、电流分布如图 2-22 所示。

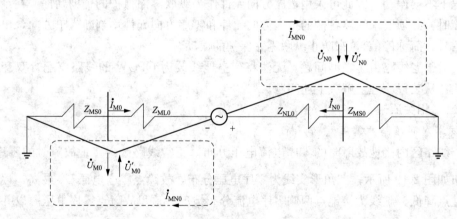

图 2-22　被感应线路零序电压、电流分布图

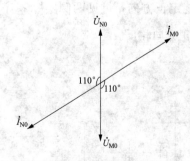

图 2-23　串联零序电动势作用下
两侧零序电流、电压相量关系

　　图 2-22 中粗实线，为零序电压分布，虚线为串联零序电动势作用下，两侧零序电流分布情况，乙侧零序电压与规定正方向相同，电流与实际规定正方向相反；甲侧零序电压与规定正方向相反，电流与实际规定正方向相同。相量关系如图 2-23 所示。

　　（4）不同电压等级线路零序互感对纵联零序保护的影响。由图 2-23 相量图可看出，实际乙线两侧纵联零序方向元件中，零序电流均超前零序电压 $110°$，纵联零序保护判为区内正方向故障，两侧纵联零序保护将动作。

2. 同塔多回线路零序互感的测量

随着电网结构的快速发展，同杆双回线路甚至同杆多回线路大量出现。对于不同电压等级的线路，共用同一杆塔更是多见，在个别杆塔上甚至有多达 7 回不同线路。由于线路故障绝大多数都是接地故障，因此零序互感会影响电网短路电流的计算，从而影响继电保护定值整定，准确的零序互感参数对于电网继电保护的整定计算显得非常重要。

目前要开展不同电压等级之间的零序互感影响的实际测试工作存在较大困难，并且线路两端的变电站各不相同，使得对每一种运行方式均进行实际测试存在难度。同时对其相互之间的影响必须有理论计算，进而提高零序互感测试准确性。同杆多回线路的零序互感超高压线路保护整定，需要正确的线路零序自感和互感值，不正确的零序值会引起保护灵敏度下降和超范围动作。

对于同杆多回线路，其相邻线路会对本线路的零序参数产生影响。特别是当相邻线路在运行或退出运行时，相邻线路接地运行方式发生变化的情况下，零序互感参数都会发生变化，而这些变化要全部测量是不可能的，也是不现实的。

(1) 同杆双回线路。同杆双回线路的零序互感测量，只需要涉及 1 个零序互感参数，是互感影响最简单的一种，目前国内已有成熟的计算经验。

(2) 同杆 3 回线路。对 3 回及以上输电线路，除了存在任意 2 回线路之间的互感外，还涉及在不同的检修方式下，任意 2 回线路之间的等效互感参数。对 3 回线路参数，有 3 个零序自阻抗和 3 个零序互阻抗，在考虑任意 1 回线路检修时，又派生出 2 回未检修线路的 2 个零序自阻抗以及 1 个它们之间的零序互感共 9 个零序参数，同时当考虑 2 回线路检修时，共有 3 个零序自阻抗参数，这样同杆 3 回线路共有 18 个零序参数需要确定。

(3) 同杆多回线路。若考虑同杆 4 回线路，按上面同样的排列组合方法，共有 94 个零序参数需要确定。如果线路更多，那线路参数计算的复杂度将以几何级数增加。

(4) 不同电压等级的同杆多回线路。不同电压等级的线路同杆架设，一般存在电压等级越高的输电线路越长，电压等级越低的输电线路越短的特点。并且低电压等级的线路不会和高电压等级的线路完全重合，大都是部分重合杆塔。并且由于 220/330kV 的输电线路并不是所有的变压器中性点都接地，接地点运行方式的改变使得互感的影响复杂多变。对于这种情况，只有通过有效的计算方法才能获取零序互感的最大影响。

2.4　线路断路器多次跳合闸

2.4.1　故障简述

1. 变电站 A 侧

220kV 某线路距变电站 A 保护装设处约 13.6km 处，发生 A 相单相接地故障，A 套保护装置的纵联变化量方向元件、纵联零序方向元件、接地距离 I 段先后动作；B 套保护装置的纵联距离元件、纵联零序方向元件、接地距离 I 段先后动作。线路断路器 A 相单相跳闸，A 相重合成功，而对侧变电站 B 线路断路器在 A 相单相跳闸后，重合闸未成功，导致非全相运行，因此变电站 A 主变压器零序过流 I 段保护动作，约 3s 后线路断路器三相跳闸。

2. 变电站 B 侧

220kV 某线路距变电站 B 保护装设处约 17.7km 处，发生 A 相单相接地故障，A 套保护装置的纵联变化量方向元件、纵联零序方向元件、接地距离Ⅰ段先后动作；B套保护装置的纵联距离元件、纵联零序方向元件、接地距离Ⅰ段先后动作。线路断路器A相单相跳闸，约4s后，线路断路器B相、C相跳闸；保护A相单相跳闸后，线路的两套保护装置重合闸均未启动。

2.4.2　故障分析

1. 监控系统记录事件及时间

（1）变电站A侧。

××月××日××时52分28秒976.3毫秒　　　B套保护跳闸信号　动作

××月××日××时52分28秒976.8毫秒　　　A套保护跳闸信号　动作

××月××日××时52分37秒0毫秒　　　GIS断路器操作机构油压气压正常信号　动作

××月××日××时52分43秒0毫秒　　　GIS断路器操作机构油压气压正常信号　复归

（2）变电站B侧。

××月××日××时53分12秒47毫秒　　　A套保护跳闸信号　动作

××月××日××时53分12秒47毫秒　　　B套保护跳闸信号　动作

××月××日××时53分12秒51毫秒　　　A相控制回路断线信号　动作（监控没有送单相断路器位置信号，此信号说明断路器在分闸过程中）

××月××日××时53分12秒73毫秒　　　断路器合闸闭锁信号　动作

××月××日××时53分26秒01毫秒　　　断路器合闸闭锁信号　复归

2. 异常信号情况

（1）变电站A侧。3205ms，A套保护、B套保护、断路器失灵保护均收到线路断路器三相跳闸位置变位由0至1信号；3420ms，A套保护、B套保护、断路器失灵保护又收到线路断路器三相跳闸位置变位由1至0信号；9114ms，A套保护、B套保护、断路器失灵保护再次收到线路断路器三相跳闸位置变位由0至1信号。

（2）变电站B侧。A套保护、B套保护单相跳闸后，重合闸未能出口，重合闸仅启动，后又返回，没有最终出口去重合断路器。

3. 故障的原因

（1）变电站A侧。断路器经单相跳闸后、又单相重合A相断路器，随后主变压器保护动作又三相跳闸，断路器经多次分、合闸引起液压机构压力迅速下降，达到了断路器合闸闭锁压力值，导致断路器合闸闭锁（启泵压力19.0MPa，合闸闭锁压力18.0MPa），而油泵又不可能瞬时增压至正常值（油泵打压约需10多秒钟），故导致合闸回路中的合闸闭锁继电器动作（常闭接点断开），从而开断了断路器合闸回路负电源，引起跳闸位置继电器（KTP）返回，故A套保护、B套保护、断路器失灵保护在3420ms时，均收到线路断路器三相跳闸位置返回信号（跳闸位置由1至0）；当油泵使油压高于断路器合闸闭锁压力后，断路器合闸闭锁返回、跳闸位置继电器得电，故A套保护、B套保护、断路器失灵保护在9114ms时，再次收到线路断路器三相跳闸位置变位信号（跳闸位置由0至1）。

综上所述，当线路断路器短时间内经过多次分、合闸后，就可能会造成线路断路器液压机构油压降低至合闸闭锁压力，从而造成断路器合闸闭锁（不排除降低到分闸闭锁压力的可能，从而造成分闸闭锁），最终导致断路器不能实现正常合闸。

（2）变电站B侧。在A相断路器分闸后由于液压机构压力降低，达到了断路器合闸闭锁压力（启泵压力 19.0MPa，合闸闭锁压力 18.0MPa），导致合闸回路中的合闸闭锁继电器动作，断开了断路器合闸回路负电源，同时跳闸位置继电器返回，使得保护误认为断路器在合闸状态，故重合闸返回，单相重合闸未出口。所以重合闸未动作的原因，是液压机构启泵压力定值和合闸闭锁压力定值差值较小，油泵虽然启动，但是压力不能及时达到合闸闭锁压力返回值，合闸回路断开，A 相跳闸位置继电器返回，保护误认为断路器处于合位状态，重合闸返回。

2.4.3　经验教训

线路断路器的液压机构，油泵的启停定值与分合闸压力闭锁的定值配合不好，未考虑断路器在短时间内多次分合，导致压力快速下降。

2.4.4　措施及建议

断路器生产厂家派技术人员到变电站 A、B 进行处理：将线路断路器液压机构启泵压力由 19.0MPa 修改为 20.0MPa，停泵压力由 20.0MPa 修改为 21.0MPa，油压高报警压力由 22.0MPa 修改为 23.0MPa。

2.4.5　相关原理

1. 断路器控制方式

断路器是电力系统中最重要的开关设备，在正常运行时断路器可以接通和切断电气设备的负荷电流，在系统发生故障时则能可靠地切断短路电流。

断路器一般由动触头、静触头、灭弧装置、操动机构及绝缘支架等构成。为实现断路器的自动控制作用，在操动机构中还有与断路器的传动轴联动的辅助触头。

断路器的控制方式有多种，分述如下。

（1）按控制地点分。断路器的控制方式按控制地点分为集中控制和就地（分散）控制两种。

1）集中控制。在主控制室的控制台上，用控制开关或按钮通过控制电缆去接通或断开断路器的跳、合闸线圈，对断路器进行跳、合闸控制。一般对发电机、主变压器、母线、断路器、厂用变压器、35kV 以上线路等主要设备都采用集中控制。

2）就地（分散）控制。在断路器安装地点（配电现场）就地对断路器进行跳、合闸操作（可电动或手动）。一般对 10kV 线路以及厂用电动机等采用就地控制，可大大减少主控制室的占地面积和控制电缆数。

（2）按控制电源电压分。断路器的控制方式按控制电源电压分为强电控制和弱电控制两种。

1）强电控制。从断路器的控制开关到其操动机构的工作电压均为直流 110V 或 220V。

2）弱电控制。控制开关的工作电压是弱电（直流 48V），而断路器的操动机构的电压是 220V。目前在 500kV 变电站二次设备分散布置时，在主控制室常采用弱电一对一控制。

（3）按控制电源的性质分。断路器的控制方式按控制电源的性质可分为直流操作和交流操作（包括整流操作）两种。直流操作一般采用蓄电池组供电，交流操作一般是由电流互感器、电压互感器或站用变压器提供电源。

2. 对断路器控制回路的基本要求

断路器的控制回路必须完整、可靠，因此应满足下面一些要求：

（1）断路器的跳、合闸回路是按短时通电设计的，操作完成后，应迅速切断跳、合闸回路，解除命令脉冲，以免烧坏跳、合闸线圈。为此，在跳、合闸回路中，接入断路器的辅助触点，既可将回路切断，又可为下一步操作做好准备。

（2）断路器既能在远方由控制开关进行手动合闸和跳闸，又能在自动装置和继电保护作用下自动合闸和跳闸。

（3）控制回路应具有反映断路器状态的位置信号和自动跳、合闸的不同显示信号。

（4）无论断路器是否带有机械闭锁，都应具有防止多次跳、合闸的电气防跳措施。

（5）对控制回路及其电源是否完好，应能进行监视。

（6）对于采用气压、液压和弹簧操作的断路器，应有压力是否正常，弹簧是否拉紧到位的监视回路和闭锁回路。

（7）接线应简单可靠、使用电缆芯数应尽量少。

3. 液压操动机构的断路器控制回路

（1）对液压操动机构的特殊要求。我国 110kV 以上少油断路器广泛采用液压操动机构。当断路器跳、合闸时，利用跳、合闸电磁铁开启高压油门，靠油的压力完成跳、合闸动作。断路器采用液压操动机构，除了要考虑对控制回路的基本要求外，还要满足以下要求。

1）要保持油的压力在允许范围。一般要求油压为 15.8～17.5MPa 的范围内。为保持油压在要求的范围内，通常装设电动油泵。当油压低于 15.8MPa 时，自动启动油泵补压，油压上升到 17.5MPa 时，自动停泵。

2）油压出现异常时，应自动发出信号。当油压低于 14.4MPa 时，应发出油压降低信号；当油压高于 20MPa 时或低于 10MPa 时，应发出油压异常信号。

3）油压严重下降，不能达到故障状态下断路器跳闸要求时，应自动跳闸。当油压低于 12.6MPa 时，应自动跳闸并且不允许再合闸。

（2）基本电路及工作状态分析。图 2-24 是液压操动、采用灯光监视的断路器控制回路，控制开关为 LW2-Z 型。该回路的特点是断路器的跳、合闸动力是靠液体的压力，所以其控制合闸的电流小（只需 2A 即可），但对液压装置要求较高，装设有压力异常报警、自动稳压和压力异常闭锁合闸操作等装置。

图 2-24 中，S1～S5 为液压机构微动开关的触点；S6、S7 为压力表触点，各触点的动作值见表 2-4。KC1、KC2 为中间继电器，KM 为直流接触器，M 为直流电动机，KCF 为防止断路器跳跃闭锁继电器。

表 2-4　　　　　　　　　　　　　压力表触点的动作值

触点号	S1	S2	S3	S4	S5	S6	S7
动作值（MPa）	<17.5	<15.8	<14.4	<13.2	<12.6	<10	>20

液压部分动作分析如下。

1）液压操动机构的压力控制。为保证断路器的正常工作，油压应维持在 15.8～17.5MPa 的范围内，否则应进行调节。

a. 当油压降至 17.5MPa 时，S1 闭合；当油压降至 15.8MPa 时，S2 闭合使接触器 KM 启动，其 KM-1 触点闭合，经 S 使 KM 自保持；KM-2 与 KM-3 触点闭合，使电动机 M 启动升高油压，KM 触点闭合，发出电动机 M 启动信号。

b. 当油压升至 15.5MPa 以上时，S2 断开，但直到升至 17.5MPa 时，S1 断开，KM 线圈失电，油泵电机才停止转动。以此维持油泵油压在 15.8～17.5MPa 范围内。

2）油压异常时发出信号。

a. 当油压降至 14.4MPa 时，S3 闭合，发出油压降低信号。

b. 当油压降至 13.2MPa 时，S4 断开，切断断路器合闸回路，启动"油压降低闭锁合闸"功能，避免断路器在油压过低时合闸的"慢爬"现象。

c. 当油压降至 10MPa 以下时 S6 闭合，油压超过 20MPa 时 S7 闭合，都能使中间继电器 KC2 启动，其动合触点闭合发出油压异常信号。

3）油压严重下降时，断路器自动跳闸。当油压严重下降时（如低于 12.6MPa），S5 闭合，启动中间继电器 KC1，其动合触点闭合，接通断路器跳闸线圈 YT，使断路器自动跳闸，退出工作。

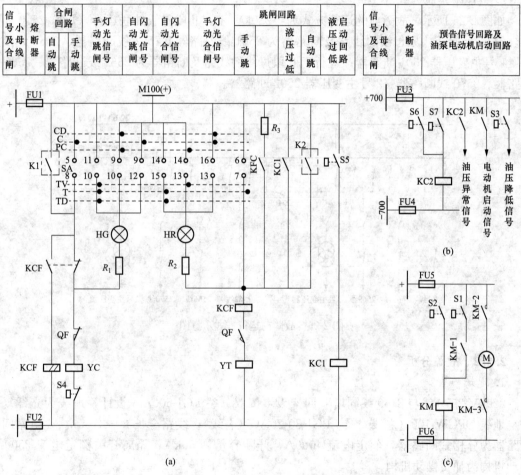

图 2-24　液压操作灯光监视的断路器控制、信号电路图

（a）灯光监视的断路器控制回路；（b）液压异常预告信号回路；（c）油泵电动机启动回路

2.5　引下线脱落引起保护越级跳闸

2.5.1　故障简述

1. 故障经过

某日，220kV 某变电站 220kV 2570 线 A、B 套保护中的纵联距离、纵联零序保护动作

A 相跳闸，重合闸不成功，三相跳闸。故障测距为 14.86km。经检查站内一、二次设备无异常。经调度许可运行人员试合 2570 线断路器，保护动作加速三跳 2570 线断路器。运行人员发现 A 相操动机构半分半合，分闸不到位，弹簧储能在中间位置，且断路器动作次数没有变化，保护屏上长期三相不一致信号启动。随后就地对 2570 线 A 相断路器实施紧急分闸，但断路器未动作，于是值班人员将远方就地开关切换至就地，按分闸按钮进行分闸，断路器仍未动作。当值班人员准备返回主控室时，2570 线保护动作三跳，随后母线差动保护屏失灵保护动作，跳开 220kV 母联 2510 断路器，2562 线断路器，2566 线断路器。

2. 故障前运行方式

如图 2-25 所示，故障前的运行方式为：220kV Ⅰ、Ⅱ 段母线并联运行（母联 2510 断路器合位）；运行于 Ⅰ 段母线的线路及断路器为 2561 线断路器、2567 线断路器、2569 线断路器、1 号主变压器 2501 断路器；运行于 Ⅱ 段母线的线路及断路器为 2562 线断路器、2566 线断路器、2570 线断路器、2 号主变压器 2502 断路器。

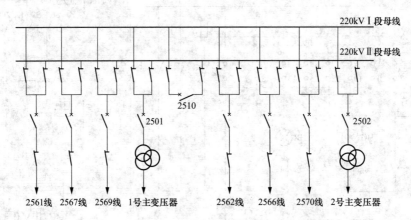

图 2-25　故障前运行方式示意图

2.5.2　故障分析

1. 现场检查

220kV 2570 线与 2569 线同塔双回架设，按双分裂 LGJ-500/45 设计，地线为光纤复合架空地线 OPGW-100（左线）及 LBGJ-80-20AC（右线），线路全长 20.428km。变电站间隔断路器为分相式断路器，额定电流 4000A，开断容量为 50kA，隔离开关额定电流 2500A，操动机构为弹簧操动机构。

经现场巡线发现，220kV 2570 线 N15 号塔 OPGW 架空地线引入光纤接线箱在 N15 靠 N16 侧，引下线从专用的 OPGW 塑胶固定线夹中弹出，导致 OPGW 钢绞线与 220kV 2570 线 A 相导线引接线接触，220kV 2570 线 N15 号塔 A 相引流线多处断股，OPGW 钢绞线引下线熔断。

如图 2-26 所示，OPGW 引下线的塑胶固定线夹握力不够，加上钢绞线刚性弹力和风力（N15 塔地处山风口）造成 OPGW 从塑胶固定线夹中弹出，导致 OPGW 钢绞线与 A 相导线引流线接触造成故障跳闸。

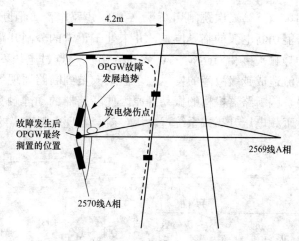

图 2-26　线路 OPGW 引下线故障示意图

2. 2570 线断路器三次跳闸及母线失灵保护越级跳闸原因分析

220kV 2570 线 N15 号塔光纤复合架空地线 OPGW 引下线从专用塑胶固定线夹中弹出，与 A 相导线放电导致 2570 线断路器跳闸、重合不成功，断路器动作行为完全正常。

调度命令试送后，因线路故障未消除，2570 线断路器第二次跳闸，此时断路器位置已处于半分半合位置。

2570 线 A 相第三次出现故障电流，此时由于 2570 线断路器 A 相操动机构故障，导致母线失灵保护动作。为何会出现第三次故障电流成为越级跳闸故障原因分析的关键。可能的原因分析如下：

（1）值班人员误操作或振动等原因造成 2570 线断路器 A 相操动机构偷合。2570 线断路器采用的是弹簧操动机构，使用卷簧进行储能。操动机构的分闸缓冲装置若出现故障，会导致断路器分闸不到位；合闸挚子（操动机构专有名词）若出现机械故障，会导致合闸后合闸拐臂（操动机构专有名词）继续储能的过程中无法扣住合闸挚子，出现半分半合状态。此外，机构的卡涩也有可能导致出现半分半合状态。

另外，由图 2-27 可以看出，如果 BW1、BW2 行程限位开关的两对触点出现故障，会导致 K13 继电器带电，合闸回路沟通，在储能未完成的情况下合闸，将会导致断路器操动机构出现半分半合故障。K12 继电器直接用卡子固定在断路器的操动机构箱门上，断路器的剧烈振动有可能造成 K12 继电器线圈 A1、A2 接头处松动，K12 失电，K13 带电，合闸回路沟通，在储能未完成的情况下合闸，将会导致操动机构出现半分半合故障。K13 继电器长期带电，若因质量问题，K13 继电器 11、14 触点黏接，合闸回路沟通，在储能未完成的情况下合闸，也会导致操动机构出现半分半合故障。由上可知，无论是机械或电气的原因，弹簧操动机构均可能出现半分半合状态。

在断路器已处于半分半合的状态下，通过断路器现场的合分闸按钮、就地远方切换开关、紧急分闸按钮、储能电机空气断路器等均不能使断路器合闸、分闸或储能，只有通过专用的卸能工具，才能将残余的弹簧储能消耗掉，进而使用工具调整拐臂的位置才能使断路器恢复正常。由此可见，断路器操动机构偷合的可能性很小。

（2）220kV 2570 线断路器灭弧室重击穿。事件顺序记录（Sequence of Event，SOE）及录波信息显示当调度命令第二次试送 2570 线断路器加速跳闸后，此时 A 相操动机构处于半分半合位置。分析可知，虽然第二次跳闸切断了 A 相的短路电流，但断路器 A 相灭弧室内的动静触头却刚好处于能切断电弧的临界位置，并未处于正常的分闸开距（动静触头分闸时的开断距离）处。若动静触头再相对运动一点或系统出现一点过电压，就可能发生电弧重燃，引起第三次短路电流造成越级故障的发生。当值班人员到断路器现场打开断路器操作箱门按动紧急分闸按钮时，因断路器机构的振动等原因使断路器的动静触头产生相对运动，或者正好在此时系统产生工频电压升高或系统过电压，就会出现电弧重燃的情况。

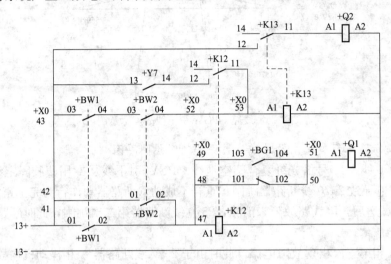

图 2-27　断路器操动机构电机储能回路简图

在现场对 2570 线断路器 A 相的灭弧室进行解体检查，发现灭弧触指（动触头上楔形触块）与静触头之间有明显的烧损情况，而灭弧室底部有较多的白色分解物。本台断路器投入运行时间短且很少进行操作，根据断路器厂家的经验，切断几次短路电流并不会出现类似的烧损情况，因此可以判断以上现象是由于动静触头之间燃弧时间较长引起的。

3. 故障原因

OPGW 钢绞线与 A 相导线引流线接触造成故障跳闸，在第二次试送 2570 线断路器加速跳闸后，由于 A 相机构处于半分半合位置，断路器灭弧室重击穿，出现第三次故障电流，因为 2570 线断路器已经无法正常分合，所以导致母线差动保护中的失灵保护动作，造成了越级跳闸。

2.5.3　经验教训

（1）OPGW 引下线的塑胶固定线夹握力不够，因为材质的原因，老化、爆裂不可避免。

（2）OPGW 钢绞线引入光纤接线箱引下线沿塔身外侧铺设路径及固定方式、强度、密度存在问题，特别是遇到风口铁塔要考虑风力破坏。

（3）断路器的弹簧操动机构没有机械闭锁来防止出现半分半合状态，实际安装和运行过程中由于电气元件的质量或人员操作的原因，有时会出现半分半合的状态，可能发生断路器拒动或爆炸的严重故障。

（4）当断路器出现半分半合后，运行人员不应该在现场逗留并按紧急分闸按钮，此次故障中若断路器断口重击穿燃弧爆炸，将会造成非常严重的后果。

2.5.4　措施及建议

（1）更换老化的光纤塑胶固定线夹，在原有的光纤固定线夹旁添加固定线夹加强固定。

（2）对所有使用此塑胶光纤固定线夹的线路更换为铁合金固定线夹。

（3）对其他出线 OPGW 引下线固定处进行加固。

（4）断路器厂家应选用优质的行程限位开关 BW1、BW2 及中间继电器 K12、K13，特别是 K13 由于长期带电，对其防老化的要求必须更为严格。同时应考虑 K12、K13 的安装位置，特别是 K12 安装位置必须能可靠地防震。

（5）断路器厂家应考虑该型号操动机构设置机械防半分半合的装置。

（6）若断路器在运行、调试过程中出现半分半合故障，值班人员必须立即汇报，不得在现场逗留并对断路器进行任何操作。

2.5.5　相关原理

1. OPGW 光缆

（1）概述。OPGW 光缆，也称光纤复合架空地线。把光纤放置在架空高压输电线的地线中，用以构成输电线路上的光纤通信网，这种结构形式兼具地线与通信双重功能，一般称作 OPGW 光缆。

由于光纤具有抗电磁干扰、自重轻等特点，它可以安装在输电线路杆塔顶部而不必考虑最佳架挂位置和电磁腐蚀等问题。因此，OPGW 具有较高的可靠性、优越的机械性能、成本较低等显著特点。这种技术在新敷设或更换现场有地线时尤其合适和经济。

光纤是利用纤芯和包层两种材料的折射率大小差异，使光能在光导纤维中传输，这在通信史上成为一次重大革命。光纤光缆质量轻、体积小，已被电力系统采用，在变电站与中心调度所之间传送调度电话、远动信号、继电保护、电视图像等信息。为了提高光纤光缆的稳定性和可靠性，开发了光缆与输电线的相导线、架空地线以及电力电缆复合为一体的结构。OPGW 光缆由于有金属导线包裹，使光缆更为可靠、稳定、牢固，由于架空地线和光缆复合为一体，与使用其他方式的光缆相比，既缩短施工工期又节省施工费用。另外，如果采用铝包钢线或铝合金线绞制的 OPGW，相当于架设了一根良导体（良导体就是明显导电、电阻较小的导体）架空地线，可以减少输电线的潜供电流、降低工频过电压、改善电力线对通信线的干扰及危险影响等。

（2）常见的 OPGW 结构。主要有三大类，分别是铝管型、铝骨架型和（不锈）钢管型。

2. OPGW 光缆的应用

OPGW 光缆主要在 500、220、110kV 电压等级线路上使用，受线路停电、安全等因素影响，多在新建线路上应用。

OPGW 的使用特点是：

（1）电压等级超过 110kV 的线路，档距较大（一般都在 250m 以上）；

（2）易于维护，对于线路跨越问题易解决，其机械特性可满足线路大跨越；

（3）OPGW 外层为金属铠装（在 OPGW 的最外面加装一层金属保护，以免内部的效用层在运输和安装时受到损坏）；

（4）OPGW 在施工时必须停电，停电损失较大，所以在新建 110kV 以上高压线路中应该直接使用 OPGW；

（5）OPGW 的性能指标中，短路电流越大，越需要用良导体做铠装，从而相应降低了抗拉强度，而在抗拉强度一定的情况下，要提高短路电流容量，只有增大金属截面积，从而导致缆径和缆重增加，这样就对线路杆塔强度提出了安全要求。

3. 选择及使用 OPGW 光缆应注意的问题

（1）合理选择光纤外护套。光纤外护套有 3 种管材：有机合成材料塑料管、铝管、钢管。塑料管造价低，为满足塑料管护套对紫外线的防护要求，最少要使用两层铠装，塑料管 OPGW 承受短路电流引起的短时温升能力小于 180℃；铝管造价较低，由于铝材阻抗小，因此能加大 OPGW 铠装层承受短路电流的能力，铝管 OPGW 承受短路电流引起短时温升能力小于 300℃。不锈钢管造价高，但是由于钢管的管壁薄，在相同截面积条件下装入不锈钢管的光纤芯数比塑料管和铝管都要多，因此在多芯条件下单位光芯造价并不高，钢管 OPGW 承受短时温升的能力可达 450℃。用户可根据工程具体情况，合理选择光纤外护套。

（2）当用 OPGW 光缆更换老线路地线时，必须选择与原有架空地线的机械特性和电气特性相当的 OPGW。即 OPGW 的外径、单位长度重量、极限拉力、弹性模量、线膨胀系数、短路电流等参数与现有地线参数相接近，这样既可以不改变现有的塔头，减少改造工程量，又可以保证 OPGW 与现有的每相导线的安全距离，确保电力系统安全运行。

（3）安装施工 OPGW 光缆与安装 ADSS 光缆（全介质自承式光缆）差不多，使用的金具也几乎一样，只是挂点（悬挂位置）不一样，OPGW 光缆要安装在架空地线的位置上。光缆线路的中间接头位置必须通过配盘落在耐张铁塔上。

第3章 发电厂故障

在发电厂的运行过程中，会出现各种各样的问题和故障，这些都是影响电厂安全运行最为重要的环节，如果这些问题和故障处理不当，那么就可能会发生重大的事故。

3.1 发电机—变压器组总启动电气试验时失磁保护误动

3.1.1 故障简述

1. 故障经过

某电厂4号发电机—变压器组进行总启动电气试验，在做断路器假并列（模拟并列）试验时，发生三相金属性短路故障，发电机过负荷保护及主变压器220kV侧阻抗保护均未动作，发电机失磁保护动作跳闸，切除了故障。

2. 故障前运行方式

4号发电机—变压器组系统接线如图3-1所示。

3.1.2 故障分析

1. 现场检查情况

4号发电机—变压器组短路试验准备时，因为运行方式的需要，将220kV 2041、2042隔离开关断开，并把2040接地开关合上。在短路试验以后，应该断开2040接地开关，但在操作时漏操作此项，结果在进行204断路器假并列试验时，造成了三相金属性短路故障。

2. 保护动作情况及分析

由于2040接地开关在204断路器的外侧，对于发电机—变压器组保护来说属于外部故障，

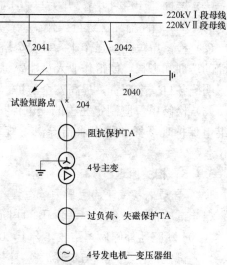

图3-1　发电机—变压器组系统接线图

此时应该由母线保护动作去切除故障，由于极性要等到带负荷试验时才能确定其正确性，此时母线保护尚未投入，所以故障要靠发电机—变压器组的后备保护切除。发电机—变压器组的后备保护有过负荷保护、主变压器220kV侧阻抗保护，都没能动作。而失磁保护是反应发电机失去励磁时的一种保护，此时不应该动作，却动作跳闸，切除了故障。

3. 故障原因

（1）带接地线合断路器的原因。没有严格执行操作票制度。在总启动试验时，其操作步骤是按运行规程的要求、按试验步骤要求编排的。由于短路试验前，在204断路器的外侧挂了两组短路线，短路试验结束后此短路线应拆除，并拉开2040接地开关，然后再进行后续的工作。但是操作人员拆除了接地线，却忘记断开2040接地开关，这是造成故障的直接

原因。

（2）发电机过负荷保护、主变压器 220kV 侧低阻抗保护拒动的原因。按照整定值的要求，主变压器 220kV 侧阻抗保护的方向应指向 220kV 侧母线，但是接线却没有充分考虑阻抗保护用电流互感器的极性，导致极性接反，所以主变压器 220kV 侧低阻抗保护拒动。

发电机过负荷保护的整定时间大于失磁保护的整定时间，所以失磁保护先动作，失磁保护将故障切除后，过负荷保护返回。

（3）发电机失磁保护误动的原因。失磁保护的方向应该指向复平面的第四象限，主变压器 220kV 侧母线上故障不应在保护的动作区内，所以不应动作，经过检查发现失磁保护的电流互感器极性接错。

3.1.3　经验教训

（1）现场危险点辨识不全面，预控措施不到位，工作监护不到位。

（2）"两票三制"（操作票、工作票、交接班制度、巡回检查制度、设备定期试验和轮换制度）执行不到位，部分二次作业标准化程度不高，二次安全措施工作票（简称安措票）不规范。

3.1.4　措施及建议

（1）增加 2040 接地隔离开关与 204 断路器的电气逻辑闭锁回路，在 2040 接地隔离开关合上时，204 断路器无法进行操作。

（2）检修单位须加强作业人员安全培训，定期进行安全规程、制度、技术、风险辨识等方面的培训和考核，使得作业人员能熟练掌握有关规定，清晰了解风险因素、安全措施和要求，明确各自安全职责，提高安全防护、风险辨识的能力和水平。

（3）检修单位应制定完善的继电保护现场标准化作业指导书，现场工作人员须严格执行继电保护现场标准化作业指导书，规范现场安全措施，确保安全措施执行、验证程序到位。

3.1.5　相关原理

1. 总启动电气试验的主要内容与操作步骤

（1）试验前的准备工作。断开 204 断路器，断开 2041、2042 隔离开关，合上 2040 接地开关。204 断路器外侧做短路线，合上 204 断路器。

（2）试验的主要内容与步骤。

1）发电机—变压器组短路试验。利用短路点做发电机—变压器组的短路特性试验，录取发电机的短路特性曲线，检查电流互感器的二次相量，判断电流保护的极性。上述试验完成后进行下列操作：拆除短路线，断开 204 断路器，断开 2040 接地开关。

2）发电机—变压器组空载试验。做发电机—变压器组的空载特性试验，录取发电机—变压器组的空载特性曲线，检查各电压互感器回路二次电压的相量，检查同期回路的正确性，做发电机励磁特性试验、灭磁时间常数试验，测量发电机残压。

3）发电机—变压器组假并列试验。2041、2042 在断开位置，短接 2041 隔离开关的辅助触点，将系统电压引入同期检查系统，以检查同期系统的正确性。分别用手动同期、自动同期的方法合上 204 断路器。

4）发电机—变压器组并列试验。合上 2041 隔离开关，用手动或自动同期合上 204 断路器，带负荷后检查保护的极性。切换厂用电，做备用电源自动投入试验。

2. 发电机失磁的电气特征

（1）发电机失磁过程的特点。

1）发电机正常运行，向系统送出无功功率，失磁后将从系统吸取大量无功功率，使机端电压下降。当系统缺少无功功率时，严重时可能使电压降到不允许的数值，导致破坏系统稳定。

2）发电机电流增大。失磁前输送有功功率愈多，失磁后电流增大愈多。

3）发电机有功功率方向不变，继续向系统输送有功功率。

4）发电机机端测量阻抗，失磁前在阻抗平面 R-X 坐标第一象限，失磁后测量阻抗轨迹沿着有功阻抗圆进入第四象限。随着失磁的发展，机端测量阻抗的端点落在静稳极限阻抗圆内，转入异步运行状态。

（2）发电机失磁对系统的主要影响。

1）发电机失磁后，不但不能向系统送出无功功率，而且还要从系统中吸取无功功率，将造成系统电压下降。

2）为了供给失磁发电机无功功率，可能造成系统中其他发电机过电流。

（3）发电机失磁对发电机自身的影响。

1）发电机失磁后，转子和定子磁场间出现了速度差，则在转子回路中感应出转差频率的电流，引起转子局部过热。

2）发电机受交变的异步电磁力矩的冲击而发生振动，转差率愈大，振动也愈厉害。

3. 发电机失磁保护

（1）概述。同步发电机是根据电磁感应原理工作的，发电机的转子电流（励磁电流）用于产生电磁场。正常运行工况下，转子电流必须维持在一定的水平上。发电机失磁故障是指励磁系统提供的励磁电流突然全部消失或部分消失。同步发电机失磁后将转入异步运行状态，从原来的发出无功功率转变为吸收无功功率。

对于无功功率容量小的电力系统，大型机组失磁故障首先反映为系统无功功率不足、电压下降，严重时将造成系统的电压崩溃，故障扩大为系统性故障。在这种情况下，失磁保护必须快速可靠动作，将失磁发电机组从系统中断开，保证系统的正常运行。

引起发电机失磁的原因大致有发电机转子绕组故障、励磁系统故障、自动灭磁开关没有跳闸及回路发生故障等。

（2）阻抗原理的失磁保护。主判据：机端阻抗圆，如图 3-2 所示。

辅助判据：转子低电压判据（$U_{fd}<$），机端低电压判据（$U_g<$），系统低电压判据（$U_n<$），过功率判据（$P>$）。

阻抗原理的失磁保护动作逻辑如图 3-3 所示。

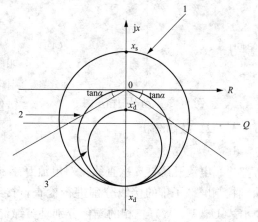

图 3-2 机端阻抗圆

1—静稳阻抗圆；2—下抛圆或带切线（满足进相运行）；3—异步阻抗圆（由于水轮机允许失步运行的时间短，整定时间要短）

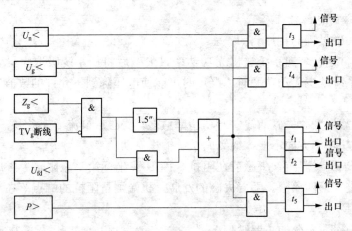

图 3-3　阻抗原理的失磁保护动作逻辑图

3.2　发电机差动保护电流采样错误

3.2.1　故障简述

某电厂在做发电机—变压器组短路试验时，对发电机的差动保护进行了校验，测得以下两组数据：

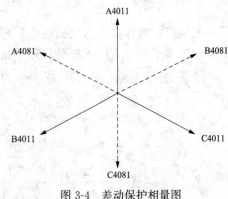

图 3-4　差动保护相量图

第一组电流互感器：A4011，参考点；
　　　　　　　　　　B4011，$-240°$；
　　　　　　　　　　C4011，$-120°$。
第二组电流互感器：A4081，$-300°$；
　　　　　　　　　　B4081，$-60°$；
　　　　　　　　　　C4081，$-180°$。

由这两组电流互感器的测量数据作出的相量图如图 3-4 所示。从图中可以看出，差动保护的第二组电流互感器反相序，即 A4081、C4081 电流相量错位，发电机尾部电流互感器接线错误。

3.2.2　故障分析

1. 现场检查

（1）电流互感器二次查线。对电流互感器端子箱至电流互感器的接线、电流互感器端子箱到控制屏端子排的接线分别进行检查，接线均正确。没有找到 A、C 相标称与相色〔A、B、C（U、V、W）三相的颜色分别是黄绿红〕接线混乱的地方。

（2）电流互感器及一次系统的检查。用试验电源加电流的办法，在一次侧从发电机出口电流互感器的外侧到中性点之间加一电流，然后检查二次侧电流的情况，接线如图 3-5 所示。

2. 故障原因分析

从试验的电流结果来看，发电机出口电流互感器 A 相与尾部电流互感器 C 相为同一相，发电机出口电流互感器 C 相与发电机尾部电流互感器 A 相为同一相。并且在外观检查时，发现发电机尾部电流互感器的 A、C 相实际接线与标志不符。由此可以判定发电机尾部电流互感器出现命名错误，即 A、C 两相接线错误。

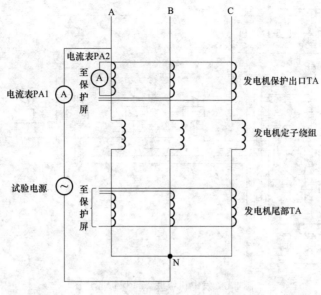

图 3-5   系统查线时的接线图

3.2.3   经验教训

（1）施工图纸把关不严。施工单位在审核图纸时，未能及时发现错误，造成接线人员按自身理解进行接线。

（2）调试人员责任心不强。调试过程中未能及时发现存在的缺陷。

3.2.4   措施及建议

（1）对发电机尾部电流互感器的 A 相和 C 相重新命名，即将两只电流互感器换相色。

（2）二次线调整方法有两种，一是对二次线进行换号，二是从电流互感器根部移线。由于第二种方法比较容易，因此采取了从电流互感器二次根部移线的办法。

（3）换相后测得数据如下：

第一组电流互感器：A4011，参考点；

B4011，−120°；

C4011，−240°。

第二组电流互感器：A4081，−180°；

B4081，−300°；

C4081，−60°。

3.2.5   相关原理

1. 发电机的纵联差动保护

发电机相间短路是发电机内部最严重的故障，因此要在定子绕组装设快速动作的保护装置，当发电机的中性点侧有分相引出线时，可装设纵联差动保护作为发电机相间短路的主保护。纵联差动保护是根据比较被保护元件始端及末端电流数值和相位的原理而构成，如图 3-6 所示，在发电机中性点侧和靠近发电机出口断路器处装设相同变比的电流互感器 1TA 和

2TA，两侧的电流互感器按环流法连接，即两侧电流互感器二次侧极性端相连，并在其差回路中接入电流继电器。

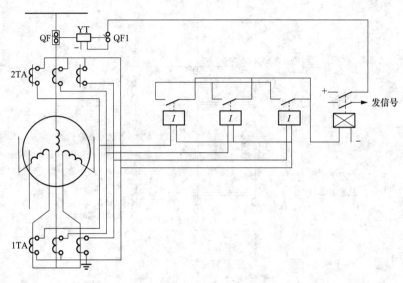

图 3-6　发电机纵联差动保护原理图

（1）正常运行时。在发电机的中性点侧与出口侧的电流数值和相位均相同，即 $I_1 = I_2$，如图 3-7 所示，流进电流继电器的电流为两侧二次电流差 $I_j = I_1 - I_2$，若两边电流互感器的特性完全相同，则 $I_j = 0$，继电器不会动。

（2）保护区外故障时。如图 3-8 所示的 K_1 点发生短路，情况和正常运行时相似，即 $I_j = I_1 - I_2$，当电流互感器的特性完全相同时，$I_j = 0$。但实际上电流互感器的特性不完全相同，因此，$I_j = I_1 - I_2 \neq 0$，有电流流过继电器，这个电流叫做不平衡电流，用 I_{unb} 表示，当继电器的动作电流 $I_{op} > I_{unb}$ 时，保护不会误动作。

（3）保护区内短路时。如图 3-9 所示的 K_2 点短路时，则流进电流继电器的电流为两侧电流互感器的二次电流之和，即 $I_j = I_1 + I_2$，这时 $I_j > I_{op}$，保护动作。

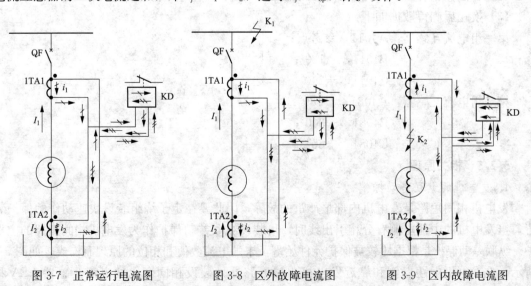

图 3-7　正常运行电流图　　　　图 3-8　区外故障电流图　　　　图 3-9　区内故障电流图

2. 二次回路标号及相色规定

为便于安装、运行和维护，在二次回路中的所有设备间的连线都要进行标号，这就是二次回路标号。该标号一般采用数字或数字和文字的组合，表明回路的性质和用途。

（1）二次回路标号的基本方法。

1）用三位或三位以下的数字组成，需要标明回路的相别或某些主要特征时，可在数字标号的前面（或后面）增注文字符号。

2）按"等电位"的原则标注，即在电气回路中，连于一点上的所有导线（包括接触连接的可折线段）须标以相同的回路标号。

3）电气设备的触点、线圈、电阻、电容等元件所间隔的线段，即看为不同的线段，一般给予不同的标号。对于在接线图中不经过端子而在屏内直接连接的回路，可不标号。

（2）二次回路标号的基本原则。凡是各设备间要用控制电缆经端子排进行联系的，都要按回路原则进行标号。此外，某些装在屏顶上的设备与屏内设备的连接，也需要经过端子排，此时屏顶设备就可看作是屏外设备，而在其连接线上同样按回路编号原则给以相应的标号。为了明确起见，对直流回路和交流回路采用不同的标号方法，而在交、直流回路中，对各种不同的回路又赋予不同的数字符号，因此在二次回路接线图中，我们看到标号后，就能知道这一回路的性质而便于维护和检修。

（3）直流回路的标号细则。

1）对于不同用途的直流回路，使用不同的数字范围，例如控制和保护回路用 001～099 及 1～599，励磁回路用 601～699。

2）控制和保护回路使用的数字标号，按熔断器所属的回路进行分组，每 100 个数分为一组，例如 100～199，200～299，300～399…，其中每段里面先按正极性回路（编为奇数）由小到大，再编负极性回路（偶数）由小到大，例如 100，101，103，133，…，142，140，…。

3）信号回路的数字标号，按故障、位置、预告、指挥信号进行分组，按数字大小进行排列。

4）开关设备、控制回路的数字标号组，应按开关设备的数字序号进行选取。例如有 3 个控制开关 1SA、2SA、3SA，则 1SA 对应的控制回路数字标号选 101～199，2SA 所对应的选 201～299，3SA 对应的选 301～399。

5）正极回路的线段按奇数标号，负极回路的线段按偶数标号；每经过回路的主要压降元（部）件（例如线圈、绕组、电阻等）后，即改变其极性，其奇偶顺序即随之改变。对不能标明极性或其极性在工作中改变的线段，可任选奇数或偶数。

6）对于某些特定的主要回路通常给予专用的标号组。例如：正电源为 101、201，负电源为 102、202；合闸回路中的绿灯回路为 105、205、305、405；跳闸回路中的红灯回路编号为 35、135、235 等。

（4）交流回路的标号细则。

1）交流回路按相别顺序标号，它除用三位数字编号外，还加有文字标号以示区别。例如 A411、B411、C411。

2）对于不同用途的交流回路，使用不同的数字组。

3）电流回路的数字标号，一般以 10 位数字为一组。如 A401～A409，B401～B409，C401～C409，…，A591～A599，B591～B599，C591～C599。不够时也可以 20 位数为一组，供一套电流互感器之用。几组相互并联的电流互感器的并联回路，应先取数字组中最小的一组数字标号。不同相的电流互感器并联时，并联回路应选任何一相电流互感器的数字组进行标号。电压回路的数字标号，应以 10 位数字为一组。例如，A601～A609，B60l～B609，C601～C609，A791～A799，…，以供一个单独互感器回路标号之用。

4）电流互感器和电压互感器的回路，均须在分配给它们的数字标号范围内，自互感器引出端开始，按顺序编号，例如"电流互感器"的回路标号用 411～419，"电压互感器"的回路标号用 621～629 等。

5）某些特定的交流回路（例如母线电流差动保护公共回路、绝缘监察电压表的公共回路等）给予专用的标号组。

（5）二次回路常用标号。

1）正电源回路 1、101、201、301，负电源回路 2、102、202、302。

2）合闸回路 3～31、103～131、203～231、303～331，绿灯合闸监视回路 5、105、205、305。

3）跳闸回路 33～49、133～149、233～249、333～349，红灯跳闸监视回路 35、135、235、335。

4）备用电源自动合闸回路 50～69、150～169、250～269、350～369。

5）开关设备的位置信号回路 70～89、170～189、270～289、370～389。

6）故障跳闸音响信号回路 90～99、190～199、290～299、390～399，闪光信号（＋）SM100。

7）保护回路 01～099（或 J1～J99）。

8）信号及其他回路 701～999，信号回路电源＋XM（701）、－XM（702）。

a. 信号回路 701～799 内的奇数编号。掉牌未复归：（FM703）、（PM716）。

b. 遥测信号 801～899，合闸线圈回路：（＋HM）871、873，（－HM）872、874；跳合闸指示：（＋HM）881、884，（－HM）882、886；遥信：801、803、805、807。

c. 光字牌信号 901～999。预告音响信号回路：（FM703）901、903、907；（1YBM709）（2YBM710）。

9）发电机励磁回路 601～699。

10）保护装置及测量表计的电流回路（交流回路）（N—中性线、L—零序）。

TA：A401～A409、B401～B409、C401～C409、N401～N409、L401～L409；

1TA：A411～A419、B411～B419、C411～C419、N411～N419、L411～L419；

19TA：A591～A599、B591～B599、C591～C599、N591～N599、L591～L599。

11）保护装置及测量表计的电压回路（交流回路）。

控制保护信号回路：A1～A399、N1～N399；

TV：A601～A609、B601～B609、C601～C609、N601～N609、L601～L609；

1TV：A611～A619、B611～B619、C611～C619、N611～N619、L611～L619；

19TV：A791～A799、B791～B799、C791～C799、N791～N699、L791～L799。

（6）按电路选择导线颜色的规定。

1）交流三相电路：A 相—黄线，B 相—绿线，C 相—红线，零线或中性线—淡蓝色线，安全用接地线—黄绿双色线。

2）直流电路：正极—棕色线，负极—蓝色线，接地中间线—淡蓝色线。

3.3 水电站发电机故障

3.3.1 故障简述

1. 水电站概况

某水电站装有 4 台单机容量为 300MW 的水轮发电机组，发电机额定电压为 18kV，额定电流为 10997A，绝缘等级为 F 级，励磁方式采用自并激晶闸管励磁。电气主接线采用发电机组—主变压器—线路的接线方式，发电机组的并网点为主变压器高压侧断路器。

2. 故障经过

故障前，1 号发电机组带有功负荷 260MW，无功负荷 30Mvar，正常运行，定子线圈温度、定子电流、发电机组振动摆度等运行参数无异常指示。某日下午，发电机组突然发生故障，继电保护动作，跳开主变压器高压侧断路器及发电机组励磁开关，造成发电机组完全停机。当时监控后台出现下列主要信号：发电机—变压器组不完全保护（Ⅰ）动作、发电机纵联差动保护动作、电气故障（Ⅰ）、电气故障（Ⅱ）、断路器保护动作、断路器 CB1 分闸、发电机横差保护（Ⅰ）动作、发电机横差保护（Ⅱ）动作，转速大于 115%。

3.3.2 故障分析

1. 现场检查

现场检查发现，发电机上机架有 2 块盖板因气浪错位，冒出浓烟，但机坑内已无明火，进入机坑检查，见到靠近中性点处多根定子线棒的下端部烧损严重，但定子铁芯完好，靠近故障点处转子磁极表面有许多黑色灰烬，但没有明显的烧坏痕迹，地下留下许多灰烬，未发现有转动部件甩出，在发电机组励磁室还发现灭磁电阻柜有起火熏黑痕迹，从故障现象判断，这是一起由发电机定子绝缘击穿造成的短路故障。

进一步检查发现，有 8 根线棒烧毁，与之相邻的多根线棒有不同程度烧损，需拆下 70 根线棒（其中上层线棒 50 根，下层线棒 20 根），并做更换或修复处理。有 4 个转子磁极各匝间交流匝压分布很不均匀，3 串灭磁非线性电阻烧毁，发电机封闭母线、主变压器高低压侧和厂用变压器高压侧绕组均未变形，包括 220kV GIS 主触头接触电阻在内的各项测试结果正常，其他相关一次设备和机械设备正常。

2. 故障原因分析

(1) 定子线棒下端渐伸线部分烧坏原因。

1) 故障发展过程。此次故障位于定子下端 335 号槽下层线棒与 328 号槽上层线棒间的甲点位置上（见图 3-10）。A 相 2、3 分支间在 3.36kV 电压下短路燃弧，形成 A 相的匝间短路，发电机差动保护、发电机—变压器组差动保护及发电机横差保护 Ⅱ 同时启动，其中横差保护需经 0.2s 延时出口。故障点与上下层线棒槽号及电压关系对照见表 3-1。

表 3-1   故障点与上下层线棒槽号及电压关系对照表

故障点编号	线棒号	相分支号	两线棒间电压（kV）
甲	328 上～335 下	A2～A3	3.66
乙	329 上～334 下	B3～C2	6.8
丙	330 上～333 下	B2～C1	8
丁	331 上～332 下	B4～C4	10.5

　　甲点起弧后，电弧和被电弧燃熔的金属蒸气瞬间向上喷射，因向上的冷却气流和转子旋转同时作用，电弧实际略偏右向上喷射，约 79ms 后扩展，使乙点 329 号上层线棒与 334 号下层线棒 B3～C2 的分支被 6.8kV 电压击穿烧损，乙点 B、C 相间产生很大的短路电流，横差保护 I 启动，约 97.6ms 后，发电机组差动保护及发电机变压器组差动保护出口，跳开变压器出口高压断路器（横差保护 I 延时为 0.2s，虽启动装置但未来得及出口），同时断开转子灭磁开关并停机。此时甩负荷后发电机组升速，达额定转速的 117％（58.5Hz），转子电流和对应的发电机电压开始按灭磁时间常数特性急剧下降，降低的电压受到一定程度的补馈，乙点起弧后含有金属蒸气的电弧继续顺着朝上略偏右方向喷射，而将电弧再扩展到丙点后，使 330 号上层线棒与 333 号下层线棒间，仍然是在 B、C 相间，被 8kV 电压击穿，接着又一次短路起弧烧损。因灭磁电压下降，此处的短路电流比乙点开始时的短路电流小，随着丙点再一次起弧喷射，丁点也随之在 10.5kV 电压（实际已远低于此值）下立即烧损起弧，此处仍是 B、C 相间短路，但短路电流要小，因已接近灭磁的尾段，随着灭磁时间的完成，定子失压，甲～丁 4 个燃弧点也随之熄灭。从甲点击穿起弧开始至全部熄弧，历时约 3.88s。

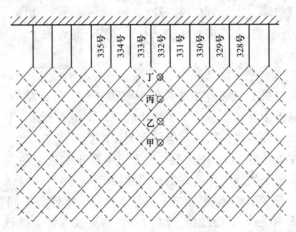

图 3-10　定子下端故障线棒槽号及故障总分布示意图

　　2）故障原因分析。结合此次故障过程的录波图和现场实况进行以下分析：

　　a. 铁磁异物引起。故障源于甲点 A 相 2～3 分支间的匝间短路。发生故障的根源是在发电机组现场组装施工中，残存遗留了一段长约 44mm 的铁磁异物。下层线棒的背部有上下共两道牢固定位的绑环，两道绑环间内侧约相距 200mm，上层线棒在对应两道绑环处各以环氧无纬玻璃丝带连同下线棒和绑环成整体，缠绕绑固，上下层线绑在对应上下绑环处分别垫以厚为 15mm 和 30mm 的斜形绝缘垫块。在两道绑环扎带之间，上层相邻的线棒间还有两道紧固绑扎带。甲点的铁磁异物正处在下绑环线棒层间 30mm 的绝缘垫块上，并斜搭在上、下层线棒的内侧间。运行中，负荷电流在定子端部建立起很强的端部漏磁场，尤其紧贴在导流线棒表面漏磁的磁场强度相当大，在此处的铁磁异物将因此而发热，同时产生 100Hz 的振动。由于热效应和振动机械磨损效应，同时作用于铁磁异物两端线棒绝缘的表面，长时间积累，两侧线棒的绝缘将自表面向内积累并加大破坏的深度，尤其在铁磁异物斜跨下端处线棒的表面，被破坏的速度会更快。当两侧线棒的绝缘逐渐被破坏后，剩余厚度的绝缘强度不足以承受线棒间 3.66kV 的电压时，两线棒会瞬间经铁磁异物被电压击穿而发生甲点同相的匝间短路。一经击穿短路，立即起弧，铁磁异物两侧线棒的铜股线连同铁磁异物本身，被电弧瞬间熔化，即蒸发为金属蒸气向上喷射。

b. 例证说明。铁磁异物的截面积偏大时，温度高，磨损强度大，到达破坏积累时间将缩短；当截面积较小时，破坏的作用和破坏的速度慢，日积月累，以致需要很长的时间才会发生短路。例如某热电厂 2 号汽轮发电机组（25MW）的绕组端部，残留下一根绑扎端部线棒穿线用的长约 180mm 的细钢丝。平躺在线棒表面，达 10 年之久，在发热和磨损的作用下，钢丝一端慢慢破坏线棒绝缘，形成一道沟而陷进线棒绝缘层内，由于无法跨接相邻线棒而未造成短路故障。后因为大小修时，该相泄漏电流不稳定，相间不平衡大于 150%，进行检测后发现该隐患。

c. 原因分析。甲点燃弧时间最长，但匝间短路电流不是很大，而乙点短路电流最大，燃弧时间稍短，丙点、丁点随着灭磁时间的接近，短路电流依次渐小、燃弧时间渐短，所以乙点燃损最严重，甲点次之，丙点则随之递减，丁点烧损最轻。由于定子下端绕组呈上小下大的喇叭状，且出槽口的直线段后有约 200mm 宽的环氧板空气密封罩沿圆周围成环状，用以固定挡风橡胶密封圈，实地勘察认为，异物难以运转落入，或停机时落入甲点的可能。由于定子绕组是四分支的并联结构，分支间均采用中频焊以固定连接，三相中性线也采用中频焊焊死，常规大、小修以及预防性试验，仅能作三相整体对地的泄漏和其他绝缘试验，无法分相，更无法分支进行试验，所以在故障的早期无法通过预防性试验来监测。

运行中定子铁芯或线棒检温计完全无法反应该点的任何温度变化，该处故障在最后发展为短路故障前，无任何先兆显示，没有任何监测手段。在调查分析中，还考虑到转子下挡风板碰擦挡风用的橡胶密封圈高温或燃烧导致故障的可能。后经取橡胶密封圈实物并用砂轮机打磨，进行模拟试验，实际的试验结果否定了这一可能性。

（2）转子绕组匝间短路。1 号发电机组转子共 44 个磁极，每个磁极绕组为 26 匝。当故障发展至乙点并发生击穿，造成 B、C 间两相短路时，转子绕组遭受巨大的负序冲击过电压，5 号磁极和 42 号磁极匝间的绝缘瞬间被击穿。经更换击穿点处的匝间绝缘层，主绝缘和匝间绝缘均已恢复原有的绝缘强度。6 号和 22 号磁极绕组的表面，曾因受到定子甲～丁点短路燃弧时，金属蒸气的喷覆，也呈现同一磁极绕组各匝间交流匝压分布很不均匀的现象，经仔细彻底清理后恢复，此两磁极也和所有磁极绕组一样，其交流匝间电压分布规律基本一致。转子各极的交流阻抗普遍比交接时升高，个别升高幅度较大。这一现象不是匝间短路故障也不是磁路磁阻变化引起的不对称，可能是施加测试电流大小的影响和极靴上阻尼条与阻尼环接触性能变化的影响。

（3）励磁回路灭磁电阻柜闪络。有明显痕迹表明，在转子承受负序过电压冲击时，过压保护计数器显示转子绕组侧的过压保护曾正确动作，但灭磁电阻柜中 1-5FR 单元与 2-5FR 单元的正、负极间发生闪络放电，并留有明显放电痕迹，1-5FR 单元和 1-4FR 单元中各有一串非线性电阻的连接导线被烧断。故障后，虽经处理均已恢复正常，但柜中的结构布置应作改进，改变两单元正负极间距离不大于 10mm 的结构状态。这一结构现状很容易导致在较大转子电流断开灭磁开关时产生闪络等故障，尤其在强励不成功灭磁时，可能会导致更大的损坏，应予以改进。

3.3.3　经验教训

故障后，经过抢修，发电机组恢复了发电。此次故障造成的直接经济损失约 170 万元。对发电机组及其相关设备的任何工作，都不能有任何疏忽，以免留下隐患。在发电机组的大、小修过程中，有针对性地对发电机进行认真检查，对设备加强管理并做好预防工作，以保设备安全。

3.3.4　措施和建议

（1）应逐步完善转子在膛内时电机本体的各项基础试验数据档案，为今后在相同条件下的比较鉴别提供依据。

（2）在进行大、小修以及任何施工时，应加强对发电机组各关键部位的防护，措施必须明确、有效并认真贯彻执行，注意彻底清理机内、机外、盖板搭缝处有关的死角，不许残留任何金属异物和让金属渣滓进入风洞或发电机腔，必须严格履行关于工具、零备件、材料等进出的登记清理手续，严防带入手表、钢笔、硬币等非维修用物。

（3）灭磁电阻柜内的元件排列、结构布置应做必要的调整改进，提高正、负母线间的绝缘水平。

（4）在大、小修中，应注意从外观检查阻尼条与阻尼环接触的状态，保证极靴上阻尼条与阻尼环的连接良好，必要时可以做加强处理。

（5）创造条件，争取改进定子绕组相间分支间的连接结构，以利绝缘监督工作到位。

（6）考察、考虑加装发电机局部放电在线监测或射频（radio frequency，RF 表示可以辐射到空间的电磁频率，频率范围从 300KHz～300GHz 之间）在线监测，以便早期预警并及时检出隐形故障。

3.3.5　相关原理

1. 局部放电

局部放电主要指在高压电气设备上发生的一种放电现象。当外加电压在电气设备中产生的场强，足以使绝缘部分区域发生放电，但在放电区域内未形成固定放电通道的这种放电现象。

（1）简介。电气设备绝缘在足够强的电场作用下，在局部范围内发生的放电，这种放电以仅造成导体间的绝缘局部短路而不形成导电通道为限。每一次局部放电对绝缘介质都会有一些影响，轻微的局部放电对电气设备绝缘的影响较小，绝缘强度的下降较慢；而强烈的局部放电，则会使绝缘强度很快下降。这是使高压电气设备绝缘损坏的一个重要因素。因此，设计高压电气设备绝缘时，要考虑在长期工作电压的作用下，不允许绝缘结构内发生较强烈的局部放电。对运行中的设备要加强监测，当局部放电超过一定程度时，应将设备退出运行，进行检修或更换。

（2）起因。在有气体或液体的固体电介质中，当局部场强达到其击穿场强时，这部分气体或液体开始放电。局部放电一般是由于绝缘体内部或绝缘表面局部电场特别集中引起的。通常这种放电表现为持续时间小于 $1\mu s$ 的脉冲。

（3）影响。当绝缘发生局部放电时就会影响绝缘寿命。每次放电，高能量电子或加速电子的冲击，特别是长期局部放电作用都会引起多种形式的物理效应和化学反应，例如带电质点撞击气泡外壁时，就可能打断绝缘的化学键而发生裂解，破坏绝缘的分子结构，造成绝缘劣化，加速绝缘损坏过程。

（4）特点。

1）局部放电是局部过热，是电器元件和机械元件老化的预兆。

2）局部放电趋势是局部放电随着时间的上升指数，这是个曲折的过程，某个阶段可能下降，某个阶段可能上升。

3）在绝缘结构中产生局部放电时，会伴随产生电脉冲、超声波、电磁辐射、光、化学反应，并引起局部发热等现象。

2. 发电机局部放电类型

发电机中的局部放电主要有绕组绝缘体内部放电、端部放电、槽放电、导体和绝缘体间放电、断股电弧放电五种。

（1）内部放电。由于制造工艺上的原因或在长期运行中的电、热、化学和机械力的作用，高压电机定子绕组绝缘体不可避免地会在层间出现气隙。在运行电压作用下，气隙中的场强很容易达到击穿场强，出现绝缘体内部放电。内部放电会产生大量能量很大的带电粒子，这些高能量带电粒子以很高的速度碰撞气隙壁，能够打断绝缘体的化学键，造成绝缘材料的表面侵蚀，局部放电产生的局部过热，会造成高温聚合物裂解而使绝缘损坏。通常在运行电压的作用下，气隙首先击穿，形成局部放电，在电、热、化学和机械力的联合作用下，又进一步使气隙扩大，造成绝缘有效厚度减少，使击穿电压进一步降低，最终导致绝缘击穿。

（2）端部放电。发电机定子绕组端部的连接处，是绝缘的薄弱环节，尽管采取了一系列的措施（如防晕漆涂层和分级防晕层等），仍是绝缘故障的多发区。通常发电机绕组端部采用绑扎或连接片结构固定，在运行中由于振动和摩擦使防晕层损坏时，会引起端部表面放电。由于发电机端部电场局部集中，一旦发生端部放电，将对发电机的绝缘产生很大的破坏作用。

（3）槽放电。槽放电是指发电机绕组主绝缘表面、线棒表面和槽壁之间的放电。其产生的原因是绕组的绝缘体在运行温度下，受热膨胀较小使槽部表面不能和铁芯槽壁完全接触，存在间隙。在运行中因振动或摩擦使槽部防晕层脱落，当间隙中的电场超过间隙的击穿场强时，即发生槽放电。槽放电是比电晕放电能量大数百倍的间隙火花放电。槽放电的局部温度可达数百至上千度，放电所产生的高能量加速电子对线槽表面产生热和机械力的作用，在短时间内可造成 1mm 以上深度的麻坑。放电使空气电离产生臭氧、氮及其氧化物与气隙中的水分子起化学反应，产生腐蚀性很强的硝酸等，引起线棒表面的防晕层、主绝缘、槽楔、垫条等烧损和腐蚀。

（4）导体和绝缘体间放电。与内部放电类似，由于制造工艺上的原因或在长期运行中的电、热、化学和机械力的作用，高压电机定子绕组不可避免地会在导体（铜棒）和绝缘间出现气隙，在运行电压作用下，气隙中的场强很容易达到击穿场强，使导体和绝缘间出现局部放电现象。这种放电产生的能量使绝缘碳化，逐渐出现树状放电轨迹，最终导致绝缘击穿。

（5）断股电弧放电。断股电弧放电是由定子线圈股线断裂引起的电弧（火花）放电。当发电机定子绕组在运行中受到电、热、机械力的作用，引起定子线棒股线的疲劳断裂。断裂股线两端由于振动时断时续，形成火花放电，并且随工频电流过零而不断熄灭、重燃，形成电弧放电。这种由断股引起的电弧故障，由于有足够的热量（能量），可使导线熔化，对地绝缘烧毁，一直发展到绝缘破口、导线接地，故障解剖往往找不到断股的证据。断股电弧故障在发展过程中，只要熔化的铜液未喷出，发电机主保护装置就无法感知支路间的电流差，不会动作，因而故障时间长，危害大。

以上五种放电统称为故障放电，大型发电机组的故障放电是加速绝缘老化和损坏，导致故障的主要原因。

3. 发电机组主绝缘内的局部放电产生的原因及危害

大型发电机组定子线棒在生产过程中，由于工艺上的原因，在绝缘层间或绝缘层与股线之间可能存在气隙或杂质；运行过程中在电、热和机械力的联合作用下，也会直接或间接地导致绝缘劣化，使得绝缘层间等产生新的气隙。由于气隙和固体绝缘的介电系数不同，这种由气隙（杂质）和绝缘组成的夹层介质的电场分布是不均匀的。在电场的作用下，当工作电压达到气隙的起始放电电压时，便产生局部放电。局部放电起始电压与绝缘材料的介电常数和气隙的厚度密切相关。

气隙内气体的局部放电属于流注状高气压辉光放电，大量的高能量带电粒子（电子和离子）高速碰撞主绝缘，从而破坏主绝缘的分子结构。在主绝缘发生局部放电的气隙内，局部温度可达到 1000℃，使绝缘内的胶黏剂和股线绝缘劣化，造成股线松散、股间短路，使主绝缘局部过热而裂解，最终损伤主绝缘。

局部放电的进一步发展是使绝缘内部产生树枝状放电，引起主绝缘进一步劣化，最终形成放电通道而使绝缘破坏。

3.4　发电机组断油烧损轴瓦故障

3.4.1　故障简述

04：00：00，3 号发电机组带 174MW 负荷运行，当时由于 B 汽动给水泵因故障正在检修，A 汽动给水泵投手动运行，C 泵（电动给水泵）投自动运行。

04：00：06，C 电动给水泵发出工作油温高一值报警信号。

04：00：41，C 电动给水泵发出工作油温高二值报警信号，电动给水泵跳闸，锅炉水位迅速下降，辅机故障减负荷（Run Back，RB）动作自动切除上两层火嘴，投第 4 层油枪，运行人员抢合电泵但没有成功，将 A 小机输出功率调至最大，负荷降至 160MW 左右。

04：01：46，锅炉水位下降至 −301mm，运行人员手动调整增加 A 汽动给水泵的转速，锅炉水位缓慢上升到 −165mm。

04：04：09，C 电动给水泵突然启动，锅炉水位迅速上升。

04：04：55，锅炉水位上升到 259mm，运行人员紧急手动断开 C 泵，但已来不及控制水位。

04：05：06，由于锅炉水位高达 279mm，锅炉主燃料跳闸（Main Fuel Trip，MFT）保护动作，锅炉停炉，联跳汽轮机。

04：05：15，运行人员手动启动主机交流油泵。

04：05：27，逆功率使发电机断路器跳开，厂用电自动联动不成功，厂用电失去。

04：05：29，主机交流油泵跳闸。

04：05：37，运行人员手动投入厂用电成功，厂用电恢复。

04：05：43，柴油发电机联动保安ⅢA1 成功。

04：05：53，柴油发电机联动保安ⅢA2 成功。

04：06：03，运行人员再次手动试启动主机交流油泵成功。

04：06：08，手动试启动直流油泵。

04：06：19，手动停止主机直流油泵（此时，没有将直流油泵设置到联锁位）。

04：08：48，柴油发电机联动保安Ⅲ B 成功。

04：08：49，主机交流油泵再次跳闸直流油泵没有联动。

04：14：34，主机润滑油中断转速下降到 0，盘车卡死，主机轴瓦烧损。

3.4.2　故障分析

（1）由于反冲洗措施未落实，使电动给水泵的工作冷油器堵塞，造成工作油温升高，致使电动给水泵跳闸。

（2）运行人员在电动给水泵跳闸后，迅速调整 A 汽动给水泵，锅炉水位上升过程中电动给水泵又自启动，由于从 6kV 断路器到热工协调控制系统（Coordinated Control System，CCS）的电动给水泵跳闸信号中断，在电动给水泵跳闸后 CCS 还保持电动给水泵运行信号，在锅炉水位低情况下，CCS 自动调整电动给水泵转速，使电动给水泵转速加至最大，锅炉水位迅速上升。运行人员手动打跳电动给水泵为时已晚，造成锅炉水位高，MFT 动作而停炉停机。

（3）发电机组跳闸后运行人员手动启动了主机交流油泵。但在发电机断路器跳开后，厂用电自动联动不成功，厂用电失去使交流油泵跳闸。在柴油发电机供保安段电源联动成功后运行人员再次启动了交流油泵，并手动启动了直流油泵，11s 后又停掉直流油泵，停止时没有将直流油泵放在自动联锁位，致使热工连锁失去作用。另外，交、直流油泵之间的油压低，电气硬联锁由于电缆未接好回路不通也没有起作用，还有一个热工油压低，强制交、直流油泵启动的联锁，因组态时信号点填写位置不正确也失去作用，使得在后来交流油泵跳闸时，直流油泵无法联动造成汽轮机断油烧损轴瓦。

3.4.3　经验教训

（1）在保护正确动作时，应相信发电机组设置的保护功能。对于 300MW 发电机组，一般都设计并配有辅机故障减负荷功能（Run Back，RB）。它是针对发电机组主要辅机故障采取的控制措施，当主要辅机（如给水泵，送、引风机）发生故障，发电机组不能带额定负荷时，快速降低发电机组负荷以维持发电机组正常运行的措施。这次故障开始时是由于工作油温高引起电动给水泵跳闸后，RB 已经正确动作，负荷降到了 160MW 以下并自动切除了上两层火嘴，投上了第 4 层油枪，汽包水位也从最低的 −300mm 回升到 −165mm，而且这时电网也没有过高的负荷要求，如果按照 RB 的控制指令，先让发电机组维持 50% 的额定负荷运行，同时检查处理电动给水泵的故障，待处理好后再启动电动给水泵增加负荷，可避免出现故障。

（2）故障设备不应盲目强行投入运行。电动给水泵在跳闸前发出过两次工作油温高的报警信号，表明电动给水泵是因为工作油温高而跳闸。在工作油温高的问题没有处理和恢复正常前，电动给水泵还处于故障状态，对故障状态下的设备进行强行启动是不合适的。另外电动给水泵未按照正常的启动程序强行启动，以致转速过高引起水位的大幅波动。

（3）运行操作必须遵守操作规程。交、直流油泵的联动是保护汽轮机正常润滑、防止断油烧损轴瓦的重要手段之一。停下直流油泵时，按规程要求应将直流油泵置于自动联锁的位置以便在交流油泵停运且油压低于整定值时，能自动联动直流油泵。发电机组跳闸后运行人员在试启动直流油泵后停下直流油泵时，没有按规程将直流油泵放在联动位置上，以致交流油泵跳闸时不能联动直流油泵。

（4）保护手段应随时保证完好可靠。为了防止发电机组断油烧损轴瓦，这台发电机组设置了较为完善可靠的保护手段。首先有热工低油压联锁保护，只要在交流油泵运行时，直流油泵置于联锁位，在交流油泵跳闸、油压低时会自动联锁启动直流油泵；第二是交、直流油泵的电气硬联锁是通过电气硬接线实现交、直流油泵间的低油压联动；第三是热工低油压强制联锁，这是采用分散控制系统（Distributed Control System，DCS）的一个特有保护功能，它是在系统组态时就将交、直流油泵设置为：不论交流油泵是否在运行，只要在油压低到一定值时，就自动启动直流油泵。这3项保护如果都完好，应该完全可以避免断油烧损轴瓦的故障发生。但是由于运行人员未将直流油泵置于联锁位，电气硬联锁由于电缆未接好回路不通，热工油压低强制交、直流油泵启动的联锁因组态时信号点填写位置不正确，使得这3个保护全部失去作用从而导致断油烧损轴瓦。

（5）在这次故障过程中还暴露出厂用电切换、保安段的负荷分配等问题，进一步说明加强设备的维护管理、保持设备的健康水平是发电机组安全可靠运行的重要保证。

3.4.4　措施及建议

（1）严禁强行投入故障设备；

（2）完善交、直流油泵的电气硬联锁回路；

（3）改正组态信号点的填写错误，并检查组态的正确性；

（4）加强相关人员的技能培训，加强验收及校验的正确性和细致性；

（5）加强设备的维护管理、保持设备的健康水平。

3.4.5　相关原理

1. 热工自动保护

（1）热工自动保护的概念。当发电机组出现异常情况并不断发展甚至可能危及发电机组设备的安全时，自动保护系统的跳闸回路使用最后的极端措施即立刻停止发电机组运行，确保发电机组设备及人身的安全。

热工自动保护是电厂热工自动化的重要组成部分，它是以安全运行为前提，是保证不出现人身伤亡和设备损坏故障的最后保护手段。

（2）热工自动保护的作用。当热工参数达到极限时，一方面通过声、光等报警信号提醒运行人员。另一方面在确认故障的情况下自动采取紧急停机、停炉或相应的减负荷等措施，以确保发电机组及人身安全。

（3）热工自动保护的特点。

1）热工自动保护是保证设备及人身安全的最高手段。

2）热工自动保护的操作指令拥有最高优先级。

3）热工自动保护系统必须与其他自动控制系统配合使用。

4）热工自动保护检测信息的可靠性高。

5）热工自动保护具有监测和试验手段。

6）热工自动保护的结构与特点各不相同。

7）热工自动保护具有专门的记录系统。

（4）大型火电发电机组专用的热工自动保护。

1）辅机故障减负荷 Run Back，RB。

2）发电机组甩负荷保护 Fast Cut Back，FCB。

3）锅炉安全监视系统 Furnace Safety Supervisory System，FSSS。

4）汽轮机安全监视系统 Turbine Safety Installation，TSI。

（5）汽轮机的热工自动保护。

1）汽轮机的超速保护。

2）发电机组甩负荷保护。

3）凝汽器真空低保护。

4）轴承润滑油压低保护。

5）轴向位移过大保护。

（6）锅炉的热工自动保护。

1）锅炉主蒸汽压力高保护。

2）汽包水位异常保护。

3）锅炉灭火保护。

4）直流锅炉断水保护。

（7）单元机组的热工自动保护。单元机组的热工自动保护既包含锅炉、汽轮机和发电机各局部的自动保护，又包括三个局部间的关系。

1）单元机组热工自动保护的作用。当单元机组某一部分发生故障时，根据故障的具体情况迅速、准确地将单元发电机组按预先拟定好的保护程序减负荷或停机。

在大型单元发电机组中，由于保护操作项目多，为防止人为误操作，一般采用自动保护来代替手动操作。

2）单元机组保护动作条件。

a. 当保护动作紧急停机时，自动投入旁路，开启凝汽器喷水门，跳开发电机断路器，使锅炉输出功率降至点火负荷，同时启动备用电动泵。

b. 当发生故障停炉时，自动停炉和停全部给水泵。

c. 当发生故障停止全部给水泵时，自动停炉、停机。

d. 当辅机输出功率不足时，自动减负荷至辅机所能承受的输出功率为止。

（8）单元机组旁路系统热工自动保护。旁路系统的保护作用是：当单元发电机组大幅度甩负荷或主蒸汽压力高时，将一部分蒸汽排入汽轮机的凝汽器，使锅炉能在最低负荷下维持稳定运行和中间再热器不被烧坏，或防止锅炉超压，避免安全门动作。

为保证安全，对旁路系统的投入和运行要设置必要的保护闭锁环节。例如，对Ⅰ级旁路装置，当作为减温的给水压力低于规定值或再热器进口蒸汽温度高于设定值时，应禁止投入旁路或将已投入运行的旁路切除；对Ⅱ级旁路装置，当作为减温水的冷凝水压力低于设定值或凝汽器真空过低或旁路装置出口蒸汽温度过高时，应禁止投入旁路装置或将已投入运行的旁路装置切除。

（9）执行级的控制与联动控制。

1）联动控制的基本概念。大容量单元机组的所有控制对象都具有远程控制手段，可以在控制室内完成控制。根据这些控制对象间的简单关系，将它们的控制电路通过简单的连接，使之相互联系在一起，并使这些对象的控制相互联系形成联锁，从而实现自动控制。此种控制称为联锁控制或联动操作。

2）联动控制的实现方法。将表示控制对象之间关系的开关量信息引入被控制对象的控制电路，就可以实现联动控制。例如，根据给水泵出口水压低，应启动备用给水泵这一关系，在给水泵出口母管上安装一个压力开关，用以测量给水泵出口水压。压力开关的触点选用动合触点，其动作值整定在要求启动备用泵的水压值。当水压值降至该点时，触点闭合，送出水压低信息。将触点接到备用水泵控制电路的启动回路即可实现备用水泵低水压自启动的联动控制。

3）联动控制系统的组成及特点。联动控制系统主要由被控对象和控制电路两大部分组成。在联动控制系统中，联动是指连接到某一被控对象控制电路中的信息出现时，该对象的控制电路动作，该信息称为联锁条件。任何被控对象都有两个控制方向。

2. 辅机故障减负荷

当发电机组主要辅机故障跳闸造成发电机组实发功率受到限制时（协调控制系统在自动状态），为适应设备输出功率，协调控制系统强制将发电机组负荷减到尚在运行的辅机所能承受的负荷目标值。协调控制系统的该功能称为辅机故障减负荷。

（1）RB 最大允许负荷运算：此功能是分别将引风机、送风机、一次风机、给水泵（200MW）以及给粉机（20MW）等辅机，当前运行台数与单台辅机最大输出功率可以满足的电负荷值相乘后，选最小的数值，大于 285MW 时再加上 30MW 后输出，小于 285MW 时则直接输出作为当前 RB 最大允许负荷值。

（2）RB 激活：发电机组在协调控制方式下，如果当前已经输入到机炉主控的电负荷指令比当前 RB 最大允许负荷值高 4MW 时，RB 动作。

1）协调控制方式自动跳至汽轮机定压跟随（跟踪当前气压设定值）、锅炉主控手动方式，机炉主控只受 RB 负荷指令控制。

2）满足以下条件 RB 最大允许负荷值小于 215MW，自动投入 C 层油枪。

3）非给粉机 RB 同时满足以下条件自动切除 D 层给粉机：当前实际负荷大于 215MW 且四层给粉机每层至少有一台给粉机在运行。

（3）RB 速率切换：如果当前已经输入到机炉主控的电负荷指令比当前 RB 最大允许负荷值高 10MW 时，RB 负荷指令到机炉主控的速率线值，根据不同的辅机 RB，由正常值切换为 300MW/s 或 900MW/s。

（4）RB 发生后的复归：

1）RB 指令发生 6min 后；

2）手动复归；

3）RB 过程中，发电机组实际负荷减去 RB 负荷指令值所得数值小于 10MW，延时 7s；

4）MFT 发生。

3. 协调控制系统

单元发电机组的协调控制系统（CCS）是根据单元发电机组的负荷控制特点，为解决负荷控制中的内外两个能量供求平衡关系而提出来的一种控制系统。从广义上讲，这是单元发电机组的负荷控制系统。它把锅炉和汽轮发电机作为一个整体进行综合控制，使其同时按照电网负荷需求指令和内部主要运行参数的偏差要求协调运行，即保证单元发电机组对外具有较快的功率响应和一定的调频能力，对内维持主蒸汽压力偏差在允许范围内。

（1）协调控制系统 CCS 的主要任务。

1）接受电网中心调度所的负荷自动调度指令、运行操作人员的负荷给定指令和电网频差信号，及时响应负荷请求，使发电机组具有一定的电网调峰、调频能力，适应电网负荷变化的需要。

2）协调锅炉、汽轮发电机的运行，在负荷变化率较大时，能维持两者之间的能量平衡，保证主蒸汽压力稳定。

3）协调发电机组内部各子控制系统（燃料、送风、炉膛压力、给水、汽温等控制系统）的控制作用，使发电机组在负荷变化过程中主要运行参数在允许的工作范围内，以确保发电机组有较高的效率和可靠的安全性。

4）协调外部负荷请求和主、辅设备实际能力的关系。在发电机组主、辅设备能力受到限制的异常情况下，能根据实际可能，限制或强迫改变发电机组负荷，也是一种联锁保护功能。

（2）协调控制的基本原则。根据被控对象动态特性的分析可知，从锅炉燃烧率（及相应的给水流量）改变到引起发电机组输出电功率变化，其过程有较大的惯性和迟延，如果只是依靠锅炉侧的控制，必然不能获得迅速的负荷响应。而汽轮机进汽调节阀动作可使发电机组释放（或储存）锅炉的部分能量，输出电功率暂时有较迅速的响应。因此，为了提高发电机组的响应性能，可在保证安全运行（即主蒸汽压力在允许范围内变化）的前提下，充分利用锅炉的蓄热能力，也就是在负荷变动时，通过汽轮机进气调节阀的适当动作，允许汽压有一定波动而释放或吸收部分蓄能，加快发电机组初期负荷的响应速度。与此同时，根据外部负荷请求指令加强对锅炉侧燃烧率（及相应的给水流量）的控制，及时恢复蓄能，使锅炉蒸发量保持与发电机组负荷一致，这就是负荷控制的基本原则，也是机炉协调控制的基本原则。

（3）协调控制系统的分类。目前，各种不同单元发电机组协调控制系统的设计，都是从处理快速负荷响应和主要参数运行稳定这一矛盾出发的，一般协调控制系统可按反馈或前馈回路的不同进行分类。

1）按反馈回路分类。按反馈回路分类可以将协调控制系统分为以汽轮机跟随（锅炉基本）为基础的协调控制系统和以锅炉跟随（汽轮机基本）为基础的协调控制系统。

a. 以汽轮机跟随（锅炉基本）为基础的协调控制系统。如图 3-11 所示，汽轮机跟随（锅炉基本）控制系统构成包括汽轮机侧的主蒸汽压力控制系统和锅炉侧的发电机组功率控制系统。锅炉调节器 $W_{T2}(S)$ 接受功率给定和功率反馈信号，当发电机组负荷发生变化时，首先通过锅炉调节器 $W_{T2}(S)$ 控制燃料量（此时给水和送粉也应相应调整）。待机前压力 P_T 改变后，再按机前压力与给定值的偏差，通过汽轮机调节器 $W_{T1}(S)$ 改变汽轮机调节阀的开度，从而改变发电机组功率。显然，由于锅炉侧调节有较大的惯性，且汽轮机侧保持主蒸汽压力稳定时没有利用发电机组蓄能，所以在负荷需求变化时发电机组响应较慢，但采用汽轮机的调节阀来控制主蒸汽压力，使汽压波动较小。

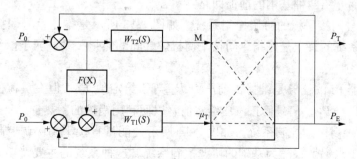

图 3-11　汽轮机跟随协调控制系统原理图

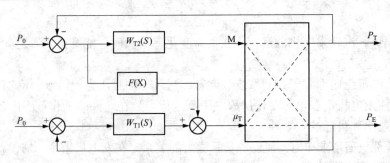

图 3-12　锅炉跟随协调控制系统原理图

汽轮机跟随（锅炉基本）为基础的协调控制系统，可以在汽轮机调节器前，加入功率偏差的前馈信号，其原理是利用锅炉的蓄能，同时允许汽压在一定范围内波动。如图 3-11 所示，功率偏差信号 (P_0-P_E) 可以看作是暂时改变的汽轮机调节器的给定值，当 $(P_0-P_E)>0$ 时，汽压给定值降低，汽轮机调节器发出开大调节阀的指令，增加输出功率，反之亦然，当 $F(X)=0$ 时，前馈作用不存在。

b. 以锅炉跟随（汽轮机基本）为基础的协调控制系统。如图 3-12 所示，锅炉跟随控制系统其基本构成也包括两个反馈调节系统，即汽轮机侧的发电机组功率控制系统和锅炉侧的主蒸汽压力控制系统。其基本工作原理是，汽轮机调节器 $W_{T1}(S)$ 接受功率给定值与实发功率反馈信号，根据它们之间的偏差，调节汽轮机调节阀开度，从而改变进汽量，使发电机输出功率迅速满足负荷要求。锅炉调节器 $W_{T2}(S)$ 接受机前压力定值与机前压力反馈信号，根据它们之间的偏差，调整燃料量从而保证主蒸汽压力的稳定。由于发电机组功率对汽轮机侧调节作用的响应迅速，当负荷要求变化时，本系统通过改变汽轮机调节阀开度，充分利用发电机组蓄能，就可以得到发电机组功率的快速响应。但是，这是以牺牲主蒸汽压力的稳定为代价的，又因为在锅炉侧的调节作用下，主蒸汽压力的响应有较大惯性。所以，在锅炉跟随系统中，快速的功率响应和较大的主蒸汽压力偏差是同时存在的，这就是锅炉跟随系统的特点。

为了减小主蒸汽压力的波动，以锅炉跟随（汽轮机基本）为基础的协调控制系统可以采用机前压力的定值与机前压力的反馈值之间的偏差信号，通过函数模块 $F(X)$，作用在汽轮机调节器的输出端。当蒸汽压偏差超过非线性模块的不灵敏区时，汽轮机调节器发出的调节阀开度指令将受到限制。

2）按前馈回路分类。单元发电机组负荷控制系统的任务之一是保证汽轮机锅炉之间能量供求关系的平衡，为了改善控制系统的性能，增设了前馈回路，使能量的失衡限制在较小的范围之内，下面介绍两种基本的前馈回路方案。

a. 按指令信号间接平衡的协调控制系统。如图 3-13 所示是指令信号间接平衡协调控制系统的原理图，系统的特点是用指令间接平衡机炉之间的能量关系，属于以汽轮机跟随为基础的协调控制系统。

汽轮机调节器 PI 的任务是维持机前压力 P_T 等于给定值 P_0，但在负荷变化过程中，要利用功率偏差 (P_0-P_E) 信号修正汽压给定值，以便利用锅炉的蓄热量。

b. 能量直接平衡协调控制系统。如图 3-14 所示是能量直接平衡协调控制系统的原理框图，这个系统属于以锅炉跟随为基础的协调控制系统。这种系统的主要特点是采用能量平衡信号 P_1/P_T 取代功率给定信号 P_0，作为控制回路的前馈信号，其中 P_1 为汽轮机第一级后压力，两者的比值 P_1/P_T 与汽轮机调节阀开度成正比，无论什么原因引起的调节阀开度变化，P_1/P_T 都能对调节阀开度的微小变化作出灵敏的反应。所以，无论在动态还是静态，P_1/P_T 都能反映调节阀的开度，即汽轮机输入能量。

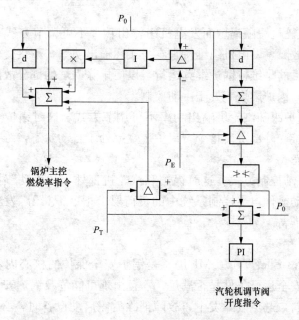

图 3-13　指令信号间接平衡协调控制系统原理图

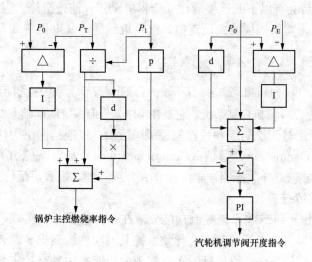

图 3-14　能量直接平衡协调控制系统原理图

（4）协调控制系统的运行方式。协调控制系统的设计不同，所供选择的工作方式也有所区别。但是，一般协调控制系统都具有下列五种工作方式。

1）方式Ⅰ——机炉协调控制方式。单元发电机组运行情况良好，带变动负荷时采用这种方式。这时机炉参加电网调频，调度所可以直接改变发电机组负荷，发电机组运行人员也可以改变发电机组输出功率，机炉自动调节系统都投入运行。

2）方式Ⅱ——汽轮机跟随锅炉而汽轮机输出功率可调节方式。采用这种调节方式时，锅炉、汽轮机自动系统都投入，但发电机组不参加电网调频，调度所也不直接改变发电机组的负荷。只有发电机组运行人员可以改变发电机组的给定功率，发电机组输出功率能自动保持等于给定功率。

3）方式Ⅲ——汽轮机跟随锅炉而发电机组输出功率不可调节方式。这时汽轮机运行正常，锅炉部分设备有故障，发电机组维持它本身实际输出功率，不接受任何外部负荷要求指令。自动调节的主要目的是维持锅炉继续运行，以便排除锅炉的部分故障。此时只是汽轮机调节阀处于自动控制，锅炉燃烧率处于手动控制。

4）方式Ⅳ——锅炉跟随汽轮机输出功率不可调节方式。这时锅炉工作正常，汽轮机部分设备工作异常，不接受外部负荷指令，锅炉燃烧率处于自动状态，维持机前压力。汽轮机主控制器处于手动状态。

5）方式Ⅴ——手动控制方式。这时锅炉和汽轮机都处于"手动"控制，单元发电机组的运行由运行人员手动操作，主控制系统中的负荷要求指令 P_0 跟踪发电机组的实际输出功率，为投入自动作好准备。

4. 主燃料跳闸

主燃料跳闸（Main Fuel Trip，MFT），是锅炉安全保护的核心内容。它的作用是连续监视预先确定的各种安全运行条件是否满足，一旦出现可能危及锅炉安全运行的工况，就快速切断进入炉膛的燃料，避免故障发生。故障消除后需启动设备时，必须先将 MFT 复位方可启动设备，否则电动机设备无法启动。

一般 MFT 动作后会有以下的连锁动作：给粉机全停，油枪全停。燃油进油电磁阀关闭，制粉系统全停，前后平衡风挡板回到设定值，汽轮机跳闸，发电机解列，高低旁路自动开启（两级旁路）。

5. 分布式控制系统

分布式控制系统（Distributed Control System，DCS），又称为集散控制系统。是相对于集中式控制系统而言的一种新型计算机控制系统，它是在集中式控制系统的基础上发展、演变而来的。

DCS 系统是一个由过程控制级和过程监控级组成的，以通信网络为纽带的多级计算机系统，综合了计算机（Computer）、通信（Communication）、显示（CRT）和控制（Control）等 4C 技术，其基本思想是分散控制、集中操作、分级管理、配置灵活、组态方便。

（1）DCS 系统的特点。

1）高可靠性。由于 DCS 将系统控制功能分散在各台计算机上实现，系统结构采用容错设计，因此某一台计算机出现的故障不会导致系统其他功能的丧失。此外，由于系统中各台计算机所承担的任务比较单一，可以针对需要实现的功能采用具有特定结构和软件的专用计算机，从而使系统中每台计算机的可靠性也得到提高。

2）开放性。DCS 采用开放式、标准化、模块化和系列化设计，系统中各台计算机采用局域网方式通信，实现信息传输，当需要改变或扩充系统功能时，可将新增计算机方便地连入系统通信网络或从网络中卸下，几乎不影响系统其他计算机的工作。

3）灵活性。通过组态软件，根据不同的流程应用对象进行软硬件组态，即确定测量与控制信号及相互间连接关系，从控制算法库选择适用的控制规律，以及从图形库调用基本图形组成所需的各种监控和报警画面，从而方便地构成所需的控制系统。

4）易于维护。功能单一的小型或微型专用计算机，具有维护简单、方便的特点，当某一局部或某个计算机出现故障时，可以在不影响整个系统运行的情况下在线更换，迅速排除故障。

5）协调性。各工作站之间通过通信网络传送各种数据，整个系统信息共享，协调工作，以完成控制系统的总体功能和优化处理。

（2）DCS 系统的构成。

1）软件部分。

a. 数据采集系统（Data Acquisition System，DAS）。

b. 模拟量控制系统（Modulating Control System，MCS）。

c. 锅炉安全监视系统（Furnace Safety Supervisory System，FSSS）。

d. 顺序控制系统（Sequence Control System，SCS）。

2）硬件部分。

a. 操作员站（Operator Station，OPU）。

b. 工程师站（Engineering Station，ENG）。

c. 历史站（Historic Station，HSU）。

d. DPU 柜（Distributed Processing Unit）。

3.5 发电机—变压器组励磁过电压保护误动作

3.5.1 故障简述

1. 故障经过

A 发电厂 6 号发电机组容量为 600MW，正常运行过程中保护突然动作，5052、5053 断路器跳闸，灭磁开关 QE02 跳闸，发电机组全停。故障前发电机输出有功功率 400MW、无功功率 80Mvar。故障后发电机组有关信号如下，励磁调节柜："励磁过电压保护动作"、"灭弧回路故障"；发电机变压器组保护柜："86G$_1$"出口跳闸继电器动作、"86G$_2$"出口跳闸继电器动作。根据当时运行表计及 DUS 系统记录的结果显示，跳闸时发电机组运行正常，电网无故障发生。

2. 故障前运行方式

发电机—变压器组主接线图如图 3-15 所示。

3.5.2 故障分析

1. 励磁过电压保护动作的原因分析

根据记录，在励磁调节柜有"励磁过电压保护动作"信号，从原理上讲，引起励磁过电压保护动作的因素可能有三种。

（1）运行过程中励磁系统故障出现的过电压。

（2）励磁开关跳闸后励磁绕组出现的反向过电压。

（3）保护元件损坏或元件特性变坏致使励磁过电压保护动作。

从运行记录的盘表指示以及 DCS 系统记录的结果显示，故障前发电机组的运行参数为 $P=420$MW，$Q=80$Mvar，$U=22.2$kV，$I_E=5000$A，$U_E=400$V（I_E、U_E 分别为发电机励磁电流、电压）。发电机运行正常，U_E 不存在过电压，这就否定了第一个因素。

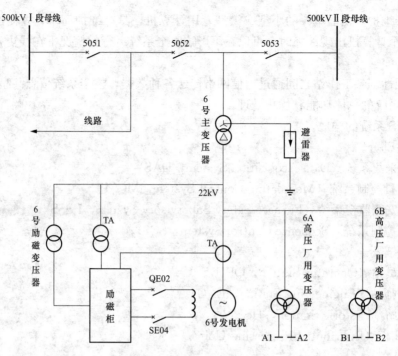

图 3-15　发电机主系统接线

从 6 号发电机组空载灭磁试验曲线看，当灭磁开关跳开时，转子会出现过电压现象。需要进一步判定励磁过电压保护动作是由于灭磁开关跳开之后在励磁回路反向过压的作用下，正确动作还是过电压保护误动。

此时 5 号发电机组（与 6 号发电机组型号相同）也出现一次跳闸，跳闸前有功功率 500MW。这次跳闸证明灭磁开关跳开后，励磁调节器并没有过电压信号发出。这一点在后来的 6 号发电机组 100％甩负荷试验时得到证明。

根据以上情况判定，励磁过电压保护是由于第三种因素引起的误动作。

2. 对励磁过电压保护的元器件进行全面检查

（1）外观检查。对保护回路各组成部分、保护插件板作了全面检查，未发现异常。

（2）绝缘检查。对灭磁电阻、励磁回路、过电压保护回路测试其绝缘电阻均大于 $2M\Omega$，属正常状态。

（3）励磁过电压保护各元件参数测试。在不带电情况下，用万用表测试各元件参数，发现正向过电压保护的高压稳压管参数有误。参数的偏差使正向过电压保护的晶闸管触发电压分压值偏高，此电压差值可能使过电压保护误动作。

3. 发电机开机升压后的进一步检查

进行了上述检查，在没有发现其他异常现象的情况下，决定开机升压考验设备。结果合上灭磁开关 QE02 后，发电机出口电压升到 5kV 左右时，励磁过电压保护再次误动作。说明故障点没有排除。

4. 励磁过电压保护直流电源测试

将励磁过电压保护的直流电源合上，检查±15V 电源沿线电压数值，发现在 T5 电流电压传感器上的电压出现严重偏差，＋15V 下降到＋8V，－15V 下降到－22V。在这一参数下，当有一定的励磁电压后，保护的动作信号得到加强，从而导致保护误动作。更换 T5 传感器以后，±15V 电压偏差消失，保护正常。因此引起这次励磁过电压保护误动的原因是传感器损坏。

3.5.3　经验教训

对于发电机组保护的日常检修不到位，忽视了相关元器件的检查，未能及时发现其中的缺陷，引起保护不正确动作。

3.5.4　措施及建议

（1）更换参数型号有误的高压稳压管；

（2）更换 T5 传感器；

（3）在相关检修项目中增加重要元器件的检修条目。

3.5.5　相关原理

1. 发电机励磁系统

机端励磁是发电机自励励磁的一种形式。这种励磁方式具有结构简单、维护方便、运行可靠等优点。在端励磁方式下，励磁电源取自发电机出口，经励磁变压器降压隔离后，送到大功率晶闸管整流柜整流，为发电机提供励磁电流。励磁电流的大小控制，通过励磁调节柜调整晶闸管整流器的导通角来实现。

整个励磁系统由以下几部分组成：励磁变压器、大功率整流柜、启励柜、灭磁柜、励磁调节柜。

（1）励磁变压器。励磁变压器为油浸、自冷式，放置在主厂房外侧、发电机出口封闭母线的下边。励磁变压器将发电机的定子电压由 22kV 降到 960V，同时起到发电机的定子和励磁绕组之间的隔离作用。

（2）大功率整流柜。大功率整流装置由 4 个不同的整流柜组成，当 1 台柜故障时，本柜切除，其余 3 台柜能满足各种运行工作状况的要求；当 2 台柜故障时，通过改变过励限制单元中的 I_{fmax}、I_{fth} 的定值限制强励；当 3 台柜故障时灭磁停机。装置通过装在柜体上部的交流风机实现空气冷却。

（3）启励柜。来自厂用 400V 的三相交流电源经启励变压器降压、电气隔离后进行三相全波整流，作为发电机开机时的启励电源。当灭磁开关闭合后，由其辅助触点间接启动启励开关，发电机启励，发电机定子电压升至 40% 额定值时，启励电源自动退出。

（4）灭磁柜。灭磁装置包括两台并联的灭磁开关、灭磁电阻、放电晶闸管、过压保护晶闸管。发电机采用逆变灭磁和线性电阻灭磁相结合的灭磁方式。灭磁时，发出命令去逆变灭磁出口，同时送至灭磁放电晶闸管的触发回路，并跳开灭磁开关，即先逆变灭磁，然后经线性电阻灭磁。

（5）励磁调节柜。励磁调节装置为模块集成电路调节器，调节器有自动和手动通道组成，通道之间完全独立，可以相互切换。手动通道对运行中的自动通道的工作点自动跟踪，自动通道故障时可以无扰动地向手动通道切换。

1）自动通道。自动通道即电压调节器（AVR），测量发电机定子电压与给定值比较，经过 PID 控制算法（比例 P、积分 I 和微分 D），通过调节励磁电流实现对发电机电压的自动调节。自动通道中装有多种限制器和校正控制电路，以改善调节器的调节品质、扩大发电机组的稳定运行范围。其中，励磁电流限制器限制强励过程中转子过热；功角限制器，在发电机低励时，防止励磁电流的过分减少，以保证发电机不超出其稳定运行极限，并限制机端电压的过分降低；电力系统稳定器（PSS），通过给 AVR 增加一个可变干扰补偿，增加发电机与电网之间机电振荡阻尼，抑制低频振荡的发生；恒功率因数调节（P. F），以有功电流与无功电流比例恒定的原理，实现功率因数的恒定调节，它通过调整 AVR 的给定值间接起作用，不影响 AVR 的动态性能。

2）手动通道。手动通道即励磁电流调节器，通过比较励磁电流的测量值与给定值，经过 PID 控制算法，实现对励磁电流的自动调节。手动通道可以作为自动通道故障情况下的备用通道，同时也为发电机的调整试验提供了方便。

3）监测和保护。励磁监视功能是通过对两组电压互感器电压和励磁电流的监测对通道故障做出判断。通道选择功能是根据外部操作命令及来自励磁监视单元提供的信息，选择工作通道、实现工作通道的切换或者发出故障跳闸命令。导通性监测单元是完成对晶闸管导通与否的检测，当检测到某一整流柜存在晶闸管故障时，则闭锁该柜的触发脉冲，并发出报警信号。转子接地保护是检测转子回路（包括整流器、励磁变压器的二次绕组、发电机的励磁绕组）对地绝缘，当绝缘电阻小于 $2k\Omega$ 时，延时 2s 报警；当绝缘电阻小于 $0.5k\Omega$ 时，延时 2s 跳闸。

2. 常见励磁故障及处理方法

（1）失磁故障。励磁系统的失磁故障在发电机的各类故障中是最常见的，大型发电机组不允许失磁运行，失磁故障的发生会严重损害大型发电机组的安全运行。励磁回路开路、短路或励磁调节器故障或转子绕组故障等都是引起失磁的原因。发电机发生失磁故障后，将从系统吸收大量无功功率，导致系统电压下降，这将会引起发电机失步运行，产生危及发电机安全的机械力矩，并会在转子回路中出现差频电流，引起附加温升等危害。

故障的处理：失磁保护动作跳闸，立即完成发电机组解列工作，调查失磁原因，经处理正常后发电机组重新并入电网，同时汇报调度；当失磁保护未动作，且危及系统及本厂厂用电的运行安全时，应尽快将失磁的发电机解列，并关注厂用电应该自投成功，若自投不成功，则按有关厂用电故障处理原则进行处理；当失磁保护未动作，短时未危及系统及本厂厂用电的运行安全，应迅速降低失磁发电机组的有功输出功率，切换厂用电，尽量增加其他未失磁发电机组的励磁电流，提高系统电压、增加系统的稳定性。为了有效解决此类故障，并且能及时处理发生故障的开关，可以在励磁功率电源交流侧开关的辅助触点处设置一个故障记录装置，从而对该故障易发部位进行实时的监控，同时，安排专人负责对开关进行定期检查，及时发现故障隐患。

（2）励磁不稳。在发电机运行过程中励磁波动过大，励磁系统运行数据增大，有时又正常，无规律可循，但是仍可以进行加减磁的调节。可能原因是：移相脉冲控制电压输出不正常；环境温度变化以及元器件受到振动、氧化等影响出现故障。

故障处理：针对移相脉冲控制电压输出不正常，先检查励磁电源是否正常，应分别检查给定值和经适配单元处理后的测量值（发电机电压或励磁电流）是否正常。对环境温度变化以及元器件受到振动、氧化等，利用示波器观察整流波形是否完整，再用万用表检查晶闸管性能是否正常，此类故障多发生于线路焊接状态和元器件特性发生变化。为降低此类故障发生几率，平时应加强维护和调试并及时更换有问题的元器件。

（3）无功过负荷。上位机内的无功过负荷指示灯亮、励磁电流超出正常值指示、励磁调节器过励限制灯亮。

　　故障处理：减少励磁发电机组的无功输出功率，使通过系统的电流量立即下降。若直接在上位机上处理无法将无功过负荷故障消除，无功输出功率仍未见减少，那么则立即转入现场调解的方式。现场调节时若仍然无法降低到正常值内，则可以直接从Ⅰ套调节器转入到Ⅱ套调节器上运行，若情况还是没有好转，那么可以尝试同时将两套调节器重新上电，查看电流是否恢复正常。

第4章 电力变压器故障

电力变压器指的是电力系统一次回路中输电、配电和供电用变压器,是能量转换、传输的核心,是电网中最重要和最关键的电气设备之一,在电力系统中占有极其重要的地位。如果变压器发生故障,可能会造成变压器不同程度的损坏。变压器内部短路,保护拒动,还将影响电力系统的稳定运行。本章列举和分析了几起变压器故障,探讨对应的处理和防范措施,以及相关的原理,防止类似故障在电力系统运行中重复发生,以提高供电的稳定性和可靠性。

4.1 隔离开关三相不一致引起多台主变压器停运

4.1.1 故障简述

1. 故障经过

某日,由于 500kV 甲变电站 1 号主变压器的 Ⅰ 段母线隔离开关发热严重,需将 Ⅰ 段母线隔离开关停电检修,在进行运行方式调整时,1 号主变压器的 Ⅱ 段母线、旁路母线隔离开关先后都无法操作,因此需将甲变电站 1 号主变压器停电,为此需将 220kV 乙变电站的负荷转移出甲变电站。乙变电站根据系统方式调整要求,进行倒闸操作。运行人员执行调度口令,将 2H12 线断路器由 220kV Ⅱ 段母线调至 Ⅰ 段母线,将 2H03 线断路器由 220kV Ⅰ 段母线调至 Ⅱ 段母线,合上 2H03 线断路器(合环),合上 2H04 线断路器(合环),拉开 220kV 母联 2610 断路器(解环)共五项操作。在执行至拉开乙变电站 2610 断路器后,220kV 4649 线、2H02 线、2H03 线、2H04 线、220kV 乙变电站 2 号主变压器 2602 断路器先后动作跳闸。

2. 故障前运行方式

故障前乙~戊站的运行方式如图 4-1 所示。

(1)乙变电站。2H11 线经 220kV Ⅰ 段母线供 1 号主变压器,2H12 线经 220kV Ⅱ 段母线供 2 号主变压器,2610 断路器运行。2H03 线、2H04 线断路器热备用。

(2)丙变电站。4649 线、2H03 线、1 号主变压器 2601 断路器运行于 220kV Ⅰ 段母线,2H02 线、2H04 线、2 号主变压器断路器 2602 运行于 220kV Ⅱ 段母线,母联 2610 断路器运行。

(3)丁变电站。2H02 线运行于 220kV Ⅱ 段母线。

(4)戊变电站。4649 线运行于 220kV Ⅰ 段母线。

4.1.2 故障分析

1. 现场检查情况

乙变电站 2 号主变压器及三侧间隔无异常,220kV GIS 设备外观检查无异常。丙变电站、戊变电站、丁变电站一次设备检查无异常。

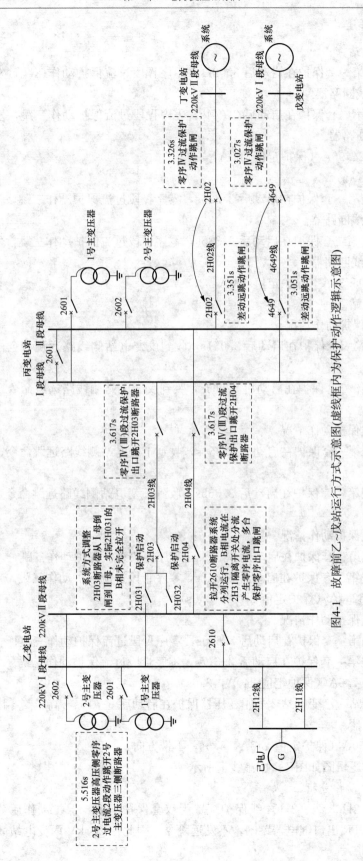

图4-1　故障前乙~戊站运行方式示意图(虚线框内为保护动作逻辑示意图)

2. 保护动作情况

（1）戊变电站。

1）4649 线第一套保护在启动后 3.027s，零序Ⅳ段过流保护动作三跳，发远跳命令跳开丙变电站 4649 线断路器。

2）4649 线第二套保护在启动后 3.044s，零序Ⅳ段过流保护动作三跳，发远跳命令跳开丙变电站 4649 断路器。

动作电流 324.96A（保护定值 300A，3s）。

（2）丁变电站。

1）2H02 线第一套保护在启动后 3.326s，零序Ⅳ段过流保护动作三跳，发远跳命令跳开丙变电站 2H02 线断路器。

2）2H02 线第二套保护在启动后 3.335s，零序Ⅳ段过流保护动作三跳，发远跳命令跳开丙变电站 2H02 线断路器。

动作电流 705.36A（保护定值 300A，3.3s）。

（3）丙变电站。

1）4649 线保护动作情况。

a）4649 线第一套保护在启动后 3.051s，收到戊变电站侧线路远跳命令，差动保护远跳动作三跳；

b）4649 线第二套保护在启动后 3.063s，收到戊变电站侧线路远跳命令，差动保护远跳动作三跳。

2）2H02 线保护动作情况。

a）2H02 线第一套保护在启动后 3.351s，收到丁变电站侧线路远跳命令，差动保护远跳动作三跳；

b）2H02 线第二套保护在启动后 3.365s，收到丁变电站侧线路远跳命令，差动保护远跳动作三跳。

3）2H03 线保护动作情况。

a）2H03 线第一套保护在启动后 3.625s，零序Ⅳ段过流保护动作三跳；

b）2H03 线第二套保护在启动后 3.617s，零序Ⅲ段过流保护动作三跳。

动作电流 662.4A（保护定值 240A，3.6s）。

4）2H04 线保护动作情况。

a）2H04 线第一套保护在启动后 3.625s，零序Ⅳ段过流保护动作三跳；

b）2H04 线第一套保护在启动后 3.617s，零序Ⅲ段过流保护动作三跳。

动作电流 657.6A（保护定值 240A，3.6s）。

（4）乙变电站。乙变电站 2 号主变压器保护在启动后 5.516s，高压侧零序过流Ⅱ段保护动作跳三侧断路器。

动作电流 250A（保护定值 240A，5.5s，不带方向）。

各保护动作逻辑图如图 4-1 中虚线框所示。

3. 继电保护动作分析

（1）220kV 2H03 线、2H04 线保护配置为双套保护配置，保护动作后分相跳闸，无永跳出口，不经 KTR 出口继电器跳闸，不发远跳令，因此在 220kV 丙变电站 2H03 线、2H04

线断路器动作后，乙变电站侧断路器未跳开。220kV 2H02 线和 4649 线的保护配置为双套保护配置，第一套保护有永跳出口，故在 220kV 丁变电站和 220kV 戊变电站侧断路器跳闸后发远跳命令至丙变电站侧线路断路器跳闸。

（2）220kV 2H11 线、2H12 线在丙变电站侧 2H03 线、2H04 线断路器 3.6s 跳开之后，线路零序电流值降为 120A，乙变电站侧 2H11 线、2H12 线保护定值为 180A、4.1s，所以乙变电站侧保护未动作。

（3）综上所述，220kV 的乙变电站、丙变电站、丁变电站、戊变电站各保护动作正确。

4. 故障原因分析

本次故障是在进行 220kV 母联 2610 断路器分闸（解环）时发生故障跳闸。对 2610 断路器进行了 SF_6 气体成分分析无异常，现场检查断路器位置指示正确，同时结合故障录波报告，确认 220kV 母联 2610 断路器无异常。

根据乙变电站 220kV Ⅱ 段母线 B 相有电压，初步分析怀疑为 2610 断路器 B 相未能分闸，造成非全相，出现零序不平衡电流，引起乙变电站 2 号主变压器及丙变电站、丁变电站、戊变电站共 4 条出线故障跳闸。根据调度发令将 220kV 母联 2610 断路器改冷备用，同时 220kV Ⅱ 段母线上无电源设备后，发现 220kV Ⅱ 段母线电压互感器二次 B 相仍有电压（二次值为 60V），怀疑此电压由 220kV Ⅰ 段母线通过某条线路的 220kV Ⅰ 段母线隔离开关环供至 220kV Ⅱ 段母线。根据现场实际接线方式及前期倒闸操作过的断路器间隔，决定对 2H03、2H04 的 Ⅱ 段母线隔离开关进行分闸操作，以判断电压是通过哪一条线路的隔离开关环供。在拉开 2H032 隔离开关后，220kV Ⅱ 段母线 B 相电压降为零，由此判断该电压是由于 2H031 隔离开关 B 相未能拉开，经 2H032 隔离开关环供至 220kV Ⅱ 段母线。

故障原因判定为在进行 2H03 断路器由 220kV Ⅰ 段母线倒闸至 220kV Ⅱ 段母线时，2H031 隔离开关 B 相未能拉开，而在拉开 2610 断路器解环时，乙变电站 220kV Ⅰ、Ⅱ 段母线通过 2H031 隔离开关 B 相连在一起，系统产生较大的零序电流，引起上述保护动作跳闸。

5. 故障原因

本次故障是由于 220kV 乙变电站 2H031 隔离开关动作不一致（A、C 相成功分闸，B 相未成功分闸），产生零序电流超过定值，引起零序过流保护动作，最终造成乙变电站、丙变电站三台主变压器停运。

4.1.3　经验教训

（1）新投产设备故障增多、设备质量问题增多，家族性缺陷呈多发趋势。

（2）隐患治理不到位。对早已确定为有家族性缺陷的设备，在向厂家提出正式整改意见后，未能有效督促厂家尽快配合完成整改，对缺陷可能带来的危害认识不足，对缺陷处置未能引起足够重视。

（3）运行维护人员业务能力不足。故障中反映出部分运行维护人员对设备结构特点、安装和检修工艺、可能存在的薄弱环节等方面认识不足，带电检测等相关技能不熟练，运行判断能力不足，业务技能水平有待提升。

4.1.4　措施及建议

（1）加强一次隔离开关设备的运行巡视及检修管理，防止隔离开关出现非全相运行引起系统区域性解列。

（2）规范 GIS 设备倒闸操作要求，对于 GIS 母线设备隔离开关分合闸操作时，除机械指示、后台遥信变位判据外，增加相应的电流检查措施，特别是在倒母线操作中分合母联断路器前后，需重点检查母联三相电流不平衡情况。

（3）研究设备资产全寿命周期管理措施，将运行维护检修环节的危重缺陷、家族性缺陷反馈至物资采购环节，杜绝问题厂家、问题设备再次进入电网。将明确为制造厂家责任的设备质量问题纳入供应商评价中，根据情节严重程度和相关规定予以扣分，强化供应商不良行为处理和招标环节的联动。

（4）规范无人值班变电站运行维护应急处置要求。积极研究、细化在变电站无人值班管理模式下的故障现场应急处置要求，组织培训和演练提高运行维护人员应急处置能力。

4.1.5　相关原理

1. 电气设备的运行状态

电气设备的运行状态分为四种，即运行、热备用、冷备用、检修。

运行指电气设备的断路器和断路器两侧的隔离开关在合上位置，接地隔离开关在断开位置。

热备用指电气设备的断路器和接地开关在断开位置，断路器两侧的隔离开关在合上位置。

冷备用指电气设备的断路器、断路器两侧的隔离开关在断开位置和接地隔离开关均在断开位置，设备处于完好状态，随时可以投入运行。

检修指电气设备的断路器和隔离开关在断开位置，接地开关在合上位置，并按安全规定要求做好其他安全措施。

2. 倒闸操作相关知识

倒闸操作是指将电气设备由一种运行状态转变为另一种运行状态，或者电气一次系统运行方式改变所进行的操作。

（1）倒闸操作的内容。拉开或合上断路器或开关，拉开或合上接地开关，拆除或挂上接地线，取下或装上控制、合闸及电压互感器的熔断器，检验是否确无电压，停用或投入继电保护和自动装置及改变定值，改变变压器、消弧线圈分接头及检查设备绝缘等。

（2）倒闸操作的注意事项。倒闸操作时，不允许将设备的电气和机械防误操作闭锁装置解除，特殊情况下如需解除，必须经值长或值班负责人同意。

操作时，应戴绝缘手套和穿绝缘靴。

雷电时，禁止倒闸操作。雨天操作室外高压设备时，绝缘杆应有防雨罩。

装卸高压熔断器时，应戴护目镜和绝缘手套，必要时使用绝缘夹钳，并站在绝缘垫或绝缘站台上。

装设接地线或合接地开关前，应先验电。

电气设备停电后，即使是故障停电，在未拉开有关隔离开关和做好安全措施前，不得进入遮栏和触及设备，以防突然来电。

（3）倒闸操作的流程。

1）准备阶段。接令、填票、审核。

2）执行阶段。模拟预演、现场操作、操作质量检查、回令。

（4）倒闸操作的"五防"。

1）防止带负荷拉、合隔离开关；

2）防止带地线（或接地开关）合闸；

3）防止带电挂地线或合接地隔离开关；

4）防止误拉、合断路器；

5）防止误入带电间隔。

（5）防止误操作的组织措施。操作命令和操作命令复诵制度、操作票制度、操作监护制度、操作票管理制度。

操作监护制度：倒闸操作由 2 人执行，1 人操作，1 人监护，其中对设备较为熟悉者监护，在操作过程中进行唱票和复诵。

操作票管理制度：操作票应事先编号，按照编号顺序使用。作废的操作票，应注明"作废"字样，已操作的注明"已执行"字样。操作票保存一年。

（6）防止误操作的技术措施。防止误操作技术措施是多方面的，其中最重要的是采用防止误操作闭锁装置（简称防误闭锁装置）。防止误操作闭锁装置有机械闭锁、电气闭锁、电磁闭锁、微机闭锁等几种形式。

（7）停送电的操作原则。

1）线路停送电操作原则。

a. 线路停电时，先断开负荷侧断路器，再断开电源侧断路器，送电时与此相反。

b. 拉开断路器两侧隔离开关时，先拉开线路侧，再拉开母线侧，送电时与此相反。

c. 线路停电检修时，一定要先验电后挂接地线，防止对侧有电时本侧误挂接地线。

d. 线路送电前，应检查线路保护已正确投入。

e. 线路送电后，应检查三相负荷及断路器实际位置正确。

2）母线停送电的操作原则。

a. 母线停电时防止电压互感器反充电。

b. 分段母线停电时先停线路，再停主变压器，最后停分段断路器，送电时与此相反。

c. 拉分段隔离开关时先拉开停电母线侧隔离开关，再拉开带电侧母线隔离开关，送电时与此相反。

d. 双母线给母线充电要用母联断路器进行，拉开母联断路器前检查电流表指示为 0。

3）变压器的操作原则。

a. 停电顺序：先拉开低压侧断路器，后拉开高压侧断路器。检查各侧断路器确已拉开后，再按照先低后高的顺序拉开各侧隔离开关，送电顺序与此相反。

b. 110kV 及以上变压器操作前必须将变压器中性点接地，操作完毕再根据系统方式决定是否断开中性点接地。

c. 两台变压器并列运行时，一台变压器停电前要检查另一台变压器能否带全部负荷，送电前要检查两台变压器分接头位置是否一致。

4.2　线路故障引起主变压器跳闸

4.2.1　故障简述

1. 故障经过

某日，某变电站 10kV 线路发生故障，过流Ⅰ段保护动作跳闸，重合闸动作，断路器合上后，过流Ⅰ段、后加速及过流Ⅱ段保护相继动作，但断路器并未跳开，随后，1 号主变压

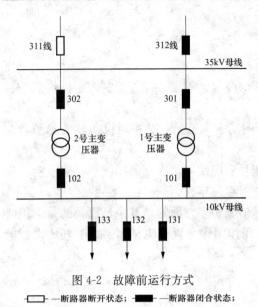

图 4-2　故障前运行方式

□—断路器断开状态；　■—断路器闭合状态；

器高压侧后备保护动作，301、101 断路器跳闸，最后 110kV 上级变电站 35kV 312 线过流 Ⅱ 段保护动作跳闸，重合成功。

2. 故障前运行方式

该变电站有两回 35kV 进线，35kV 和 10kV 均为单母线接线方式。故障前运行方式为 312 线带两台主变压器并列运行，其中 1 号主变压器容量 8.0MVA，2 号主变压器容量 6.3MVA，如图 4-2 所示。

4.2.2　故障分析

1. 保护动作分析

根据现场保护动作报文及故障录波，故障发生的过程如下。

（1）10kV 133 线发生故障，133 线保护启动，同时 1、2 号主变压器高压侧后备保护，以及上级变电站 35kV 312 线保护均开始启动，经 0.1s，133 线保护过流 Ⅰ 段动作跳开 133 断路器，故障电流消失。1、2 号主变压器高压侧后备保护复归，上级变电站 35kV 312 线路保护复归。

（2）又经 1.5s，133 线重合闸动作，此时由于线路故障依然存在，断路器重合于故障线路，过流 Ⅰ 段再次动作，但此次断路器未能跳开，后加速保护及过流 Ⅱ 段保护相继动作，但断路器都未能跳开，导致故障电流一直存在。

（3）由于 133 断路器无法跳开，故障电流一直存在，1 号主变压器高压侧后备故障电流超过了过流 Ⅰ 段定值，虽然两台主变压器并列运行，但故障电流在两台主变压器中分配并不均匀，2 号主变压器高压侧后备故障电流一直没有达到过流 Ⅰ 段定值。因此，经 0.7s 延时后，1 号主变压器高压侧后备过流 Ⅰ 段动作跳开 301、101 断路器。2 号主变压器高压侧后备此时因故障电流未超过定值，因而没有动作。

（4）1 号主变压器高压侧后备过流 Ⅰ 段保护动作跳开 301、101 断路器后，故障电流全部转移到 2 号主变压器上，2 号主变压器高压侧后备故障电流超过了过流 Ⅰ 段定值，2 号高压侧后备保护开始计时。

（5）在 133 断路器重合于故障时，上级变电站 35kV 312 线保护已经启动，经过 1.1s 的延时，也即在 1 号主变压器高压侧后备过流 Ⅰ 段动作后 0.4s，上级变电站 35kV 312 线过流 Ⅱ 段动作，而 2 号主变压器高压侧后备过流 Ⅰ 段，需在 1 号主变压器高压侧后备过流 Ⅰ 段动作后 0.7s 才能动作，因此上级变电站 35kV 312 线过流 Ⅱ 段先动作切除故障。2 号主变压器高压侧后备过流 Ⅰ 段因延时未到而没有动作。

2. 现场检查

经现场检查 10kV 133 线断路器跳闸线圈烧坏，致使 133 断路器重合于故障后未能跳开，故障不能切除，靠上级保护跳闸切除故障。

3. 故障原因

本次故障是由于 10kV 线路断路器跳闸线圈烧坏，致使线路发生故障后，断路器在重合于故障时无法跳开，故障无法切除，又由于变电站主接线及运行方式不合理，母线不分段且两台主变压器并列运行，两台主变压器流过的故障电流分配不均，致使 1 号主变压器高压侧后备保护动作，而 2 号主变压器高压侧后备因故障电流未达到定值而没有动作，最终因 35kV 进线过流保护先于 2 号主变压器高压侧后备保护达到延时而越级动作。

4.2.3　经验教训

主变压器运行方式不合理，在主变压器容量和参数存在较大差异的情况下，仍将两台主变压器并列运行，在发生类似故障时，由于故障电流分配不均，造成主变压器后备保护灵敏度不够和过负荷保护定值无法整定，存在保护不正确动作的风险。

4.2.4　措施及建议

（1）对于馈供（电源到负荷端的供电方式）的终端变低压侧母线，应按解环运行选择设计。应尽快将变电站接线方式改为单母线分段接线方式。在 10kV 母线分段断路器未投入运行时，应尽量避免两台主变压器并列运行的方式。

（2）对于主变压器容量相差大的情况，在并列运行时应考虑大容量主变压器停役时，小容量主变压器所带负荷能力。

4.2.5　相关原理

1. 电气主接线的基本要求

电气主接线是发电厂和变电站电气部分的主体，它反映各设备的作用、连接方式和回路间的相互关系。电气主接线的设计直接关系到全厂（站）电气设备的选择，配电装置的布置，继电保护、自动装置和控制方式的确定，对电力系统的安全、经济运行起着决定作用。对电气主接线的基本要求，概括为可靠性、灵活性和经济性三个方面。

（1）可靠性。可靠性用可靠度来表示，即主接线无故障工作时间所占的比例。供电中断不仅会给电力系统造成损失，而且给国民经济各部门造成损失，甚至造成人员伤亡、设备损坏、产品报废等恶劣后果。因检修或故障被迫中断供电的机会越少、影响范围越小、停电时间越短，表明主接线可靠性越好。

对于可靠性的具体要求如下：

1）断路器检修时，不宜影响对系统的供电。

2）断路器或母线故障，以及母线或母线隔离开关检修时，尽量减少停运出线的回路数和停运时间，并保证对Ⅰ、Ⅱ类负荷的供电。

3）尽量避免发电厂或变电站全部停运的可能性。

4）对装有大型发电机组的发电厂及超高压的变电站，应满足可靠性的特殊要求。

330、500kV 变电站主接线可靠性特殊要求：任何断路器检修时，不能影响对系统的连续供电。除母线分段及母联断路器外，任一断路器检修和另一台断路器故障或拒动时，一般不应切除两台以上发电机组和相应的线路。

（2）灵活性。

1）调度灵活，操作方便。应能灵活的投入或切除发电机组、变压器及线路，灵活的调配电源和负荷，满足系统在正常、故障、检修及特殊运行方式下的要求。

2）检修安全。应能方便地停运线路、断路器、母线及其继电保护设备，进行安全检修而不影响系统的正常运行及用户的供电要求。需要注意的是过于简单的接线可能满足不了运行方式的要求，给运行带来不便，甚至增加不必要的停电次数和停电时间；而过于复杂的接线，不仅增加投资，而且会增加操作步骤，给操作带来不便以及增加误操作概率。

3）扩建方便。随着用电负荷的增长，需要对已经投入运行的发电厂和变电站进行扩建，发电机、变压器直至输电线路数均有扩建的可能。所以，在设计主接线时应留有余地，能较容易地从初期过渡到最终接线，使扩建时一、二次设备所需的改造量最少。

（3）经济性。可靠性和灵活性是技术方面的要求，它与经济性之间往往存有矛盾，即要使主接线可靠灵活，又要兼顾经济，可靠灵活意味着更多的投资，所以，要在满足技术要求的同时，尽可能做到经济合理。

1）投资省。主接线应简单清晰，以节省断路器、隔离开关等一次设备投资，应适当限制短路电流，以便选择轻型电气设备。

2）年运行费用低。年运行费用包括电能损耗费用、折旧费用、大修费用、日常小修费用等。其中电能损耗主要由变压器引起，因此，要合理的选择主变压器的型式、容量、台数及避免两次变压而增加电能损耗。

3）占地面积小。主接线的设计要为配电装置的布置创造条件，以便节约用地和节省构架、导线、绝缘子及安装费用。在运输条件许可的地方都应采用三相变压器。

4）在可能的情况下，应采取一次设计，分期投资、投产，尽快发挥经济效益。

2. 变电站主接线形式

变电站主接线相关图形符号说明如图 4-3 所示。

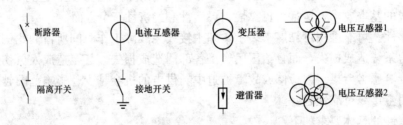

图 4-3　变电站主接线相关图形符号说明

（1）线路—变压器组接线。线路—变压器组接线是一条线路与一台变压器构成一个接线单元。如图 4-4 所示。

优点：设备少、高压配电装置简单、占地面积小、本回路故障对其他回路没有影响。

缺点：可靠性不高。线路故障或检修时，变压器停运；变压器故障或检修时，线路停运。

（2）桥接线。桥接线又分为内桥接线、外桥接线和扩大桥接线。

1）内桥接线。内桥接线是桥断路器接在线路断路器内侧如图 4-5 所示。

线路的投入和切除操作方便，线路故障时，仅故障线路断路器断开，其他线路和变压器不受影响。但是，当桥断路器检修停运，两回路需解列运行。内桥接线的任一线路投入、断开、检修或故障时，都不会影响其他回路的正常运行。但当变压器投入、断开、检修或故障时，则会影响一回线路的正常运行，线路要短时停电。

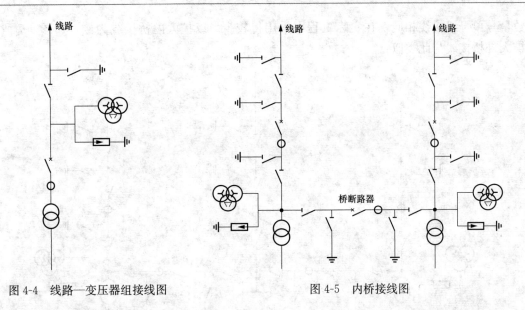

图 4-4 线路—变压器组接线图   图 4-5 内桥接线图

2）外桥接线。外桥接线是桥断路器接在线路断路器外侧，另外两台断路器接在变压器回路，如图 4-6 所示。

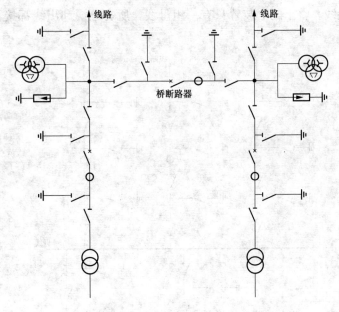

图 4-6 外桥接线图

外桥接线的变压器投入、断开、检修或故障时，不会影响线路的正常运行。当线路投入、断开、检修或故障时，则会影响与之相连变压器的正常运行，相应变压器需短时停电。因此，外桥接线只能用于线路短、检修和故障少的线路中，主要用在变压器投入和切除操作比较频繁、通过桥断路器有穿越功率的情况下。

3）扩大桥接线。其接线特点与内桥接线或外桥接线基本相同。该种接线需用的断路器数量与单母线接线相同，在实际工程中采用得较少。以扩大内桥接线为例，如图 4-7 所示，扩大外桥接线与此类似。

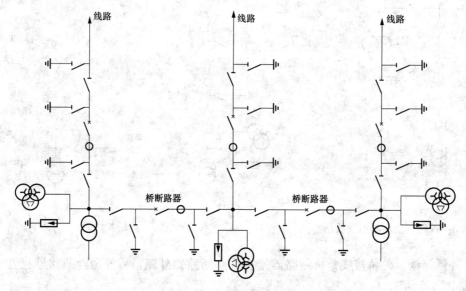

图 4-7　扩大内桥接线图

（3）单母线接线。整个配电装置只有一组母线，所有电源和出线都接在同一组母线上，如图 4-8 所示。

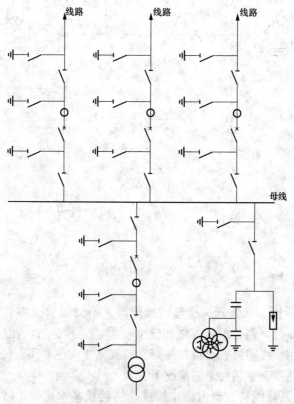

图 4-8　单母线接线图

（4）单母线分段接线。用断路器将母线分段，分段后的母线和母线隔离开关可分段轮流检修，如图 4-9 所示。

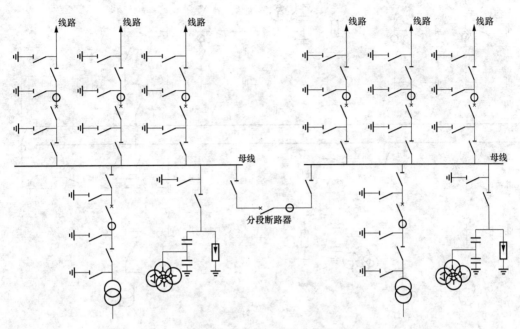

图 4-9　单母线分段接线图

具有单母线接线的简单、清晰，采用设备少、操作方便、扩建容易等优点外，增加分段断路器后，提高了可靠性。但当分段断路器投入使用，两段母线同时运行期间，若任一段母线发生故障，将造成整个配电装置停电；母线和母线隔离开关检修时，该段母线上连接的元件都要在检修期间停电。

（5）双母线接线。每一元件通过一台断路器和两组隔离开关连接到两组母线上，两组母线间通过母线联络断路器连接，如图 4-10 所示。

双母线接线与单母线接线相比，具有较高的可靠性和灵活性。增加了一条母线和母线隔离开关，增加了设备及相应的结构支架，配电装置的占地和工程投资较大。当母线或母线隔离开关故障时，倒闸操作复杂，容易发生误操作。隔离开关操作闭锁接线及电压回路接线复杂。

（6）双母线分段接线。在双母线中的一条或两条母线上加分段断路器，形成双母线单分段接线或双母线双分段接线。

双母线单分段或双分段接线，克服了双母线接线存在全停可能性的缺点，缩小了故障停电范围，提高了接线的可靠性。特别是双母线双分段接线，比双母线单分段接线只多一台分段断路器和一组母线电压互感器和避雷针，占地面积相同，但可靠性提高明显。

（7）带旁路母线的接线。带旁路母线的接线可分为单母线带旁路、单母线分段带旁路、双母线带旁路、双母线分段（单分、双分）带旁路等接线方式。图 4-11 所示为双母线带旁路接线（专用旁路断路器）。

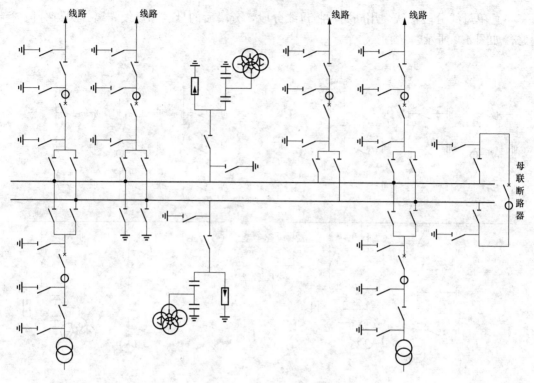

图 4-10　双母线接线图

　　旁路母线及旁路断路器的作用是利用一套公用的母线、断路器和保护装置,在母线引出各元件的断路器、保护装置需停电检修时,通过旁路母线由旁路断路器及其保护代替,而引出元件可不停电。但是旁路母线、旁路断路器及在各回路的旁路隔离开关,增加了配电装置的设备,增加了占地,也增加了工程投资。旁路断路器代替各回路断路器的倒闸操作复杂,容易发生误操作,导致故障发生。保护及二次回路接线复杂。并且,用旁路代替各回路断路器的倒闸操作,需要人来完成,因此带旁路母线的接线不利于实现变电站的无人值班。

　　旁路母线有三种接线方式:①有专用旁路断路器的旁路母线接线;②母联兼作旁路断路器的旁路母线接线;③用分段断路器兼作旁路断路器的旁路母线接线。

　　(8)3/2 断路器接线。在两条主母线之间串接三台断路器,组成一个完整串,每串中两台断路器之间引出一回线路或一组变压器(通称为一个元件)。每一个元件占有 3/2 断路器,即 3/2 断路器接线。如图 4-12 所示。

　　高可靠性,高运行灵活性;运行操作、设备检修方便;母线故障不会停电;隔离开关不作操作电器,减少误操作机会。但是,重合闸实现复杂(涉及两个断路器);使用断路器较多,造价高;继电保护装置接线复杂,电流互感器回路复杂(保护和测量回路需接入两组电流互感器)。

　　3/2 断路器接线应用于大中型电厂和变电站,220kV 一般不宜采用,330kV 及以上超高压输变电系统经常采用。

　　(9)双母线双断路器接线。在接线中有两条母线,每一元件经两台断路器分别接在两条母线上。

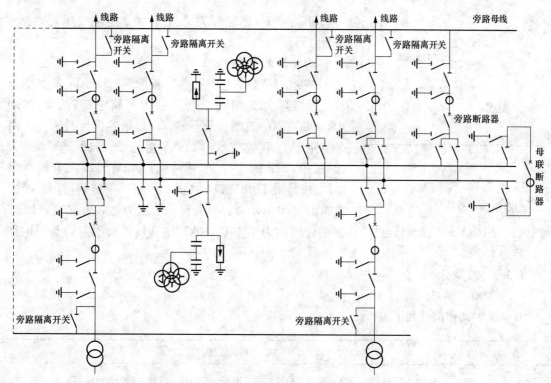

图 4-11　双母线带旁路接线图（专用旁路断路器）

具有较高的可靠性，运行灵活，分期扩建方便，利于运行维护，但是设备投资高。

（10）变压器—母线接线。变压器台数较多的超高压变电站（如有 4 台变压器），可将两台变压器接在母线上，而另两台变压器接在串内。

可靠性、灵活性都较高，布置上也较方便（变压器进串的接线、布置上较方便）。

（11）4/3 断路器接线。这是由 3/2 断路器接线演变而来的接线方式，即在 3/2 断路器接线的串内再串入一台断路器，就可再引出一个元件，形成 4 台断路器接 3 个元件的接线方式。

对超高压配电装置有更好的经济性，但是，在双重故障情况下，停电范围大于 3/2 断路器接线，并且 4/3 断路器接线通常不能采用断路器成列布置，中间元件引出也比较困难。

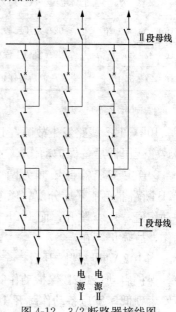

图 4-12　3/2 断路器接线图

4.3　主变压器高压侧后备保护越级动作

4.3.1　故障简述

1. 故障经过

某日，某 110kV 变电站 10kV 122 线断路器在送电时发生故障，122 线保护动作跳闸但

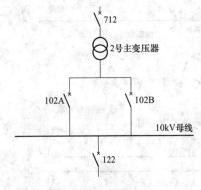

图 4-13　故障前运行方式

未能切除故障（断路器失灵），致使 2 号主变压器两侧 3 台断路器跳闸。

2. 故障前运行方式

该变电站 2 号主变压器容量原为 31.5MVA 主变压器，后增容为 80MVA，由于最大短路电流较大，单个 10kV 断路器的遮断容量不够，所以增容设计时采用了两个断路器并联的方式（110kV 主变压器的 10kV 侧为 102A 和 102B 两个分支，所供的 10kV 母线无分段断路器）。故障前 110kV 712 线供 2 号主变压器运行，系统接线如图 4-13 所示，110kV 保护配置为远后备配置，102A 和 102B 与 10kV 出线配合，过流保护动作时间为 1.4s；110kV 主变压器高压侧后备保护整定时间为 1.7s。

4.3.2　故障分析

1. 保护动作情况

调取保护动作信息如下表。

动作时间	动作信息
16：27：33：821	122 线保护动作，122 线断路器分闸，装置面板上显示 122 线断路器失灵（未切断电流），故障电流一次值约为 9600A；
16：27：34：867	102A 复压 I 段 I 时限动作（出口跳母联断路器）；
16：27：35：167	102A 复压 I 段 II 时限动作（出口跳 102A 断路器）；
16：27：35：531	高压侧后备保护动作（出口跳 712、102B）。

2. 动作原因分析

10kV 122 线路发生故障，122 线保护动作跳闸，122 断路器拒动，未能切断故障电流，导致主变压器后备保护动作。

2 号主变压器低压侧为两个断路器 102A、102B 并联，10kV 122 线路故障时 102A、102B 断路器不能平均分配故障电流，在此次故障中，102A 断路器流过的故障电流达到了保护动作值，1.4s 跳开，而 102B 断路器流过的故障电流没有达到保护动作值，102B 断路器未动作，故障仍存在。

当 102A 断路器跳开后，全部故障电流都转移到 102B 断路器，达到 102B 保护动作定值，保护启动，102B 保护动作时限与 102A 保护动作时限一样，同为 1.4s，也就是说，从故障发生到低压侧后备动作跳开 102B，需要 2.8s。但在 10kV 122 线路发生故障时，高压侧后备保护也已启动，高压侧后备动作时间为 1.7s，小于 2.8s，因此，高压侧后备保护先于 102B 保护动作，跳开 102B 及主变压器高压侧断路器，越级切除了故障。

3. 故障原因

本次故障是由于 10kV 线路发生故障，10kV 线路保护动作但断路器拒动，未能切除故障电流，同时故障电流在主变压器两个分支中分配不均匀，102A 保护动作，102B 保护因为灵敏度不够而没有动作，使得主变压器高压侧后备保护先于 102B 保护动作出口，造成越级动作。主接线设计不合理，未考虑低压侧母线分段是造成本次故障的原因。

4.3.3 经验教训

变电站前期设计存在问题。变电站采用了两个断路器并联的设计方式，目的是为解决主变压器增容后短路电流增大，断路器遮断容量不够的问题，但是实际上如此设计并不能起到分担短路电流的作用，因为两台断路器不可能同时跳闸，总是存在一定的时差，所以后跳开的断路器还是要切断全部短路电流。该接线方式没有实际意义，而且给保护的定值整定增加了困难，使主变压器低压侧断路器后备保护存在灵敏度不够的问题。

4.3.4 措施及建议

（1）设计单位应根据典型设计标准，开展设计工作，禁止采用不规范的设计方案。设计中采用的特殊方案应经过充分论证，综合考虑不同运行方式下的适应性。

（2）根据相关规定和要求，在一次系统规划建设中，应充分考虑继电保护的适应性，避免出现特殊接线方式造成继电保护配置和整定计算困难，为继电保护安全、可靠运行创造良好条件。建成将 10kV 母线分段，两个分支断路器分接两段母线，便于保护的配置和整定。

（3）根据相关规定和要求，严格按照有关标准进行断路器设备选型，加强对变电站断路器开断容量的校核，对短路容量增大后造成断路器开断容量不满足要求的断路器要及时进行改造，避免在大故障电流下，断路器无法遮断短路电流，甚至发生爆炸的风险。

4.3.5 相关原理

1. 遮断容量

遮断容量又叫断流容量，它是指高压断路器等设备断开短路电流能力的一项数据。其值要大于断路器可能通过的最大短路电流（即遮断容量大于短路容量），否则需要另选遮断容量大的断路器，或采取加装限流线圈以降低短路容量，使之符合要求。

高压断路器的遮断容量，与额定开断电流一样，是表征断路器开断能力的参数，在额定电压下，断路器能保证可靠开断的最大短路电流，就是额定开断电流，其单位用断路器触头分离瞬间短路电流周期分量有效值的千安数表示。断路器的额定开断电流与额定电压乘积的根号三倍，就是遮断容量。

由于高压电流在断开的过程中，产生电弧，即使断路器触头分开，但电路并未断开，必须灭弧才能完全断开电路电流，因此把断路器完全断开电路电流称为遮断电流。

断路器的遮断容量要满足电网短路容量的要求，当遮断容量不够时，在使用该断路器时必须将操动机构用金属板与该断路器隔离，并设置远方控制，此时重合闸必须停用。

2. 断路器极限短路分断能力

断路器的额定极限短路分断能力（I_{cu}）：按规定的试验程序所规定的条件，不包括断路器继续承载其额定电流能力的分断能力。

极限短路分断能力 I_{cu} 的试验程序为 o-t-co。试验时先将线路的电流调整到预期的短路电流值（如 380V，50kA），而试验按钮未合，被试验的断路器处于合闸位置，按下试验按钮，断路器通过 50kA 短路电流，断路器立即断开（open，简称 o）并熄灭电弧，断路器应完好，且能再合闸。t 为间歇时间（休息时间），一般为 3min，此时线路处于热备用状态，断路器再进行一次接通（close，c）并立即开断（o）（接通试验是考核断路器在峰值电流下的电动稳定性、热稳定性和动、静触头因弹跳的磨损），此程序即为 co。断路器能完全分断，熄灭电弧，并无超出规定的损伤，就认定它的极限分断能力试验成功。

3. 断路器运行短路分断能力

断路器的额定运行短路分断能力（I_{cs}）：按试验程序所规定的条件，包括断路器继续承载其额定电流能力的分断能力。

断路器的运行短路分断能力（I_{cs}）的试验程序为 o-t-co-t-co，它比 I_{cu} 的试验程序多了一次 co。经过试验，断路器能完全分断、熄灭电弧，并无超出规定的损伤，就认定它的额定运行短路分断能力试验通过。

4. 电力变压器继电保护装置配置原则

为了防止变压器在发生各种类型故障和不正常运行时造成不应有的损失，保证电力系统安全连续运行，变压器应装设以下保护。

（1）针对变压器内部的各种短路及油面下降应装设瓦斯保护，其中轻瓦斯瞬时动作于信号，重瓦斯（本体重瓦斯保护）瞬时动作于断开各侧断路器，并发信号。（有载调压）带负荷调压变压器的充油调压开关，亦应装设瓦斯保护（有载重瓦斯保护）动作于跳闸。

（2）应装设反应变压器绕组和引出线的多相短路及绕组匝间短路的纵联差动保护或电流速断保护作为主保护，瞬时动作于断开各侧断路器。小容量变压器用电流速断保护配合瓦斯保护作为变压器的主保护，大容量变压器用差动保护配合瓦斯保护作为变压器的主保护。

（3）对由外部相间短路引起的变压器过电流，根据变压器容量和运行情况的不同以及对变压器灵敏度的要求不同，可采用过电流保护、复合电压闭锁的过电流保护、负序电流和单相式低电压启动的过电流保护，带时限动作于跳闸；同时可作为变压器内部短路及相应母线及出线的后备保护。

（4）为防止变压器相间断路，可装设阻抗保护作为后备保护，带时限动作于跳闸。

（5）对 110kV 及以上中性点直接接地的电力网，应根据变压器中性点接地运行的具体情况和变压器的绝缘情况，装设零序电流保护和零序电压保护，带时限动作于跳闸。

（6）为防止大型变压器过励磁，可装设过励磁保护及过电压保护，带时限动作于跳闸。

（7）为防止长时间的过负荷对主变压器设备的损坏，应根据可能的过负荷情况装设过负荷保护，带时限动作于信号。

（8）对变压器油温、绕组温度过高及油箱压力过高和冷却系统故障，应按变压器标准的规定，装设作用于信号或动作于跳闸的装置。

4.4　主变压器故障引起线路保护误动

4.4.1　故障简述

1. 故障经过

某日，220kV 甲变电站 2 号主变压器差动保护动作，跳开三侧断路器，随后 829 线零序保护动作，重合成功。

2. 故障前运行方式

故障前 1 号主变压器、2 号主变压器分列运行，1 号主变压器运行于 220kV Ⅰ 段母线，2 号主变压器运行于 220kV Ⅱ 段母线。故障当天为雷暴雨天气。

4.4.2 故障分析

1. 现场检查

829 线路巡线未发现异常，2 号主变压器 220kV 侧风扇位置发现有着火点。检查发现龙门架至 2 号主变压器高压 220kV 侧 C 相引下线灼烧断裂，220kV 侧 B 相和 C 相套管外瓷套破碎散落，一只压力释放阀烧毁，一侧散热器漏油。本次故障是由于 B 相高压套管单相接地，使 B 相高压套管炸裂，出现喷油起火。检查 829 线保护装置现场动作信息和录波，零序过流 I 段 0s 动作，动作电流为 1920A（零序 I 段电流定值为 1667A）。当时 829 线路末端 110kV 变压器中性点接地运行，与甲变电站 2 号主变压器 220kV 侧接地故障点、主变压器中性点构成了零序回路，并向故障点提供零序电流。因为 829 线路零序保护方向元件未启用，所以造成此线路零序保护区外故障误动，故障录波如图 4-14 所示。

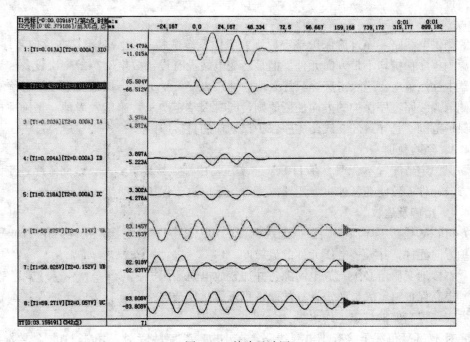

图 4-14 故障录波图

2. 故障原因分析

（1）故障前本线路整定方案。按照甲变电站 220kV 母线最小方式，829 线甲变电站对侧 110kV 乙变电站中性点直接接地，对 829 线路末端故障有 1.5 倍灵敏度考虑，甲变电站 829 线零序 I 段取 1667A，时间 $t=0$s。

按照甲变电站 220kV 母线最大方式，乙变电站中性点直接接地，为了可靠躲过背侧故障时可能会出现的反向最大零序电流 1.2 倍可靠系数整定，甲变电站 829 线零序 I 段取 1668A，$t=0$s。

因此，整定人员最终整定零序电流 I 段定值为 1668A，动作时间为 0s。不带方向。

（2）上述整定和配合方案存在的问题分析。

1）根据 829 线的接线方式，由于甲变电站为 220kV 自耦变压器，220kV 中性点和 110kV 中性点直接接地；乙变电站 110kV 主变压器中性点直接接地，整定人员未能正确核对甲变电站 829 线背后（220kV 线路和主变压器）故障时零序 I 段的保护范围，造成故障时系统阻抗和整定计算的系统阻抗有偏差，同时未正确启用零序方向元件，造成本次区外故障零序 I 段误动。

2）零序过流保护易受系统阻抗变化和线路变压器阻抗影响，随着系统阻抗变化，零序故障电流也有增大或减小的趋势，系统阻抗减小时，保护范围将逐渐扩大，灵敏度提高；反向配合系数下降，需要进行校核，存在配合困难的问题。829 线为终端供电线路，所供 110kV 乙变电站为终端变电站，按照相关的运行整定规程，对于未经方向元件控制的零序电流保护，应考虑与背侧线路零序电流保护配合。

3）本地区 110kV 主变压器中性点接地原则：220kV 主变压器 110kV 侧中性点直接接地；110kV 主变压器除中低压侧有小电源并网外，中性点一律经过放电间隙接地运行，不直接接地运行。

3. 故障原因

电源侧供电线路零序过流保护整定原则：考虑系统侧接地故障时不存在反向零序电流，所以电源侧零序保护均不带方向元件。但是乙变电站没有设计放电间隙等一次设备，为防止主变压器中性点过电压绝缘击穿，只好采取中性点直接接地方式。该地区为了统一终端变压器的单侧电源线路零序保护的方向使用原则，同时因整定疏忽，未能及时地、正确地核对该线路的保护范围，是导致 829 线路零序保护误动作的直接原因。

4.4.3　经验教训

线路保护定值配置不合理。在 110kV 主变压器中性点接地方式下，线路零序过流保护采用不带方向元件，致使在区外主变压器故障时，零序过流保护误动作，跳开线路。

4.4.4　措施及建议

（1）110kV 线路零序保护应根据上级调度的短路阻抗及时复核，正确启用 110kV 线路零序保护方向元件，并校核电压元件的灵敏度。

（2）不接地变压器必须有放电间隙，并加装放电间隙保护。

（3）提高保护整定人员整定计算技能，积极优化复杂网络和运行方式下的保护配合原则和整定方案，提高保护整定工作水平。

（4）对 110kV 母线上接有小电源线路，在小电源线路故障时，相邻 110kV 线路主变压器中性点间隙击穿，应复核其零序电流保护范围，所以一般情况下要求 110kV 电源侧启用零序电流保护方向元件。

4.4.5　相关原理

1. 中性点接地方式的选择

三相交流电力系统中性点与大地之间的电气连接方式，称为电网中性点接地方式。中性点接地方式涉及电网的安全可靠性、经济性；同时直接影响系统设备绝缘水平的选择、过电压水平及继电保护方式、通信干扰等。一般来说，电网中性点接地方式也就是变电站中变压器的各级电压中性点接地方式。

（1）大电流接地方式。我国 110kV 及以上电网，一般采用大电流接地方式，即中性点直接接地方式（在实际运行中，为降低单相接地电流，可使部分变压器采用不接地方式），这样中性点电位固定为地电位（接地网的电位），发生单相接地故障时，非故障相电压升高不会超过 1.4 倍运行相电压；暂态过电压水平也较低；故障电流很大，继电保护能迅速动作于跳闸，切除故障，系统设备承受过电压时间较短。因此，大电流接地系统可使整个系统设备绝缘水平降低，从而大幅降低造价。

（2）小电流接地方式。6～35kV 配电网，为了提高供电的可靠性，一般采用小电流接地方式，即中性点非直接接地方式。中性点非直接接地方式主要可分为三种：不接地、经消弧线圈接地及经电阻接地。

1）中性点不接地方式适用于单相接地故障时电容电流小于 10A，以架空线路为主的配电网，尤其是农村 10kV 配电网。其特点为：单相接地故障时电容电流小于 10A，故障点电弧可以自熄，熄弧后故障点绝缘自行恢复；单相接地不破坏系统对称性，可带故障运行一段时间，保证供电连续性；对通信的干扰小；单相接地故障时，非故障相对地工频电压升高，因此系统中电气设备绝缘要求按线电压的设计。

2）中性点经消弧线圈接地方式是为了减少接地电流，适用于单相接地故障时电容电流大于 10A，瞬时性单相接地故障较多的架空线路为主的配电网。其特点为：利用消弧线圈的感性电流补偿接地点流过的电网容性电流，使故障电流小于 10A，电弧自熄，熄弧后故障点绝缘自行恢复；可降低系统弧光接地过电压的概率；系统可带故障运行一段时间；遏制了接地工频电流（即残流）和地电位升高，降低了跨步电压和地电位差，减少了对低压设备的冲击以及对信息系统的干扰。

3）中性点经电阻接地方式适用于瞬时性单相接地故障较少的电力电缆线路。其特点为：能有效降低操作过电压；中性点经电阻接地的配网发生单相接地故障时，零序保护动作，可准确判断并快速切断故障线路；可有效降低工频过电压，单相接地故障时非故障相电压升高，且持续时间短；中性点电阻为耗能元件，也是阻尼元件（消弧线圈是谐振元件）；能有效地限制弧光接地过电压，当电弧熄灭后，系统对地电容中的残余电荷将通过接地电阻释放掉，下次电弧重燃时，不会叠加形成过电压；可有效消除系统内谐振过电压，中性点电阻接地相当于在谐振回路中并接阻尼电阻。试验表明，只要中性点电阻小于 1500Ω，就可以消除各种谐振过电压，电阻越小，消除谐振的效果越好；对电容电流变化的适用范围较大，方法简单、可靠、经济。

2. 变压器中性点接地方式的选择原则

系统中变压器的中性点是否接地运行原则：应尽量保持变电站零序阻抗基本不变，以保持系统中零序电流的分布不变，并使零序电流、电压保护有足够的灵敏度，使变压器不致受到过电压危害。一般变压器中性点接地方式的选择原则如下：

（1）电源端的变电站只有一台变压器时，其变压器的中性点应直接接地运行。

（2）变电站有两台及以上变压器时，应只将一台变压器中性点直接接地运行，当该变压器停运时，再将另一台中性点不接地变压器改为中性点直接接地运行。若由于某些原因，变电站正常情况下，必须有两台变压器中性点直接接地运行，则当其中一台中性点直接接地变压器停运时，应将第三台变压器改为中性点直接接地运行。

（3）双母线运行的变电站有三台及以上变压器时，应按两台变压器中性点直接接地的方式运行，并将它们分别接于不同的母线上，当其中一台中性点直接接地变压器停运时，应将另一台中性点不接地变压器改为中性点直接接地运行。

（4）低电压侧无电源变压器的中性点应不接地运行，以提高保护灵敏度和简化保护接线。

（5）对于其他由于特殊原因不满足上述规定者，应按特殊情况临时处理。例如，可采用改变保护定值，停用保护或增加变压器接地运行台数等方法进行处理，以保证保护和系统的正常运行。

3. 变压器中性点间隙过流保护

为防止工频过电压损坏变压器中性点绝缘，对主变压器中性点目前普遍采取装设放电间隙的措施，并利用中性点套管电流互感器或在放电间隙回路装设独立的电流互感器，构成变压器中性点放电间隙零序过电流保护（简称间隙过流保护）。间隙过流保护在实际应用中有下列几种典型接线方式。

（1）间隙过流保护与主变压器零序过流保护共用一组电流互感器，如图 4-15 所示。

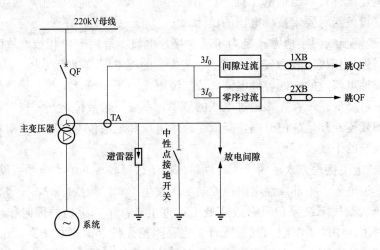

图 4-15 共用电流互感器接线图

主变压器零序电流继电器与间隙过流继电器的电流线圈串接在中性点接地的电流互感器上。两个电流继电器的动作值不同，且两种接地电流的性质不同。零序过流主要是工频量；间隙过流具有间歇、分段发展的性质，间歇时间和电流幅值均为随机性，且含有大量的谐波分量。

（2）将两套保护的电流互感器相互独立，即交流回路分开，分别接在各自的正确位置处，如图 4-16 所示。此方案较为合理，但费用高。

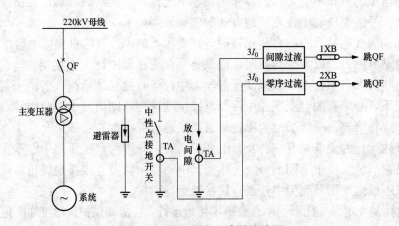

图 4-16 独立电流互感器接线图

（3）变压器出厂时装设了主变压器中性点电流互感器，为降低费用，零序过流采用主变压器自带中性点电流互感器，间隙过流采用单独电流互感器的综合接线，如图 4-17 所示。

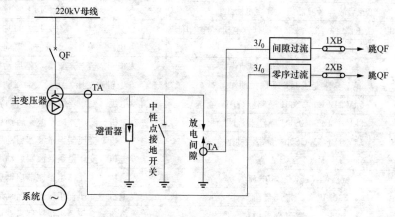

图 4-17　主变压器自带中性点电流互感器接线图

4.5　主变压器匝间短路故障

4.5.1　故障简述

1. 故障经过

某日，某电厂 1 号主变压器 B 相在额定功率运行时突然发生故障，1 号主变压器两套差动保护和重瓦斯保护相继动作，主变压器跳闸。1 号主变压器故障跳闸后，1 号发电机组厂用电端转由自备用电源（220kV）供给，发电机组进入安全停机状态。

2. 故障前 1 号主变压器状态

故障前 1 号发电机组稳定运行在 100％额定功率状态，发电机组和变压器的运行参数正常，1 号主变压器 B 相大修复役后，进行过 5 次油色谱分析（油色谱分析是对变压器油中溶解的气体成分进行分析，以发现可能存在的故障隐患），分析结果均正常。从主变压器运行后的巡检和监测情况分析，故障前无异常征兆。

4.5.2　故障分析

1. 现场检查

经过对 1 号主变压器 B 相进行外部检查，发现 1 号主变压器 B 相及其中性点 GIS、高压侧 GIS 烧毁，1 号主变压器 B 相中性点母线及其支架有不同程度的损坏或变形，1 号主变压器 B 相低压软连接和部分 24kV 封闭母线有不同程度的烧毁。

2. 故障录波及保护动作记录分析

调取故障后发电机—变压器组故障录波器及 500kV 升压站故障录波器录波，对保护动作顺序（见表 4-1）及录波图（见图 4-18 和图 4-19）进行分析，发电机—变压器组故障录波器由主变压器 B 相高压侧相电流突变启动，启动时间为 17：31：43：889（发电机—变压器组故障录波器时间），同时刻，发电机机端零序电压出现。下述的记录均以该时刻为起始时间排序。

（1）根据 500kV 升压站故障录波器显示，在发电机机端出现零序电压之前的 17ms，推算到发电机—变压器组故障录波对应的时刻为 17：31：43：872，主变压器高压侧出现约 300A 的零序电流。如图 4-18 所示。

表 4-1 保护动作序列表

序号	动作描述	动作时刻（ms）
1	500kV 故障录波器记录零序电流出现	17：31：43：872
2	发电机—变压器组故障录波器启动（发电机零序电压）	17：31：43：889
3	主变压器 B 相压力释放信号	发电机—变压器组录波启动后的 29ms
4	第 1 套主变压器差动保护动作	发电机—变压器组录波启动后的 89ms
5	第 2 套主变压器差动保护动作	发电机—变压器组录波启动后的 90ms
6	6kV 1BBE00GS001 断路器跳闸	发电机—变压器组录波启动后的 138ms
7	6kV 1BBF00GS001 断路器跳闸	发电机—变压器组录波启动后的 136ms
8	6kV 1BBG00GS001 断路器跳闸	发电机—变压器组录波启动后的 134ms
9	6kV 1BBH00GS001 断路器跳闸	发电机—变压器组录波启动后的 134ms
10	主变压器高压侧三相电流为 0	发电机—变压器组录波启动后的 147ms
11	500kV 5011 断路器跳闸	发电机—变压器组录波启动后的 153ms
12	500kV 5012 断路器跳闸	发电机—变压器组录波启动后的 155ms
13	灭磁开关跳闸	发电机—变压器组录波启动后的 240ms
14	汽轮机停机	发电机—变压器组录波启动后的 284ms
15	主变压器 B 相重瓦斯跳闸（录波）	发电机—变压器组录波启动后的 259ms
16	发电机出口断路器跳闸	发电机—变压器组录波启动后的 365ms
17	发电机机端 A、B、C 相电流为 0	发电机—变压器组录波启动后的 380ms

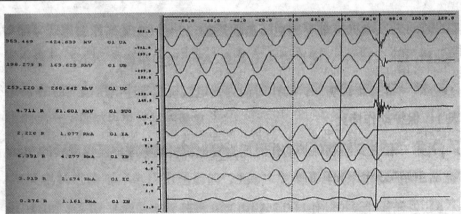

图 4-18　主变压器高压侧故障录波图

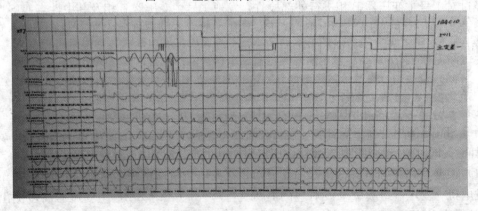

图 4-19　发电机—变压器组故障录波图

（2）发电机—变压器组故障录波启动时的发电机机端零序电压有效值为 60V，启动时间为 17：31：43：889，如图 4-19 所示通道 4 的 $3U_0$；故障录波启动后的 18ms，主变压器 B 相高压侧出现约 57kA（最大值）的故障电流（通道 38-I_B），与此同时，A、B 相低压侧出现波形畸变，如图 4-19 所示的通道 1-U_A、2-U_B、3-U_C；主变压器 B 相高压侧出现约 57kA 故障电流之后的 36ms，在主变压器 B 相低压侧出现 A、B 相短路电流，最大短路电流为 180kA（最大值），低压侧 A、B 相电压发生严重畸变，在约 5 个周波的波动后，U_A、U_B 两相电压（发电机端电压）为零，如图 4-19 所示通道 1-U_A、2-U_B 和通道 5-I_A、6-I_B。

（3）最先动作的是主变压器 B 相压力释放（保护动作信号只送至故障录波器），动作起始时间为发电机机端零序电压出现后的 29ms（主变压器高压侧出现零序电流后的 46ms）。

（4）第一套主变压器差动保护动作时间为发电机机端零序电压出现后的 89ms。

（5）第二套主变压器差动保护动作时间为发电机机端零序电压出现后的 90ms。

（6）主变压器差动保护动作启动两级中间继电器跳开 5011 断路器、5012 断路器，在发电机机端零序电压出现后的 147ms，主变压器高压侧三相电流为零，如图 4-19 所示通道 37-I_A、38-I_B 和 39-I_C。

（7）由于主变压器差动保护根据设计原则不跳发电机出口断路器（发电机出口断路器遮断电流为 160kA），发电机出口断路器由重瓦斯保护动作跳开，发电机出口断路器跳闸时间为发电机—变压器组故障录波启动后的 380ms。

从主变压器高压侧出现约 300A 的零序电流开始，到发电机出口断路器跳闸，故障持续时间约 397ms。故障时主变压器高压侧最大电流约 6.3kA（有效值），发电机侧最大电流约 180kA（最大值）。

3. 故障过程分析

依据发电机—变压器组故障录波器、500kV 故障录波器显示数据和保护动作记录，故障过程以主变压器高压侧首先出现约 300A 的零序电流（17：31：43：872）为起点（0ms），按发生时间顺序分析如下。

（1）0ms 起，主变压器高压侧首先出现约 300A 的零序电流，高压侧 B 相电压有轻微下降，表明在 17ms 内主变压器 B 相高压侧出现匝间短路，而此时，B 相低压端和发电机端并没有电流和电压的明显变化。

（2）17ms 起，在匝间短路形成的短路环作用下 B 柱高压绕组变形，变压器油箱内出现气体分解，并向油箱上部移动发展，高、低压绕组上部区域的主绝缘性能开始下降，变压器低压侧电压波形出现畸变，在发电机中性点开始出现零序电压，表明此时 B 柱低压绕组出现非连续的接地，B 相 B 柱低压侧开始出现对地和对 B 柱高压绕组调压区绕组（高压侧中性点附近）放电。

（3）29ms 起，随着 B 柱高压绕组匝间短路和主绝缘破坏的持续，高压侧发生一个持续时间约为 8ms 的高、低压绕组之间的主绝缘击穿放电，主变压器高压侧出现约 57kA 的短路电流（电流互感器安装在中性点侧），同时，低压侧开始出现对地放电，波形严重畸变，但此时刻尚未发展到与高压绕组的直接短路，并在随后的约一个周波内有恢复的现象。

（4）46ms 起，发电机—变压器组故障录波图显示，主变压器 B 相压力释放阀动作，动作起始的时间为发电机端零序电压出现后的 29ms（主变压器高压侧出现零序电流后的 46ms），原因是主变压器 B 相高压侧出现约 57kA 的故障电流导致油箱内的油大量分解为气体，油箱内压力升高。

（5）73ms 起，由于高低压绕组间绝缘距离比较小，很快造成主绝缘击穿，低压绕组与高压绕组的调压绕组发生短路，通过调压绕组引线、分接开关和中性点引线及接地线接地，与低压绕组接地点构成短路回路，接地部位可能是分散的，第二个接地点应当是高压气体绝缘母线（Gas insulated Bus，GIB）和低压封筒以及变压器接地线等。

（6）73～397ms，在主变压器 B 相低压绕组引出 b、y 端发生接地，造成发电机机端 A、B 相短路故障，最大发电机短路电流约 180kA（最大值），在短路电流冲击作用下，变压器油箱受到巨大冲击力破坏，中性点连接法兰被冲击脱落并开口，低压母线连接套管受到冲击和电弧燃烧炸裂，低压母线悬空并位移，低压母线 b、y 端软连接接头从母线上脱落、断开，并在断开的瞬间发生强烈电弧，造成套管导体表面的电弧灼烧痕迹，瓷绝缘子紧固件之间的套管和油箱法兰内侧的电弧灼烧痕迹，中性点接地导线有电弧灼烧的痕迹并烧断。此过程和现象，表明是高、低压绕组短路并接地形成 180kA（最大值）的短路电流，在主变压器 B 相的油箱内部出现巨大能量的放电电弧导致压力剧烈膨胀，带电体在破坏的过程中伴随电弧放电，直到发电机出口断路器跳闸，短路电流终止。

（7）164ms，5011、5012 断路器跳闸，主变压器高压侧电流消失。

（8）397ms，发电机出口断路器由重瓦斯保护动作跳开，发电机端电流消失。

4. 主变压器 B 相解体检查

对故障 B 相进行了吊罩后的联合检查，从检查现象分析可以得到以下结论：

（1）故障发生区域为 B、Y 柱高压绕组调压区上数 1～8 饼绕组，并在 B、Y 柱线圈与圆柱相切部位，高、低压绕组之间发生绝缘击穿短路，其中 B 柱绕组烧损现象相对严重。

（2）在拆解后对 B、Y 柱高、低压绕组的检查中发现，B 柱高、低压绕组之间主绝缘被烧穿一个洞，洞的直径约为 150mm，高压绕组导线烧断 27 根，相对应的低压绕组严重变形并有多根导线烧断和电弧烧灼痕迹；Y 柱绕组导线烧断 11 根，相对应的低压绕组严重变形并有一根导线烧断和电弧烧灼痕迹。现象表明，B 柱高压绕组匝间放电应当为起始点，是高压侧出现零序电流（300A）的原因，高、低压绕组之间主绝缘击穿为最早短路冲击电流（180kA）产生的原因。

（3）从 B、Y 柱高压绕组的变形程度分析，B 柱高压绕组匝间放电和与对应的低压绕组短路扩胀变形挤压 Y 柱高压绕组后，造成 Y 柱高压绕组匝间短路与对应的低压绕组的进一步短路。

（4）压力释放阀解体后发现弹簧已严重压缩，并在高温作用下不可恢复，此现象证明两个压力释放阀均动作，并且发生在低压短路冲击电流（180kA）产生之前，表明是高压绕组匝间短路造成压力释放阀动作。

（5）短路电流发生后，形成来自高压侧由系统供给、低压侧由发电机供给的两个并联电源共同向中性点提供短路电流，并与变压器器身接地部件（包括 GIB、低压封筒、变压器接地线等）构成短路回路，检查发现的高、低压绕组严重变形，低压母线及软连接烧损脱落，陶瓷绝缘套管炸碎，分接引线破坏，分接开关碎裂，中性点套管炸开，中性线烧断，SF6 套管烧损和低压母线封筒烧损等现象，证明 180kA 的短路电流同路对所经过的这些部件造成了严重破坏。

（6）变压器油箱受到巨大压力的冲击破坏，中性点连接法兰被冲击脱落并开口，证明压力释放阀不足以释放油箱内的压力，是内部故障后油箱内压力的第二释放开口。

（7）持续时长约 380 ms 的短路电流，造成低压母线烧结、低压母线陶瓷套管高温炸裂、软连接烧断并产生电弧、低压绕组引线烧断等现象。

（8）在对主变压器故障 B 相解体后检查发现，在油箱底部和器身其他部位存在较多的可吸收水分的硅胶颗粒，这些硅胶颗粒在高温下已经变成黑褐色，证明变压器内部存在导致匝间短路的可导电异物。

5. 故障原因

本次主变压器 B 相发生故障的位置在 B、Y 柱高压绕组上部调压区绕组，并且从解体检查现象判断，故障的起点为 B 柱高压绕组调压区绕组上数第 3、4 饼导线发生的匝间短路，在绕组下部和器身未发现其他故障点，因此，主变压器 B 相故障原因判断如下。

（1）主变压器 B 相高压绕组上部调压区绕组绝缘工艺存在制造缺陷，是发生绕组匝间短路的潜在因素。

（2）主变压器 B 相油箱内部存在较多的可以导致局部放电的异物（主要是含水分的硅胶，并不排除含有其他金属等异物），是导致绕组突发性匝间放电和短路的根本原因。

4.5.3　经验教训

1. 故障切除时间过长

本次 1 号主变压器 B 相故障，从继电保护的动作情况来讲，主变压器差动保护及重瓦斯保护均正确动作切除电气故障，但从故障开始到切除时间长达 397ms。

2. 保护跳闸模式不合理

由于该厂发电机出口断路器的遮断电流为 160kA。不能有效切断发电机出口短路故障电流，因此在继电保护设计时，主变压器差动保护动作后并不去切除发电机出口断路器，从本次故障可以看出，在主变压器差动保护动作，主变压器高压侧断路器断开后，发电机还为主变压器 B 相故障点提供了约 250ms 的短路电流。

3. 电气量继电保护对变压器内部故障不够灵敏

由于内部故障从匝间短路开始的，短路匝内部的故障电流虽然很大，但反映到线电流却并不大，致使电气量保护因灵敏度不够而没有动作。

4.5.4　措施及建议

（1）建议对目前的跳闸模式进行修改，第一种设想为主变压器差动保护动作后经发电机电流判别元件去判别，根据电流的大小去决定是否跳发电机出口断路器；第二种设想为主变压器差动保护动作后直接去跳灭磁开关，切断发电机提供的故障电流。

（2）建议考虑将压力释放保护作为非电量保护接入发电机—变压器组保护，动作后跳闸。变压器内部故障的主保护是瓦斯保护及压力释放保护，能够瞬时切除故障设备，气体继电器的灵敏度取决于整定值（气体流速），气体流速的整定和变压器的容量、接气体继电器的导管直径、变压器冷却方式、气体继电器的型式有关，目前变压器的气体继电器一般整定在 0.8～1.5m/s 之间；而对于压力释放保护，由于近几年外回路的原因造成多次误动停机故障，部分电厂将压力释放保护改投信号，从这次故障可见，最早动作的也是压力释放保护。

（3）变压器运行技术管理部门与设备制造单位，应尽快联手完善压力释放与瓦斯保护相互间配合的问题。气体继电器流速的整定是由变压器运行管理部门的继电保护专业人员进行的，而压力释放阀的动作值是由变压器（组件）制造部门的工程技术人员决定的，继电保护技术人员往往不考虑压力释放阀与瓦斯保护如何配合，现有的变压器检验、运行规程（导则）也未在这方面进行完善，需进一步完善两者之间的配合关系。

4.5.5 相关原理

1. 匝间短路原理及判别方法

同一个绕组是由很多圈（匝）线绕成的，如果绝缘不好的话，叠加在一起的线圈之间会短路，相当于一部分线圈直接被短路而不起作用。匝间短路后，电机的绕组因为一部分被短路，磁场呈现不对称，且剩余的线圈电流比以前大，电机运行中振动增大，电流增大，输出功率相对减小。

变压器的匝间短路，一般是由于绕组制造或修理过程中存在缺陷，以及在运行中绕组绝缘损坏而发生的，在判断匝间短路时可以通过观察变压器的表象来判断：

（1）变压器异常的发热有时伴有特殊的"滋滋"声；

（2）电源侧电流有某种程度的增大；

（3）变压器各相的电阻不同但差值很小，所以绝缘电阻表不能检测出匝间的故障，通常可在绕组上加 $10\% \sim 20\%$ 的额定电压，此时向外冒烟的地点就是绕组的短路部位。

2. SF_6 气体绝缘电气设备

（1）封闭式气体绝缘组合电器（Gas Insulated Switchgear，GIS）。GIS 由断路器、隔离开关、接地开关、互感器、避雷器、母线、连线和出线终端等部件组合而成，全部封闭在充满 SF_6 气体的金属外壳中。

与传统的敞开式配电装置相比，GIS 具有下列突出优点：

1）大大节省占地面积和空间体积。额定电压越高，节省得越多。

2）运行安全可靠。GIS 的金属外壳是接地的，即可防止运行人员触及带电导体，又可使设备运行不受污秽、雨雪、雾露等不利的环境条件的影响。

3）有利于环境保护，使运行人员不受电场和磁场的影响。

4）安装工作量小、检修周期长。

（2）气体绝缘管道输电线。气体绝缘管道输电线亦可称为气体绝缘电缆（Gas Insulated Cable，GIC），它与充油电缆相比具有下列优点：

1）电容量小。GIC 的电容量只有充油电缆的 1/4 左右，因此其充电电流小、临界传输距离长。

2）损耗小。常规充油电缆常因电介质损耗较大而难以用于特高压，而 GIC 的绝缘主要是 SF_6 气体介质，其介质损耗可忽略不计。

3）传输容量大。常规充油电缆由于制造工艺等方面的原因，其缆芯截面积一般不超过 $2000mm^2$，而 GIC 则无此限制，所以 GIC 的传输容量要比充油电缆大，而且电压等级越高，这一优点越明显。

4）能用于大落差场合。

（3）气体绝缘变压器（Gas Insulated Transformer，GIT）。干式气体绝缘变压器采用 SF_6 气体作为绝缘和冷却介质，故称为 SF_6 气体绝缘变压器。气体绝缘变压器与传统的油浸式变压器相比有以下优点：

1）GIT 是防火防爆型变压器，特别适用于城市高层建筑的供电和地下矿井等有防火防爆要求的场合。

2）气体传递振动的能力比液体小，所以 GIT 的噪声小于油浸变压器。

3）气体介质不会老化，简化了维护工作。

（4）气体绝缘母线。气体绝缘母线也称管道母线，一般设计成三相分箱式或三相共箱式结构，安装方式采用现场焊接方式。气体绝缘母线与 GIS 分支母线相比有以下优点：

1）结构更简单，体积小、质量轻。

2）壳体的外径尺寸可缩小到同电压等级的 70%～80%，且具有同样优异的绝缘性能。

3）由于母线在安装时，每个绝缘子上装了微粒捕捉装置，因此安全性高、免维修。

除了以上所介绍的气体绝缘电气设备外，SF$_6$ 气体还日益广泛应用到一些其他电气设备中。例如，气体绝缘开关柜、环网供电单元、中性点接地电阻器、中性点接地电容器、移相电容器、标准电容等。

3. 变压器故障

油浸式电力变压器的故障常被分为内部故障和外部故障两种。内部故障为变压器油箱内发生的各种故障，主要有各相绕组之间发生的相间短路、绕组线匝之间发生的匝间短路、绕组或引出线通过外壳发生的接地故障等。外部故障为变压器油箱外部绝缘套管及其引出线上发生的各种故障，主要有绝缘套管闪络或破碎而发生的接地。

由于变压器故障涉及面较广，具体类型的划分方式较多，按回路划分，主要有电路故障、磁路故障和油路故障。按变压器的主体结构划分，可分为绕组故障、铁芯故障、油质故障和附件故障。习惯上对变压器故障的类型一般是根据常见的故障易发区位划分，如绝缘故障、铁芯故障、分接开关故障等。对变压器本身影响最严重、目前发生几率最高的是变压器出口短路故障，还有变压器渗漏故障、油流带电故障、保护误动故障等等。所有这些不同类型的故障，有的反映的是热故障，有的反映的是电故障，有的既反映过热故障同时又反映放电故障，而变压器渗漏故障在一般情况下不存在热或电故障的特征。

（1）绕组的主绝缘和匝间绝缘故障。变压器绕组的主绝缘和匝间绝缘是容易发生故障的部位。其主要原因：由于长期过负荷运行、散热条件差、使用年限长等，使得变压器绕组绝缘老化脆裂，抗电强度大大降低；变压器多次受短路冲击，使绕组受力变形，隐藏着绝缘缺陷，一旦遇有电压波动就有可能将绝缘击穿；变压器油中进水，使绝缘强度大大降低而不能承受允许的电压，造成绝缘击穿；在高压绕组加强段处或低压绕组部位，因统包绝缘膨胀，使油道阻塞，影响散热，使绕组绝缘由于过热而老化，发生击穿短路；由于防雷设施不完善，在大气过电压作用下，发生绝缘击穿。

（2）引线绝缘故障。变压器引线通过变压器套管内腔引出与外部电路相连，引线是靠套管支撑和绝缘的。由于套管上端帽罩（俗称"将军帽"）封闭不严而进水，引线主绝缘受潮而击穿，变压器严重缺油使油箱内引线暴露在空气中，造成内部闪络，也会在引线处发生故障。

（3）铁芯绝缘故障。变压器铁芯由硅钢片叠装而成，硅钢片之间有绝缘漆膜。由于硅钢片紧固不好，使漆膜破坏产生涡流而发生局部过热。同理，夹紧铁芯的穿芯螺栓、压铁等部件，若绝缘破坏，也会发生过热现象。此外，若变压器内残留有铁屑或焊渣，使铁芯两点或多点接地，也会造成铁芯故障。

（4）变压器套管闪络和爆炸。变压器高压侧（110kV 及以上）一般使用电容套管，由于瓷质不良有砂眼或裂纹；电容铁芯制造上有缺陷，内部有游离放电；套管密封不严，有漏油现象，套管积垢严重等，都可能发生闪络和爆炸。

（5）分接开关故障。变压器分接开关是变压器常见故障部位之一。分接开关分无载调压和有载调压两种，常见故障的原因有：

1）无载分接开关由于长时间靠压力接触，会出现弹簧压力不足，滚轮压力不均，使分接开关连接部分的有效接触面积减小，以及连接处接触部分镀银磨损脱落，引起分接开关在运行中发热损坏。分接开关接触不良，引出线连接和焊接不良，经受不住短路电流的冲击而造成分接开关被短路电流烧坏而发生故障；由于管理不善，调乱了分接头或工作大意造成分接开关故障。

2）带有载分接开关的变压器，分接开关的油箱与变压器油箱一般是互不相通的。若分接开关油箱发生严重缺油，则分接开关在切换中会发生短路故障，使分接开关烧坏。

第5章 电 力 母 线 故 障

母线（bus line）指用高导电率的铜、铝质材料制成的，在变电站中各级电压配电装置的连接，以及变压器等电气设备和相应配电装置的连接，大都采用矩形或圆形截面的裸导线或绞线。母线的作用是汇集、分配和传送电能。在变电站中，进出线之间需要一定的电气安全间隔，所以无法从一处同时引出多个回路；而采用母线装置才能保证电气接线的安全性和灵活性，所以在复杂的系统中必须装设母线。

母线按结构分为硬母线、软母线和封闭母线。硬母线又分为矩形母线、槽形母线和管形母线。矩形母线一般用于主变压器至配电室内，其优点是施工安装方便，运行中变化小，载流量大，但造价较高。软母线分为铝绞线、铜绞线、钢芯铝绞线、扩径空心导线等。软母线用于室外，因空间大，导线有所摆动也不致造成线间距离不够，软母线施工简便，造价低廉。封闭母线分为共箱母线、分箱母线等。

母线故障是指连接于母线的进线和出线断路器均跳闸，一般是因为母线本身故障、母线引出线及设备故障但断路器或保护拒动造成的，也会因外部电源全停而造成母线或者变电站全停，母线故障是最严重的电气故障之一。

5.1 母 线 全 停 故 障

5.1.1 故障简述

1. 故障前运行方式

某发电厂为 220kV 电压等级，双母线带旁路接线方式，从结构上又分为 I 站和 II 站两部分，两部分之间没有电气联系。故障前该厂处于正常运行方式。故障前 II 站运行方式如图 5-1 所示。

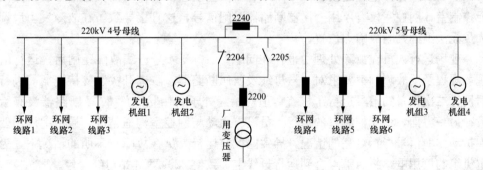

图 5-1 故障前 II 站运行方式示意图

■—— 断路器闭合状态

2. 故障经过

按照时间顺序，故障的全过程如下：

11：35，220kV II 站母线差动保护动作，母联 2240 断路器及 220kV 4 号母线上所有运行元件跳闸（包括 3 条 220kV 环网线路、2 台 200MW 汽轮发电机组及 1 路备用的厂用变压器 2200 断路器）。报"母线差动保护动作""录波器动作""机组跳闸"等信号。故障发生后，现场运行人员一面调整跳闸发电机组的参数，一面对 220kV 4 号母线及设备进行检查。11：39，现场汇报调度 220kV 4 号母线及设备外观检查无问题，同时申请将跳闸的发电机组改由 220kV 5 号母线并网，调度予以同意。11：47，在现场自行恢复Ⅱ站厂用电方式过程中，拉开厂用变压器 2204 隔离开关，在合上厂用变压器 2205 隔离开关时，220kV Ⅱ站母线差动保护再次动作，导致该厂 220kV Ⅱ站母线全停。11：50，现场运行人员拉开 2205 隔离开关，检查发现隔离开关 A 相有烧蚀现象。12：01，现场运行人员根据调度指令，用 220kV 环网线路断路器分别给Ⅱ站 2 条母线充电正常，之后逐步合上各路跳闸的线路断路器，并将跳闸发电机组并入电网，220kV Ⅱ站恢复正常运行方式。

5.1.2　故障分析

1. 直接原因

故障发生后，根据故障现象和报警信号分析，判断为 2200 断路器 A 相内部故障，并对断路器进行了检查试验。断路器三相支路泄漏电流测量值分别为：A 相为 $0.375\mu A/kV$，B、C 相为 $0.0025\mu A/kV$，A 相在交流 51kV 时放电击穿。对 2200 断路器 A 相解体检查发现，断路器静触头侧罐体下方有放电烧伤痕迹，静触头侧支撑绝缘子有明显对端盖贯穿性放电痕迹，均压环、屏蔽环有电弧击穿的孔洞。经分析认定，该断路器静触头侧绝缘子存在局部缺陷，在长期运行中受环境影响绝缘水平不断下降，最终发展为对地闪络放电，这是此次故障的直接原因。

2. 间接原因

故障发生后，作为判断故障点重要依据的"厂用变压器差动保护动作"信号没有装设在网控室，而是装设在厂用变单元控制室，使现场负责故障处理的运行人员得不到这一重要信息，在未判明并隔离故障点的情况下进行倒闸操作，使故障扩大。

5.1.3　经验教训

（1）断路器制造工艺不良，绝缘子存在先天质量性缺陷。

（2）保护报警信号设置不合理。此次故障的故障点位于 220kV 母线差动保护和厂用变压器差动保护的双重保护范围之内。但"厂用变压器差动保护动作"的报警信号装设在该厂用变单元控制室，网控室仅有厂用变压器断路器跳闸信号，这直接导致了在故障发生后调度及运行人员无法准确判断故障点位置。

（3）现场运行人员在故障处理中也存在问题。220kV 4 号母线故障跳闸后，运行值班人员按现场规程及反故障预案要求对 4 号母线及所属断路器、隔离开关、支持瓷瓶等进行了核查，对网控二次设备的信号进行了核查，但对始终处于备用状态的 2200 断路器没有给以充分注意；另一方面，单元控制室的运行人员没有主动与网控室沟通情况，通报"厂用变压器差动保护动作"信号指示灯亮的情况，导致网控室运行人员在故障点不明的情况下，为保Ⅱ站发电机组的厂用电，将故障点合到运行母线上，致使 220kV Ⅱ站母线全停。

5.1.4　相关措施

（1）2200 断路器 A 相罐体整体更换，对原 A 相套管、电流互感器进行彻底清洗。

（2）对 2200 断路器 B、C 相进行交流耐压试验。

（3）针对网控室没有 2200 厂用变压器保护信号的问题，制订措施进行整改，同时检查其他重要电气设备是否存在类似问题。

（4）加强各相关岗位间汇报制度，发生异常时各岗位应及时沟通设备的运行情况及相关保护、装置动作信号。

（5）加强运行人员的培训工作，提高运行人员对异常情况的分析能力和故障处理能力，保证运行人员对规程、规定充分理解，在故障情况下能够做到全面分析，冷静处理。

5.1.5　相关原理

1. 母线故障处理原则

（1）母线故障的现象是母线保护动作（如母线差动保护等）、断路器跳闸及由故障引起的声、光、信号等。

（2）当母线故障停电后，现场值班人员应立即汇报值班调度员，并对停电的母线进行外部检查，尽快把检查的详细结果报告值班调度员，值班调度员按下述原则处理：

1）不允许对故障母线不经检查即强行送电，以防故障扩大。

2）找到故障点并能迅速隔离的，在隔离故障点后应迅速对停电母线恢复送电，有条件时应考虑用外来电源对停电母线送电，联络线要防止非同期合闸。

3）找到故障点但不能迅速隔离的，若为双母线中的一组母线故障时，应迅速对故障母线上的各元件检查，确认无故障后，冷倒（冷备用情况下倒闸）至运行母线并恢复送电。如果是联络线要防止非同期合闸。

4）经过检查找不到故障点时，应用外来电源对故障母线进行试送电，禁止将故障母线的设备冷倒至运行母线恢复送电。发电厂母线故障如条件允许，可对母线进行零起升压，一般不允许发电厂用本厂电源对故障母线试送电。

5）双母线中的一组母线故障，用发电机对故障母线进行零起升压时，或用外来电源对故障母线试送电时，或用外来电源对已隔离故障点的母线送电时，均需注意母线差动保护的运行方式，必要时应停用母线差动保护。

6）3/2 接线的母线发生故障，经检查找不到故障点或找到故障点并已隔离的，可以用本站电源试送电，但试送母线的母线差动保护不得停用。

7）当 GIS 设备发生故障时，必须查明故障原因，在将故障点进行隔离或修复后才能对 GIS 设备恢复送电。

2. 母线失电处理原则

（1）发电厂、变电站母线失电是指母线本身无故障而失去电源，判别母线失电的依据是同时出现下列现象。

1）该母线的电压表指示消失。

2）该母线的各出线及变压器负荷消失（电流表、功率表指示为零）。

3）该母线所供厂用电或站用电失去。

（2）对多电源变电站母线失电，为防止各电源突然来电引起非同期，现场值班人员应按下述原则进行处理。

1）单母线应保留一个电源断路器，其他所有断路器（包括主变压器和馈供断路器）应全部拉开。

2）双母线应首先拉开母联断路器，然后在每一组母线上只保留一个主电源断路器，其他所有断路器（包括主变压器和馈线断路器）应全部拉开。

3）如停电母线上的电源断路器中仅有一台断路器可以并列操作的，则该断路器一般不作为保留的主电源断路器。

（3）发电厂母线失电后，应立即将可能来电的断路器全部拉开。有条件时，利用本厂发电机组对母线零起升压，成功后将发电厂（或发电机组）恢复与系统同期并列。如果对停电母线进行试送，应尽可能用外来电源。

5.2　处理故障不当引起母线失压

5.2.1　故障简述

某电厂 220kV 开关站采用 SF_6 封闭式组合电器（GIS），4 号发电机—变压器组的机组开机并网后，报"4 号发电机-变压器组差动回路异常"信号。经检查，初步判断原因为 4 号发电机—变压器组差动电流互感器 TA6 的 B 相内部断线。

在对电流互感器 TA6 的 B 相进行检查处理时，相关安全措施为断开 204 断路器，拉开 4C 隔离开关、4D 隔离开关，合上 4D0 接地隔离开关。检修人员将该间隔 TA6 的 B 相气室内 SF_6 气体抽至零表压后（零表压时该气室内仍然有 1 个大气压的 SF_6 气体），打开 B 相气室端盖，对断线进行处理后回装好端盖。在对气室抽真空时，报"220kV D 母线复合电压动作""220kV D 母线保护动作"信号，连接于 D 母线上的所有电气元件全部跳闸，D 母线失压。

5.2.2　故障分析

1. 现场检查情况

故障后立即停止 TA6 断线处理作业面相应的工作，组织人员对 D 母线保护装置进行全面检查，经检查保护装置未见异常，保护动作正确，排除 D 母线保护误动的可能。同时，D 母线转检修，组织人员对 D 母线保护范围内的所有设备的外观、绝缘等进行检查试验。当打开 4D 隔离开关的观察孔时，发现 4D 隔离开关 B 相静触头屏蔽罩已击穿，其他地方未见异常。初步判断 D 母线保护动作的原因为 220kV 4D 隔离开关 B 相静触头对设备外壳放电。

2. 故障原因分析

（1）4 号发电机-变压器组进线间隔示意图如图 5-2 所示，间隔内的 SF_6 气体用盆式绝缘子分隔成不同的气室，电流互感器 TA6、4D 隔离开关同处一个气室，4D 隔离开关的静触头直接连接在 D 母线上，带有 220kV 电压。为了处理电流互感器 TA6 的 B 相断线故障，必须抽出该气室的 SF_6 气体开盖进行，处理过程中该气室一直保持 1 个大气压的 SF_6 气体（即零表压的 SF_6 气体）。经厂家出厂前试验，此种情况可以耐受额定电压，因此 4D 隔离开关静触头没有对外壳放电。故障处理完后回充 SF_6 前，必须对该气室进行抽真空，抽真空的过程中绝缘强度不断降低，降至击穿强度时，4D 隔离开关静触头对外壳放电，造成触头屏蔽罩击穿，D 母线失压，这是故障的直接原因。

（2）检查处理断线故障前，检修人员对 GIS 开关站设备性能掌握不全面，特别是 GIS 各气室间隔位置不清楚，在制定安全技术措施时考虑不周，没有将与之相连的 D 母线停电，是导致故障发生的主要原因。

（3）技术管理不到位，GIS 开关站各间隔气室位置图未整理成册，工作人员不了解 GIS 开关站各间隔气室的具体情况，是导致故障发生的一个重要原因。

（4）厂内的安全管理不到位，对重大设备缺陷的处理不当，开工前未召开安全技术分析会，未制订安全技术措施，是导致故障发生的一个重要原因。

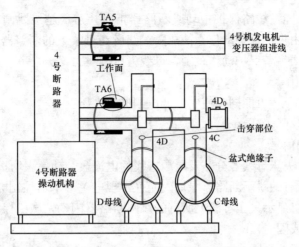

图 5-2　4 号发电机—变压器组进线间隔示意图

5.2.3　经验教训

（1）重视和加强继电保护装置的运行和维护，及时消除二次回路和装置上的缺陷和隐患，满足选择性、可靠性、灵敏性、速动性要求。

（2）加强对设备的巡视，提高设备管理水平和检修质量。

（3）加强安全培训，提高安全意识，严格执行各项安全制度，防止人为故障的发生。

（4）合理安排母线检修方式，减少任一母线故障对系统造成的影响。

（5）母线停电前应落实各项安全措施，做好故障预想。

（6）保证及提高母线差动保护投入的可靠性。

5.2.4　措施及建议

（1）请制造厂有关人员或专家到现场对 GIS 的使用维护等进行讲授指导，使全厂工作人员进一步熟悉 GIS 设备内部结构，掌握设备的性能和操作维护，避免类似故障的发生。

（2）加强技术管理工作，修编和完善机电设备检修维护规程及其他设备检修维护规程，绘制 GIS 各间隔气室平面布置图，完善厂内相关图册。

（3）加强安全管理。对重大缺陷的处理，在开工前一定要组织各相关部门人员召开安全技术分析会，制定出行之有效的安全技术措施、实施方案及危险点控制措施，严格按制订的方案措施组织施工。

（4）强化职工的安全理念，牢固树立"安全第一"的思想，深入学习安全规程和设备检修规程的规范并严格执行，使职工的工作规范化、制度化，消除工作中人的不安全行为和物品的不安全状态，保证正常的安全生产。

5.2.5　相关原理

1. 母线失压故障

（1）母线失压的原因。

1）误操作或操作时设备损坏，导致母线故障。

2）母线及连接设备的绝缘子发生污闪故障，或外力破坏、小动物等造成母线短路。

3）运行中母线设备绝缘损坏，如母线、隔离开关、断路器、避雷器、互感器等发生接地或短路故障，使母线或电源进线保护动作跳闸。

4）线路上发生故障，线路保护拒动或断路器拒跳，造成越级跳闸。线路故障时，线路断路器不跳闸，一般由失灵保护动作，使故障线路所在母线上的断路器全部跳闸。没有装失灵保护的，由电源进线后备保护动作跳闸，母线失压。

5）母线保护误动作。

6）高压侧母线失压，可能同时使中、低压侧母线失压。

（2）母线失压的故障表征。

1）报出故障音响信号。

2）母线电压表、失压母线各分路及电源进线的电流表、功率表均指示为零。

3）失压母线上所有的跳闸断路器绿灯闪光（常规电磁继电器控制方式）。微机综合自动化变电站，监控后台机显示失压母线上所有的跳闸断路器闪动，微机保护装置的断路器位置指示"跳闸"灯亮（或闪光）。

（3）母线失压故障的判断。

1）判断依据。判断母线失压故障的主要依据是：保护动作情况和断路器跳闸情况，仪表指示，对站内设备检查的结果，站内有无操作和工作等。

2）判断方法。母线差动保护的范围为母线及连接设备（包括电压互感器、避雷器、各母线侧隔离开关、断路器），即各母线差动保护用电流互感器以内的所有设备。因此，母线差动保护动作使一段母线上的各分路及分段（或母联）断路器跳闸，一般为母线及连接设备故障。

在线路（或设备）发生故障时，保护动作而断路器拒绝跳闸时，失灵保护在较短的时限内跳开故障元件所在母线上的所有断路器及分段（或母联）断路器。失灵保护在同时具备以下两个条件时才能启动：①故障元件保护出口继电器动作以后不返回，断路器没有跳闸；②故障元件的保护范围内仍有故障。

失灵保护动作跳闸使母线失压，一般都为线路（或变压器）故障越级。此时，故障范围比较容易判别，故障元件的保护有信号，断路器仍在合闸位置。

母线及连接设备发生故障时，主控室各表计有强烈的冲击摆动，在故障处可能发生爆炸、冒烟或起火等现象，因此故障一般明显可见。

对于没有安装母线保护和失灵保护的母线，电源主进线保护（一般为后备保护，如变压器过流保护等）动作跳闸，并且联跳分段（或母联）断路器，使母线失压。这种情况下，应根据以下情况进行分析判断：

a. 保护动作情况。若各分路中有保护动作信号，母线及连接设备无明显异常，则可以认为是线路故障越级跳闸；若各分路中没有保护动作信号，则母线及连接设备故障和线路故障越级跳闸的可能性都存在。

b. 检查母线及连接设备上有无故障迹象。

c. 若分路中有保护动作信号，说明是断路器因二次回路或机构原因拒动而越级。如果分路中没有保护动作信号，同时检查站内一次设备无问题，说明是线路故障而保护拒动，造成越级跳闸，此时并不能立即确定是哪条线路上有故障。

保护拒动的判断：①发现断路器位置指示灯不亮；②保护装置指示灯灭；③保护有异常信息报告；④报出"控制回路断线"或交流"电压回路断线"信号。

2. 母线失压故障处理

(1) 母线失压故障的处理原则。

1) 当母线因故失压，首先确定不是由于电压互感器断线或二次快速开关跳开，值班人员应立即拉开失压母线上所有断路器（包括母联断路器），对母线设备进行全面检查，并汇报调度。

2) 经检查母线故障不能运行，有备用母线的应立即倒闸至备用母线上供电。

3) 双母线运行，有一条母线故障造成失压后，值班人员应立即检查母联断路器应在断开位置，然后将所有线路倒换至无故障母线上恢复供电。对 GIS 设备，因不能确定母线故障部位，不能直接用倒母线的方法恢复供电，防止故障扩大。

4) 若母线保护停用，母线失压，经与调度联系后，可按下列办法处理：

a. 单母线运行时，应立即选用外部电源断路器试送一次，试送不成功，倒换至备用母线上送电。

b. 双母运行时，应先断开母联断路器，分别用外部电源断路器试送电。

5) 当母线因母线差动保护动作而失压时，按下列方法处理。

a. 迅速隔离故障点，并拉开母联断路器及两侧隔离开关、故障母线电压互感器二次小开关、电压互感器一次隔离开关。

b. 首先将主变压器断路器恢复在非故障母线上运行。

c. 与调度联系，将跳闸的各分路断路器恢复到非故障母线上运行。

d. 如双母线运行，因母线差动保护有选择性动作，被切除母线上无明显故障，应迅速与调度联系，选用外部电源断路器试送母线一次，应尽量避免用母联断路器试送，有明显故障点时，可将全部进出线倒换至非故障母线上运行。

(2) 母线失压故障处理时的注意事项。

1) 当母线及中性点接地的变压器断路器被切除后，应立即合上另一台不接地变压器的中性点接地开关，同时监视运行主变压器不得长时间过负荷运行。

2) 单母线运行时，需倒换到备用母线供电时，一定要检查备用母线无工作、无地线等。

3) 35kV 母线发生故障时，应首先尽快恢复站用变压器运行。

4) 在恢复各分路断路器送电时，应防止非同期并列。

5.3　断路器绝缘击穿引起母线保护动作

5.3.1　故障简述

1. 故障经过

某日，某 220kV 变电站Ⅰ段母线差动保护动作，Ⅰ段母线上所有断路器均跳开。同时，接于Ⅰ段母线的 220kV 甲线两侧线路保护动作出口，由于重合闸未投入，断路器三跳。

2. 故障前运行方式

系统一次接线图如图 5-3 所示，220kVⅠ、Ⅱ段母线并列运行，220kV 甲线由对侧甲变电站空充线路（线路不带负荷，只有电压，没有电流），本变电站侧断路器热备用。其他 220kV 线路合环运行，1 号、2 号主变压器运行。220kV 甲线线路保护配置为双套光纤差动保护，本站 220kV 母线差动保护亦为双套配置。

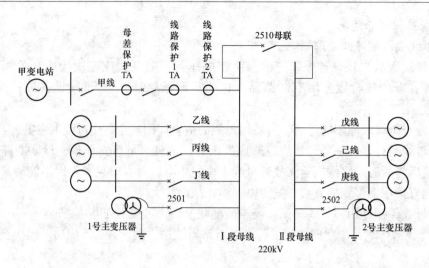

图 5-3　系统一次接线图

5.3.2　故障分析

1. 保护动作情况

调取两侧线路保护动作信息，见表 5-1、表 5-2，两侧线路保护均动作，且故障测距显示故障点在本线路出口处。

表 5-1　　　　　　　　　　　　甲变电站侧甲线保护动作信息

保护名称	动作时间（ms）	动作信息
第一套	5	纵联差动保护动作
	17	距离加速动作
	25	接地距离 I 段动作，故障相别 C 相，测距 0km
第二套	12	纵联差动保护动作
	31	接地距离 I 段动作，故障相别 C 相，测距 0km
	76	距离手合加速出口

表 5-2　　　　　　　　　　　　本侧甲线保护动作信息

保护名称	动作时间（ms）	动作信息
第一套	5	纵联差动保护动作，故障相别 C 相，测距 5.2km
第二套	13	纵联差动保护动作，故障相别 C 相，测距 5.77km

调取甲线保护及 I 段母线保护故障录波如图 5-4、图 5-5 所示。由线路保护故障录波可见，本侧故障波形与对侧故障波形基本同相，属于区内故障特征。从母线差动保护故障录波图可见，甲线电流与 I 段母线上其余各支路电流同相，亦属于区内故障特征。

2. 故障原因分析

甲线保护及母线差动保护都判断为区内故障，按正常判断，该故障应是发生在母线差动电流互感器绕组与线路电流互感器绕组之间，但该变电站 220kV 系统为 GIS 设备。电流互感器的布置如图 5-3 所示，母线差动保护电流互感器在断路器断口的线路侧，线路保护电流互感器在断路器断口的母线侧。此次故障发生时，甲线侧断路器为热备用，如果母线差动电流互感器绕组与线路电流互感器绕组之间发生故障的话，线路与母线差动保护动作行为是否能和本次故障现象一致，做进一步分析如下。

甲线线路保护装置录波图

开关量通道：

a：A跳出口　　b：B跳出口　　c：C跳出口　　d：重合闸出口
e：A相跳闸位置　f：B相跳闸位置　g：C相跳闸位置　h：远跳开入
i：远传开入A　　j：远传开入B

模拟量通道：

I_a=160.00A/格　　I_b=160.00A/格　　I_c=160.00A/格　　$3I_0$=160.00A/格
U_a=100.00V/格　　U_b=100.00V/格　　U_c=100.00V/格　　$3U_0$=100.00V/格
U_x=170.00V/格　　I_a对侧=160.00A/格　I_b对侧=160.00A/格　I_c对侧=160.00A/格

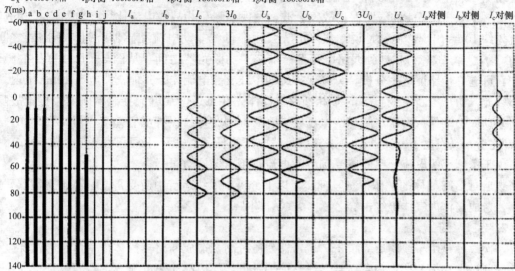

图 5-4　甲线第二套线路保护装置录波图

母差保护装置录波图

模拟量通道：

AI00：U_a=91.00V/格　　AI01：U_b=91.00V/格　　AI02：U_c=91.00V/格

AI06：I_c=56.00A/格　　AI07：I_c=56.00A/格

AI08：I_c=56.00A/格　　AI09：I_c=56.00A/格

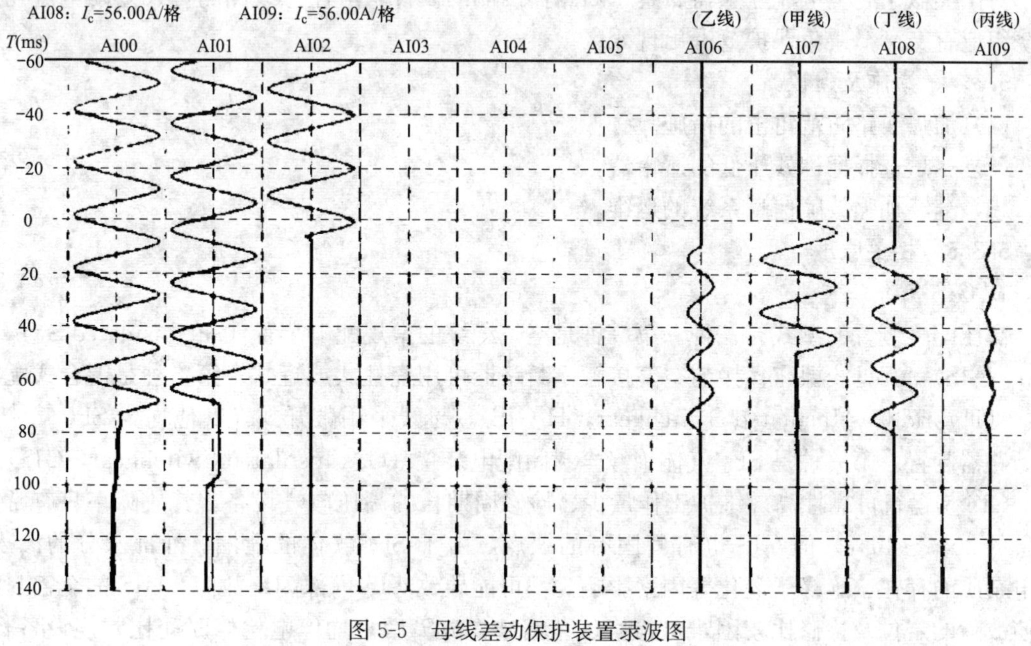

图 5-5　母线差动保护装置录波图

（1）假设1：母线差动电流互感器绕组与断路器之间发生故障。母线差动电流互感器感受到故障电流，甲变电站侧线路电流互感器感受不到电流，这与实际情况，即甲变电站侧线路保护有故障电流现象不符。

（2）假设2：线路电流互感器绕组与断路器之间发生故障。甲变电站侧母线差动电流互感器感受不到故障电流，甲变电站侧线路电流互感器感受到故障电流，这与实际情况．即甲变电站侧母线差动保护有故障电流现象不符。

进一步分析图5-4的线路保护故障录波，发现本侧C相故障电流比甲变电站侧C相故障电流先约10ms出现，也就是说，故障应先发生在母线差动电流互感器绕组与断路器之间，在10ms之后，故障再扩展到线路电流互感器绕组与断路器之间。从图5-5母线保护故障录波中，可进一步印证这一分析，母线保护中的甲线支路电流先于其他支路电流10ms出现。

因此，初步推断甲线GIS的C相断路器筒体先在靠近母线电流互感器侧发生接地故障，线路差动保护动作。由于本侧母线电压并未降低，因此母线保护虽有差流，但并未动作。在10ms之后，又发生了断路器断口击穿，母线电压降低，220kV Ⅰ段母线差动保护动作，另外，由于本侧甲线电流互感器感受到故障电流，距离保护动作。

事后对GIS筒体的解体检查，证实了以上分析，甲线运行中遭受雷击，由于避雷器残压过高，造成筒体内气体绝缘击穿。

3. 故障原因

本次故障是由于线路遭受雷击，避雷器残压过高，造成断路器筒体内气体绝缘击穿发生断路器断口击穿加上接地短路所致，线路保护及母线保护都动作正确。

5.3.3 经验教训

本次故障分析中故障录波起了重要作用，通过对线路及母线保护装置录波的综合分析，经过推理判断，准确推断出故障点，给故障处理提供了很好的参考，从而使得故障得以尽早处理。应高度重视故障信息系统的运维，确保故障发生时能及时调取故障波形。

对于类似于此类电流互感器布置于断路器两侧的设计，应注意线路与母线差动电流互感器绕组应有交叉，避免保护范围出现死区。

5.3.4 措施及建议

（1）加强线路防范雷击的措施。

（2）尽量选择标称残压低的避雷器。

（3）继续加强故障信息系统的运维。

5.3.5 相关原理

1. GIS简介

高压配电装置的型式有三种。第一种是空气绝缘的常规配电装置（Air Insulated Switchgear，AIS），其母线裸露直接与空气接触，断路器可用瓷柱式或罐式。第二种是混合式配电装置（Hybrid-Gas Insulated Switchgear，H-GIS），母线采用敞开式，其他均为SF_6气体绝缘断路器装置。第三种是SF_6气体绝缘全封闭配电装置（Gas Insulated Switchgear，GIS）。

GIS是运行可靠性高、维护工作量少、检修周期长的高压电气设备，其故障率只有常规设备的20%～40%。但GIS也有其固有的缺点，由于SF_6气体的泄漏、外部水分的渗入、导电杂质的存在、绝缘子老化等因素影响，都可能导致GIS内部闪络故障。GIS的全密封结构使故障的定位及检修比较困难，检修工艺繁杂，故障后平均停电检修时间比常规设备长，其停电范围大，常涉及非故障元件。

GIS 设备的内部闪络故障通常发生在安装或大修后投入运行的一年内，根据统计资料，第一年设备运行的故障率为 0.53 次/间隔，第二年则下降到 0.06 次/间隔，以后趋于平稳。根据运行经验，隔离开关和盆型绝缘子的故障率最高，分别为 30％及 26.6％，母线故障率为 15％，电压互感器故障率为 11.66％，断路器故障率为 10％，其他元件故障率为 6.74％。因此在运行的第一年里，运行人员要加强日常的巡视检查工作，特别是对隔离开关的巡视，在巡查中主要留意 SF_6 气体压力的变化，是否有异常的声音（音质特性的变化、持续时间的差异）、发热和异常气味、生锈等现象。如果 GIS 有异常情况，必须及时对有怀疑的设备进行检测。

2. 电流互感器二次绕组的排列

电流互感器二次绕组的主要用途有保护、测量、计量。对于不同电压等级、不同接线方式及保护配置，电流互感器二次绕组除了个数不一样，在排列次序上也有一定的要求，其主要目的就是为了消除保护的死区及在电流互感器内部发生故障时，使波及的设备被迫停电的范围最小化。

电流互感器二次绕组排列如图 5-6 所示，虚线框内为线路或主变压器电流互感器的内部结构示意图。

（1）以 220kV 线路电流互感器为例，一般的配置顺序为：①主保护Ⅰ；②主保护Ⅱ、断路器保护；③母线差动保护Ⅰ；④母线差动保护Ⅱ；⑤测量；⑥计量。

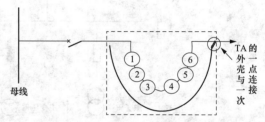

图 5-6　电流互感器二次绕组排列示意图

（2）根据相关规程和措施要求：线路保护必须与母线差动保护有交叉，防止电流互感器内部故障时出现保护死区或者在一套保护退出后出现保护死区。配置顺序为：①主保护Ⅰ；②母线差动保护Ⅰ；③母线差动保护Ⅱ；④主保护Ⅱ、断路器保护；⑤测量；⑥计量。

（3）在电流互感器内部故障时，除了保护正确动作隔离故障外，还应使保护动作尽量缩小停电范围。配置顺序为：①主保护Ⅰ；②主保护Ⅱ、断路器保护；③测量；④计量；⑤母线差动保护Ⅰ；⑥母线差动保护Ⅱ。

对于电流互感器顶部金属外壳，如果没有接入一次回路进行串并联而悬空的话，将会产生悬浮电压，有可能产生过电压对电流互感器二次绕组放电造成故障，所以必须将外壳金属部分与一次进行一点连接。现场一般都选在靠线路侧见图 5-6，若外壳绝缘部位发生闪络金属部位对地放电，则是线路保护动作而不是母线差动保护动作，这样停电范围仅是该线路；若选靠断路器侧，就是母线差动动作，使故障范围扩大。

5.4　母线短路引起全所失电

5.4.1　故障简述

1. 故障经过

某日晚，某 220kV 变电站 110kV 室外配电装置内突然出现耀眼的弧光并伴随着"噼噼啪啪"的响声，运行人员一边监视仪表指示动态和有无异常信号，并派工作人员下楼查看情况。接查看人员通知"拉开 111",值班长当即下令手动(远方)操作断开"111"断路器,但断路器没有反应。于是先行"解除总闭锁"而后再次操作断开"111"断路器,然而断路器依然没有反应。随后,"111"保护报"振荡闭锁动作""直流电源消失"预告信号,110kV母线差动保护报"110kV 母线差动保护交流回路断线""110kV 母线差动保护直流电源消失"。110kV 母联断路器跳闸,2 号主变压器三侧断路器也相继跳闸,有"掉牌未复归""重瓦斯动作"预告信号和 2 号主变压器 110kV 侧复合电压闭锁过流保护动作"跳母联 110""2号主变压器重瓦斯动作"信号掉牌,全站失电。

2. 故障前的运行方式

故障前运行方式如图 5-7 所示。两台主变压器,220kV 侧与系统连接,1 号主变压器停运,2 号主变压器单独运行,其 110kV 侧经线端调压变压器接至 110kVⅠ母,再通过母联断路器 110 带 110kVⅡ段母线。其中,110kV 111 出线接在Ⅱ段母线;35kV 侧为单母分段,有一小火电厂接入。

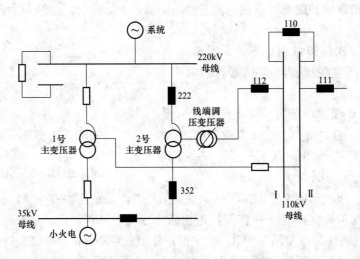

图 5-7　故障前运行方式示意图

□ 断路器断开状态;　■ 断路器闭合状态

5.4.2　故障分析

1. 现场检查情况

查看"111"间隔现场,A 相断路器线路侧防雨帽向上方向烧穿三个洞,防雨帽下断路器顶帽中央有一个大洞,A 相电流互感器膨胀器上盖边缘烧穿多个洞,A 相断路器与电流互感器间靠近电流互感器一侧的联结导线烧去约 30cm,靠断路器一侧上部位表层导线被烧掉约 6cm,高层 B 相线向下部位表层导线烧断 14 股。下部设备上的 A 相与高处 B 相母线之间曾发生过弧光短路,B、C 相母线之间有明显的放电痕迹。

查看位于电流互感器一侧的 SL-12 型设备线夹烧损的情况。最初出现的弧光是从这里开始的,线夹端部已烧去约 2.5cm,其残部和钢芯铝绞线、钢质连接片烧结在一起,连接片的压紧螺母均紧固,弹簧垫被压平,连接片与线夹之间已无缝隙,连接片本身变形。对唯一能够拆开的连接片观察发现导线最外层与线夹、连接片接触之处均有粘连的痕迹,明显是接触不良,致使长期发热。

　　2 号主变压器取油样进行气相色谱分析，确认主变压器本体内有电弧性放电。对变压器进行常规试验时发现，A 相公共绕组已断线。后在返厂检修时又发现 A、B、C 三相公共绕组严重变形，A 相公共绕组最下部靠近引出线端有四个线饼导线被烧断。

　　2. 故障原因

　　(1) 设备线夹与导线接触不好，负荷电流通过时发热，最终导致连接导线在线夹根部被烧断，引发负荷电流电弧。设备线夹靠螺栓的压力夹紧导线，其电气接触性能与安装的质量关系很大。由于长期通过电流和外部短路的冲击，再加上螺栓、连接片和线夹的膨胀系数各不相同，逐渐使接触面的压力减小，接触电阻增大，加速了接触面的氧化，从而又进一步增加了接触电阻，形成恶性循环，导致线夹的温度不断升高，最终使线夹根部的导线烧断。由于当时约有 130A 的负荷电流，出现扯弧现象。因为电弧的高温使两端电极过热而熔融蒸发，因而使连接导线越烧越短，电弧则越扯越长，最后终因弧隙去游离作用增强，负荷电流扯弧出现的电弧熄灭，A 相负荷电流中断而呈非全相运行状态。

　　(2) 负荷电流电弧熄灭后重燃而呈现非全相运行状态时，若能及时断开 111 线路，运行上仍会正常。但是连接导线在电弧熄灭后，由于下端失去牵制而使其尾部上翘反弹，造成与电流互感器顶端膨胀器边缘的电气距离减小，引起击穿，引发相电流电弧二次重燃，A 相电流恢复，非全相状态消失。由于此时 A 相电流直接通过电流互感器的 L2 端流出（该型互感器 L2 端子和顶帽之间有电气联系），所以仅 B、C 相二次电流正常，相当于 A 相电流互感器二次断线。本站使用的母线差动保护，为防止外部故障时误动设有电流断线闭锁回路，如在预定时间内断线未消除，母线差动保护将被闭锁，所以故障发生时母线差动保护已被闭锁。

　　(3) 由电弧高温产生的烟雾状金属蒸气浓度不断增大，在 110kV 电场的作用下，上行流注（所谓流注是指等离子通道）不断发展，最后形成导电通道，"111" 线 A 相出线端与正上方 B 相母线间 6.8m 的长间隙被击穿，造成 110kV 母线故障。正常情况下，110kV 半高层布置中，高层母线与下面设备间 6.8m 的距离是绝对安全的。但处在母线正下方的 "111" 线 A 相负荷电流电弧长时间点燃时，电弧产生的高温在 2～3min 的时间内就使长 32cm 重约 0.25kg 的钢芯铝绞线熔融蒸发，产生大量的金属蒸气向周围扩散或残渣散落，带电质点不断积累，相间电导逐渐增大，弱电场相对增强，电子在电场力的作用下出现位移，并进一步得到加速，产生电子崩过程，形成流注。因为靠近断路器顶帽（电场的一极）处金属蒸气的浓度大，所以流注形成后上行发展，不断向着高处 B 相母线方向伸长，当先导通道接近 B 相母线时，在很短的间隙中出现极高的场强，引起强烈的游离过程，使电导迅速增大，使金属蒸气导电通道接通上下两相，造成 A、B 相间弧光短路，后来又波及 C 相，最终形成三相弧光短路。

5.4.3　经验教训

　　(1) 运行人员的业务技能水平较低，设备巡视不到位，温度监测不能按期进行，使应该早发现的局部过热未能发现；数次操作断开 111 线断路器失败后无法解决问题，使故障电源不能及时断开，导致异常运行状态演变成故障。

　　(2) 本站新装微机防误闭锁装置完工后，未经认真检查验收和做好培训工作就正式投入运行，使一些技术上的不足之处成为隐患祸根。例如，导致 "解除总闭锁" 失败的原因是直流电源 "＋" 极熔断器熔断，但熔断的具体时间不清楚，也没有及时发出告警信号，这属于装置本身电源监视不完善的问题。另外，在安装过程中将单元解锁开关装在屏后，而未装在控制把手旁边，导致在故障发生时，因为运行人员精神高度紧张，没有意识到可以去屏后进行单元解锁，仍按常规操作导致操作失败。

（3）设计部门在设计上断路器和电流互感器的安装高度差过大，在断路器一侧又采用 0°线夹，使得连接导线近似于"S"形，正常时就处于应力作用下，一旦当其下端失去固定点时就会出现反弹。若使两者接近等高，则连接导线比较平直，就不会造成反弹。

（4）故障录波器的运行管理不严格，故障时不能提供准确及时的故障录波。

5.4.4　措施及建议

（1）加强对运行人员的技能培训，在做好保证人身安全的同时，要认真落实保证设备的安全管理，要认真吸取故障教训。

（2）微机防误闭锁装置电源监视增加预告信号，单元解锁开关改装在控制把手旁。

（3）由于出线断路器和电流互感器两者高度差已无法调整，将断路器处的 0°线夹改换为 30°线夹并进行反装，使连接导线的 S 形变为斜直形。

（4）加强故障录波器的运行管理。

（5）110kV 母线差动保护断线闭锁回路需要改进。在故障过程中，由于电流互感器二次回路断线，导致电流互感器回路断线闭锁装置动作并闭锁母线差动保护，在发生母线短路故障时，只能靠主变压器的远后备保护来切除故障，导致切除故障时限太长。

5.4.5　相关原理

1. 母线差动保护中的大差和小差

（1）母线大差是指除母联断路器和分段断路器外所有支路电流所构成的差动回路。母线小差是指该段母线上所连接的所有支路（包括母联和分段断路器）电流所构成的差动回路。

（2）双母线的母线差动保护中，大差作为启动元件，判断是区内还是区外故障；小差做为选择元件，判断故障在哪一条母线上。

（3）母线差动保护中大差和小差动作的区别。

1）小差动作：第一时限跳开母联断路器，再跳开与故障设备在同一母线上的所有断路器。

2）大差动作：同一时限跳开所有断路器，不区分设备在哪一母线。

正常双母线运行情况下，投入小差，保证能有选择性。在倒母线的过程中，才把母线差动设为大差，防止操作并列隔离开关时的环流引起保护误动。

（4）大差更多的是起到一个启动元件的作用，关键还是小差来选择故障母线，进而动作。如果仅有大差动作而小差没动，保护本身就没有选择性，经延时跳开所有母线上的连接元件。微机母线保护中小差和大差总是一起的，在一条母线内部故障时总是大差和该条母线的小差保护都动作才构成跳闸的必要和充分条件。

（5）对于保护范围来说，大差是无选择性的，保护范围是两条母线。小差是有选择性的，即可以判断是哪条母线故障。大差保护范围是故障母线上的所有断路器和母联断路器，小差保护范围是一条母线和母联断路器电流互感器之间的区域。

2. 母线电流的特征

（1）在正常运行以及母线范围以外故障时，在母线上所有连接元件中，流入的电流和流出的电流相等。

（2）当母线上发生故障时，所有与母线连接的元件都向故障点供给短路电流或流出残留的负荷电流。

（3）从每个连接元件中电流的相位来看，在正常运行及外部故障时，至少有一个元件中的电流相位和其余元件中的电流相位是相反的。

3. 电流互感器饱和检测元件

为防止母线差动保护在母线近端发生区外故障时，由于电流互感器严重饱和出现差电流的情况下误动作，根据电流互感器饱和发生的机理，以及电流互感器饱和后二次电流波形的特点设置电流互感器饱和检测元件，用来判别差电流的产生是否由于区外故障导致电流互感器饱和引起，如果是则闭锁差动保护出口，否则开放保护出口。

（1）电流互感器饱和检测元件一。采用新型的自适应阻抗加权抗饱和方法，即利用电压工频变化量启动元件自适应地开放加权算法。当发生母线区内故障时，工频变化量差动元件、工频变化量阻抗元件、工频变化量电压元件基本同时动作；而发生母线区外故障时，由于故障起始电流互感器尚未进入饱和，工频变化量差动元件和工频变化量阻抗元件的动作滞后于工频变化量电压元件。利用工频变化量差动元件、工频变化量阻抗元件与工频变化量电压元件动作的相对时序关系的特点，就能得出抗电流互感器饱和的自适应阻抗加权判据。由于此判据充分利用了区外故障发生电流互感器饱和时差流不同于区内故障时差流的特点，具有极强的抗电流互感器饱和能力，而且区内故障和一般转换性故障（故障由母线区外转至区内）时的动作速度很快。

（2）电流互感器饱和检测元件二。由谐波制动原理构成的电流互感器饱和检测元件。这种原理利用了电流互感器饱和时，差流波形的畸变和每周波存在线性传变区等特点，根据差流中谐波分量的波形特征检测电流互感器是否发生饱和。以此原理实现的电流互感器饱和检测元件同样具有很强的抗电流互感器饱和能力，而且在区外故障电流互感器饱和后发生同名相转换性故障的极端情况下仍能快速切除母线故障。

（3）电流互感器饱和检测元件三。该饱和检测元件可以称之为自适应全波暂态监视器。该监视器判别区内故障及区外故障发生电流互感器饱和情况下，故障分量差电流元件 ΔI_d 与故障分量和电流元件 ΔI_r 的动作时序不同，以及利用电流互感器饱和时差电流波形畸变和每周波都存在线性传变区等特点，可以准确检测出饱和发生的时刻，具有极强的抗电流互感器饱和能力。

5.5 母线失压故障

5.5.1 故障简述

1. 故障经过

某变电站扩建工程中，将 220kV 母线（原为双母线）改为双母线单分段。工程结束后，按调度指令将 220kVⅢ 段母线经 2520 断路器加入运行，操作完毕后调度许可进行 220kV 母线恢复正常运行方式的操作。运行人员将线路 3 由 220kVⅠ 段母线倒闸至 220kVⅢ 段母线运行正常后，再将线路 5 由 220kVⅡ 段母线倒闸至 220kVⅢ 段母线运行。运行人员遥控操作合上线路 5 的Ⅲ 段母线隔离开关，然后遥控拉开线路 5 的Ⅱ 段母线隔离开关，线路 5 的Ⅱ 段母线隔离开关在分闸过程中，母联 2510 过流保护动作（零序过流Ⅰ 段动作），2510 断路器跳闸，线路5的Ⅱ段母线隔离开关三相动、静触头间产生电弧，继而转换发展为A、B相相间短路。母线差动保护动作，220kV母线失压。

2. 故障前运行方式

故障前的运行方式为：线路1~4运行于220kVⅠ段母线，线路5、1号主变压器运行于220kVⅡ段母线，2510断路器运行，220kVⅢ段母线备用，2520、2530断路器解备（解备是指拉开断路器的两侧隔离开关）。如图5-8所示。

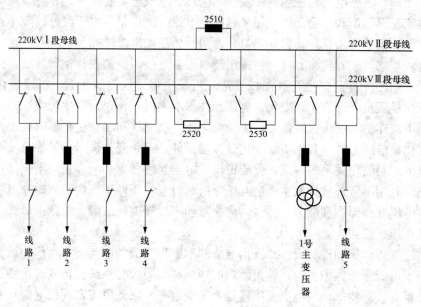

图5-8　故障前运行方式

▭ 断路器断开状态；　■ 断路器闭合状态

5.5.2　故障分析

运行人员将线路3由220kVⅠ段母线倒闸至220kVⅢ段母线时，退出了母联2520的保护和跳闸连接片（或操作电源），而在进行线路5由220kVⅡ段母线倒闸至220kVⅢ段母线运行的操作时，未退出母联2510保护（过流保护：Ⅰ段零序0.1A，$t=0.1$s）和跳闸连接片（或操作电源）。在线路5断路器双跨（断路器双跨：指该断路器与两条母线都有连接），拉开线路5Ⅱ段母线隔离开关时，由于隔离开关本身三相不同步产生零序电流，Ⅱ、Ⅲ段母线存在压差，线路5所带负荷突然由Ⅱ段母线转到Ⅲ段母线，流经2510断路器的零序电流超过母联保护整定值，2510断路器跳闸。而此时线路5的Ⅱ段母线隔离开关仍在分闸过程中，电位差在隔离开关口产生电弧，发展成相间弧光短路，使得母线差动保护动作，母线失压。

由此可见，在进行线路5由220kVⅡ段母线倒闸至220kVⅢ段母线运行的操作时，未退出母联2510保护和跳闸连接片（或操作电源）是此次故障的主要原因。此时，母联2520保护和跳闸连接片也应退出，因为Ⅲ段母线与Ⅰ段母线此时可以看成一条母线。

在双母线单分段倒母线时，当倒闸操作某分段母线上的元件时，应将分段母线与另一母线相连的母联断路器投入运行，并退出母联的保护和跳闸连接片（或操作电源）。而在进行线路 5 由 220kV Ⅱ 段母线倒闸至 220kV Ⅲ 段母线运行的操作时，没有将 2530 断路器转为运行，也没有退出保护和跳闸连接片（或操作电源），致使在发生故障时，造成 220kV 所有母线失压。运行人员对此种运行方式的不了解和调度命令不清楚是此次故障的重要原因。

5.5.3　经验教训

在倒母线过程中，母联（或分段）断路器跳闸的危害极大，因此，退出相应母联保护和跳闸连接片是最有效的预防措施；或退出操作电源，退出操作电源是最可靠措施。

5.5.4　措施及建议

（1）此次故障教训深刻，体现了变电运行人员在特殊运行方式下操作的复杂性，一旦操作不正确，将造成相当大的危害。

（2）对运行人员加强技能培训，提高运行人员的理论水平。运行人员不仅要掌握操作方法，还要真正地理解操作原则，才能运用自如。

（3）将操作流程规范化、细致化，编制相应的操作规范。

5.5.5　相关原理

在变电站不同母线接线方式进行特殊操作时，同样存在此类风险。

（1）在双母线接线方式中，在进行倒母线操作时，应退出相应母联的保护和跳闸连接片（或操作电源），使该母联断路器两侧隔离开关所跨两条母线为死连接，防止在合、拉隔离开关时断路器跳闸，造成隔离开关动、静触头间存在电位差，更为严重的可能带负荷拉、合隔离开关。

（2）在单母线分段带旁路母线接线方式中，如图 5-9 所示，线路 1 的断路器同时带线路 1、2 时，操作顺序是：

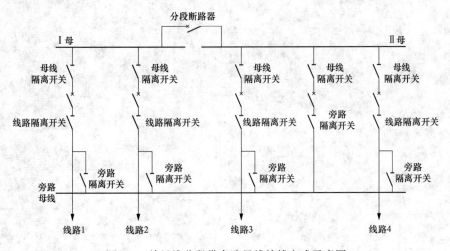

图 5-9　单母线分段带旁路母线接线方式示意图

1）对旁路母线充电正常后，旁路断路器解备；

2）合上线路 1 旁路隔离开关；

3）断开线路 1、线路 2 断路器的操作电源；

4）合上线路 2 旁路隔离开关；

5）合上线路1、线路2断路器的操作电源；

6）断开线路2断路器并解备。

在操作第4）项前，必须先操作第3）项断开线路1、线路2断路器的操作电源，防止在合上线路2旁路隔离开关时，若线路1、线路2断路器任一个跳闸，可以通过旁路母线、线路2旁路隔离开关对跳闸线路送电。

第6章 二次回路故障

二次回路（secondary circuit）是由二次设备互相连接，构成对一次设备进行监测、控制、调节和保护的电气回路。包括测量回路、继电保护回路、断路器控制及信号回路、操作电源回路、断路器和隔离开关的电气闭锁回路等全部低压回路。用以控制、保护、调节、测量和监视一次回路中各参数和各元件的工作状况。

二次回路虽非输变电设备主体，但却对一次设备进行着监测、控制、调节和保护，它在保证电力生产的安全、向用户提供合格的电能等方面起着极其重要的作用。二次回路的正确与否对继电保护装置的正确动作有着非常重要的意义，必须加以足够的重视。在二次回路相关工作中，一点细微的疏忽就可能会造成非常严重的后果。二次回路的故障将严重影响电力系统的正常运行，若变压器差动保护的二次回路接线有误，在变压器的负荷较大或发生穿越性相间短路时，就可能发生误跳闸；若断路器的控制回路和线路保护接线错误，一旦系统发生故障，则可能会引起断路器误动或拒动，造成设备损失甚至电力系统故障。

6.1 手分断路器引起备用电源自动投入装置误动

6.1.1 故障简述

1. 故障前运行方式

故障前运行方式如图 6-1 所示。783 线运行对 110kV Ⅱ 段母线、2 号主变压器供电，784 线对 110kV Ⅰ 段母线（空母线）充电，110kV 母联 710 断路器冷备用。

2. 故障经过

784 线对 110kV Ⅰ 段母线（空母线）充电完毕，784 线路断路器由运行转冷备用，操作人员在手分 784 断路器后，进线备用电源自动投入装置动作。

6.1.2 故障分析

1. 备用电源自动投入装置开关量检查分析

手分断路器时，应闭锁备用电源自动投入装置，检查现场实际接线、图纸，均显示手跳闭锁已接入备用电源自动投入装置闭锁回路。当手动合 784 断路器时，对应的位置信号 KKJ（合后继电器）变为 1，开入备用电源自动投入装置，但是当手动分 784 断路器时，虽然 KCF（防止断路

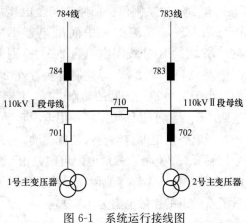

图 6-1 系统运行接线图
□—断路器断开状态；■—断路器闭合状态

器跳跃闭锁继电器）和跳闸线圈动作，断路器跳开，但合后继电器（扩展中间继电器 KM）未返回，备用电源自动投入装置的开入量 KKJ 仍为 1，装置未能判别出手跳，备自投误动。

2. 控制回路检查分析

784 断路器控制回路如图 6-2 所示，现场用扩展中间继电器 KM 的触点，开入备用电源自动投入装置，作为手分开入。

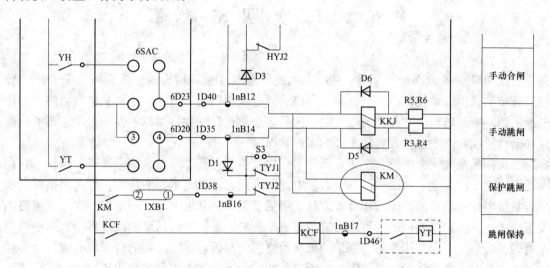

图 6-2　784 断路器控制回路图

YH—遥控合闸；HYJ2—合闸压力闭锁继电器触点 2；YH—遥控跳闸；TYJ1—跳闸压力闭锁继电器触点 1；
TYJ2—跳闸压力闭锁继电器触点 2

手动分开断路器时，KCF 和跳闸线圈应动作，KKJ 应返回。KCF 的动作线圈为电流型线圈，相关规程及措施要求 KCF 的动作电流应小于断路器跳闸电流的一半，现场实测跳闸线圈的电阻为 287.9Ω，因此跳闸电流为 217.7V/287.9Ω = 0.76A（现场直流电压为217.7V），保护厂家为了保证安全裕度，KCF 的实际启动电流为 0.15A。

在手分断路器时，控制开关的 3-4 触点接通，现场测量到 206.9Ω 的接触电阻。计算跳闸回路的电流为：217.7/(206.9+287.9) = 0.44(A)＞0.15(A)。因此 KCF 可以动作，KCF 动作后通过跳闸保持回路，将全电压加至 KCF 的电流线圈和跳闸线圈，因此断路器可以分闸。现场实测扩展中间继电器 KM 的返回线圈动作电压为 132V，线圈电阻为275Ω。并联的 KKJ 线圈电阻为 24kΩ。则 KM 线圈分得的电压为：217.7V×275/(275+206.9) = 124V＜132V，即控制开关存在 206.9Ω 接触电阻的情况下，导致 KM 线圈上电压降低，小于 KM 返回线圈的动作电压，KM 不返回。由于 KM 为双位置磁保持继电器，KM不返回，仍保持动作状态，备用电源自动投入装置的开入量 KKJ＝1，装置未判别到手跳状态，所以备用电源自动投入装置误动。

控制开关 3-4 触点接触电阻可能是由于触点表面氧化，形成表面的氧化膜，或控制开关3-4 触点接触压力不够等原因，导致存在接触电阻。将 784 断路器的控制开关更换后，实际测量了新触点的接触电阻为 1.0Ω。

3. 故障原因

由于控制开关触点存在接触电阻造成分压，使得加于扩展中间继电器 KM 上的电压低于动作电压，合后继电器不能返回，备自投装置未收到手分开入信号，在手分断路器时没能实现闭锁而误动作。

6.1.3　经验教训

相关二次回路控制开关的日常检修与维护不到位，常规检修过于注重保护装置本身，而对同等重要的二次回路重视程度不够，造成二次回路缺陷未能及时得到消除，埋下安全隐患。

6.1.4　措施及建议

（1）保护装置定期检修时，不仅要对保护装置进行校验，也需对二次回路进行检测，对相关控制开关的接触电阻、控制回路电阻、继电器动作电压与电流值等都进行检测，以确保跳闸回路正确。

（2）对超过年限的控制开关及时进行更换，确保触点接触良好。

6.1.5　相关原理

1. 备用电源自动投入装置基本要求

（1）备用电源自动投入装置必须在失去工作电源、且备用电源正常有电时投入。当备用电源不满足电压条件时，备用电源自动投入装置不应动作，应立即放电。同时能发出备用电源线路电压互感器断线信号，备用电源瞬间失压，应能延时一定时间不放电。

（2）工作电源或工作设备，无论任何原因造成电压消失，备用电源自动投入装置均应动作，包括由于运行人员的误操作造成的失压，使备用电源自动投入装置工作，保证不间断供电。

（3）工作电源的母线失压时，必须进行工作电源无电流检查，才能启动备用电源自动投入装置，以防止电压互感器二次电压断线造成失压，引起备用电源自动投入装置误动。工作电源的母线暂时失压又恢复，备用电源自动投入装置其充电时间应清零后，再重新计时充电。

（4）工作电源确实断开后，备用电源才允许投入。工作电源失压后，无论其进线断路器是否断开，即使已经测量其进线电流为零，还是要先断开断路器，并确认该断路器位置确已断开后，才能投入备用电源。这是为了防止将备用电源投入到故障元件上，扩大故障，加重设备损坏程度。例如，一旦工作电源故障使保护拒动，但其故障被上一级后备保护切除，此时备用电源自动投入装置动作后使备用电源合于故障的工作电源，将会扩大故障。

（5）备用电源自动投入前，切除工作电源的断路器必须延时。经延时切除工作电源进线断路器，是为了躲过工作母线引出线故障造成的母线电压下降。此延时时限应大于最长的外部故障切除时间。同时，备用电源自动投入装置的动作时间，以负荷的停电时间尽可能短为原则。从工作母线失去电压到备用电源自动投入为止，中间有一段停电时间，这段时间短，对用户电动机自启动是有利的。运行实践证明，备用电源自动投入装置的动作时间以 $1\sim1.5\mathrm{s}$ 为宜。

（6）手动断开工作电源时，备用电源自动投入装置不应该动作。工作电源进线断路器就地手合或远方遥控合闸后，其操作回路输出的触点闭合，作为备用电源自动投入装置的输入，使装置充电。在保护动作断开断路器时，触点仍闭合，不会变位。在就地手动或远方遥控断开断路器时，触点断开，备用电源自动投入装置立即放电，从而自动退出。

（7）备用电源自动投入装置应具有闭锁的功能。每套备用电源自动投入装置均应设置闭锁备用电源自动投入装置的逻辑回路，以防止备用电源投到故障的元件上，造成故障的扩大。

（8）备用电源自动投入装置只允许动作一次。当工作电源失压，备用电源自动投入装置动作后，若继电保护装置再次动作，又将备用电源断开，说明可能存在永久故障。因此，不允许再次投入备用电源，以免多次投入到故障元件上，对系统造成不必要的冲击和引发更严重的故障。

（9）备用电源自动投入装置只有在充电条件满足后，才可能启动或动作，并完成全部准备工作。备用电源自动投入装置放电后就不会发生第二次动作。

2. 备用电源自动投入装置充电逻辑

以图 6-1 所示系统运行方式为例。

充电条件（逻辑"与"）：784 断路器合位、783 断路器合位、分段 710 断路器分位、Ⅰ、Ⅱ 段母线有压，上述条件均满足，经 15s 备自投充电完成。

3. 备自投闭锁（放电）逻辑

以图 6-1 所示系统运行方式为例。

放电条件（逻辑"或"）：分段 710 断路器合位、Ⅰ、Ⅱ 段母线无压、有外部闭锁信号、手分 784 断路器或 783 断路器（合后位置返回，KKJ＝0）、控制回路断线、弹簧未储能、784（或 783 或 710）断路器 KTP 异常。上述条件任何一个满足，备自投放电，闭锁备自投。

6.2　SF₆ 气压低引起断路器误动

6.2.1　故障简述

1. 故障前运行方式

故障发生前，776 线运行于 110kVⅠ段母线、787 线热备用于 110kVⅡ段母线，110kV 母联断路器合闸，2 台主变压器并列运行。如图 6-3 所示。

2. 故障经过

110kV 776 线断路器 C 相防爆膜爆裂，断路器跳闸，110kV 备用电源自动投入装置动作，合 787 线断路器。

6.2.2　故障分析

1. 保护动作信息

故障发生后，查看监控系统收到的动作信息，见表 6-1。

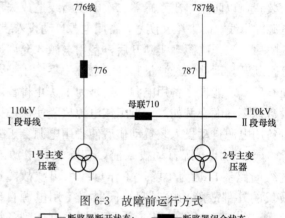

图 6-3　故障前运行方式
▭ 断路器断开状态；■ 断路器闭合状态

表 6-1　　　　　　　　　　监控系统动作信息

序号	动作时间	动作信息
1	14：49：39.049	776 线断路器 SF₆ 气体报警动作
2	14：50：04.901	776 线断路器分闸位置
3	14：50：05.245	备自投动作
4	14：50：05.051	787 线断路器合闸成功（备自投成功）

2. 故障录波分析

调取故障录波图形，如图 6-4 所示。由录波可见，母线失压，776 线无流（录波图中 I_2），断路器分位，备投线路有压（录波图中 U_{L2}），满足备用电源自动投入装置动作条件，经 400ms 后备用电源自动投入装置动作，合上 787 线断路器合闸，备用电源自动投入。

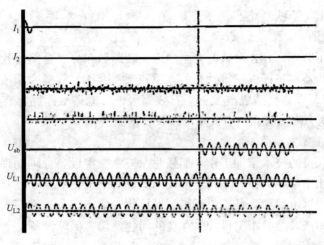

图 6-4　故障录波图

3. 动作原因分析

由于 110kV 776 线断路器 C 相防爆膜爆裂，SF₆ 气体溢出导致压力降低引发断路器自动跳闸。图 6-5 所示的断路器跳闸回路图中，当 SF₆ 压力降低时，63G 触点闭合，K1 继电器（SF₆ 压力继电器）动作，跳闸回路中 K1 触点闭合（K1 触点 1 与 2 导通），分闸回路导通导致断路器跳闸。

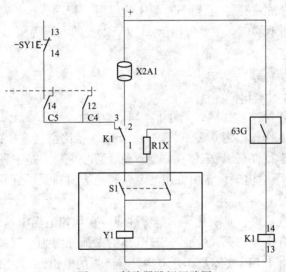

图 6-5　断路器跳闸回路图

由于各段母线无专用电压互感器，其电压采自相应线路电压互感器，线路电压互感器电压又经过对应的线路断路器位置辅助触点转换为母线电压，因此当 776 线断路器分位时，虽然线路电压仍然存在，但由于串接的断路器位置触点分开，Ⅰ段母线二次电压也随之消失，母线失压条件满足，备用电源自动投入装置正确动作，合上 787 线断路器。

4. 故障原因

本次故障是由于在跳闸回路设计中，误将 SF₆ 压力低触点接入跳闸回路，当 776 线断路器 C 相 SF₆ 压力降低时，压力降低触点闭合使跳闸回路导通，导致 776 线断路器无故障跳闸，备自投动作合上 787 线断路器。

6.2.3　经验教训

二次回路设计不合理，存在严重的安全隐患。断路器在分、合闸过程中会产生电弧，电弧的熄灭除了跟断路器本身灭弧室设计有关，还和灭弧介质、灭弧介质密度和断路器分闸速度相关。SF_6压力降低，将会造成电弧不能有效熄灭，可能造成断路器在分、合闸时发生爆炸。因此，在 SF_6压力降低时，应有效闭锁跳、合闸回路。

6.2.4　措施及建议

（1）重视设计人员的技术培训工作，加强对保护及一次设备原理的理解，加强对施工图纸的设计审核，防止由于回路设计不当而造成的严重安全隐患。

（2）调试期间，继电保护人员不仅要了解保护装置的原理，也需深入了解相关控制回路的原理，仔细审核图纸，及时指出设计中存在的问题，切实保障设备安全稳定运行。

6.2.5　相关原理

1. SF_6断路器

SF_6断路器是利用 SF_6气体作为灭弧介质和绝缘介质的一种断路器。SF_6用作断路器中灭弧介质始于 20 世纪 50 年代初。由于这种气体的优异特性，使这种断路器单断口（断口即灭弧室）在电压和电流参数方面大大高于压缩空气断路器和少油断路器，并且不需要高的气压和相当多的串联断口数。在 20 世纪 60～70 年代，SF_6断路器已广泛用于超高压大容量电力系统中。80 年代初已研制成功 363kV 单断口、550kV 双断口和额定开断电流达 80、100kA 的 SF_6断路器。由于其价格较高，且对 SF_6气体的应用、管理、运行都有较高要求，故在中压（35、10kV）应用还不够广，主要应用于 110kV 以上的电压等级。

2. SF_6气体

SF_6气体是由两位法国化学家于 1900 年合成的，具有优良的灭弧和绝缘性能，SF_6断路器的优良性能就得益于 SF_6气体。

（1）SF_6气体的物理特性。在标准条件下，SF_6为无色、无味、无毒的气体，难溶于水和油，容易液化，SF_6的工作压力为 0.2～0.7MPa。SF_6气体比空气重，有向低处积聚的倾向。

（2）SF_6气体的化学特性。SF_6气体在常温（低于 500℃）下是一种化学性能非常稳定的惰性气体。在通常条件下对电气设备中常用的金属和绝缘材料是不起化学作用的，它不侵蚀与它接触的物质。

（3）SF_6气体的电气特性。具有优异的绝缘性能，在均匀电场中，SF_6气体的绝缘强度为空气的 2.5～3 倍；具有优异的灭弧性能，SF_6气体的灭弧能力为空气的 100 倍，开断能力为空气的 2～3 倍。这是由于 SF_6气体及其分解物具有极强的电负性，它不仅具有优良的绝缘特性，还具有独特的热特性和电特性。电流过零前的截流小，能避免产生较高的过电压。由于 SF_6的介电强度高，因此，与相同电压等级及开断电流相近的断路器相比，SF_6断路器的串联断口数要少，例如我国研制的 LR-220 型 SF_6断路器，单断口电压为 220kV，又例如 500kV 的少油断路器为 6～8 个断口，而 SF_6断路器只有 3～4 个断口。

（4）SF_6气体的分解特性。SF_6气体的分解主要有三种情况，即在电弧作用下的分解，在电晕、火花和局部放电下的分解，在高温下的催化分解。因此，SF_6气体在断路器操作中和出现内部故障时，会产生不同的分解物，例如高毒性的分解物（SF_4、S_2F_2、S_2F_{10}、SOF_2、HF 及 SO_2），会刺激皮肤、眼睛、黏膜，如果大量吸入，还会引起头晕和肺水肿。

纯 SF_6 气体无腐蚀，但其分解物遇水后会变成腐蚀性强的电解质，会对设备内部某些材料（玻璃、瓷、绝缘纸及类似材料）造成损害及运行故障。

SF_6 气体中的水分对绝缘将发生影响。SF_6 中所含水分超过一定浓度时，SF_6 在温度达 200℃ 以上就可能产生分解，分解的生成物中有氢氟酸，这是一种有强腐蚀性和剧毒的酸类。因此，在 SF_6 的电气设备中，应严格控制水分的含量，采用合适的材料和采取合理的结构，可以排除潮气和防止腐蚀。在设备运行中可以采用吸附剂清除设备内的潮气和 SF_6 气体的分解物，常用的吸附剂有氧化铝、碱石灰、分子碱石灰、分子筛［人工合成的具有筛选分子作用的水合硅铝酸盐（泡沸石）或天然沸石］或它们的混合物。

3. SF_6 低气压闭锁

断路器不允许在没有灭弧介质或灭弧介质不能满足要求的情况下开断或关合大电流。当介质在低于临界状态时应发出信号并将断路器控制回路（分闸、合闸回路）闭锁。SF_6 断路器是通过密度继电器来实现这一功能的。当 SF_6 气压低至某一定值时，密度继电器的第一对触点闭合，启动报警信号继电器，触点闭合发出"SF_6 低气压报警"信号，此时不闭锁控制回路。当气压进一步下降至第二定值时，密度继电器的第二对触点闭合，启动闭锁信号继电器，触点闭合发出"SF_6 低气压闭锁"信号，同时启动闭锁中间继电器的动断触点打开，将分、合闸回路均闭锁，此时断路器不能进行分、合闸操作。

6.3　二次回路接地引起主变压器保护误动

6.3.1　故障简述

1. 故障经过

某电厂 2 号主变压器 B 组低压侧接地保护（64T-A、64T-B）动作，跳开 500kV 5051 断路器及分段 5012 断路器。

2. 故障前运行方式

故障前运行方式如图 6-6 所示，1～3 号发电机组停机备用，4 号发电机组启动调试，5051、5012、5054 断路器合闸，各发电机组及主变压器保护均投入。

6.3.2　故障分析

1. 保护动作情况

调取 2 号主变压器保护动作信息见表 6-2。

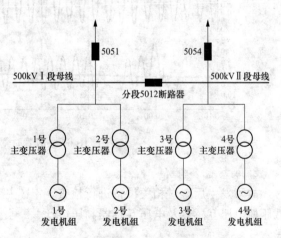

图 6-6　故障前运行方式图
■■■■ 断路器闭合状态

表 6-2　　　　　　　　　　　2 号主变压器保护动作信息

序号	时间	动作信息
1	18：25：2：644	2 号 TRANS SECOND　64TH-TRIP
2	18：25：2：642	2 号 TRANS MAIN　64TH-TRIP
3	18：25：2：524	2 号 TRANS SECOND　64TL-TRIP
4	18：25：2：523	2 号 TRANS MAIN　64TL-TRIP

主变压器低压侧接地保护（64T-A，64T-B），整定值如下：

Ⅰ段（64TL-TRIP）报警 U_{dz}＝5V，t＝5s；

Ⅱ段（64TH-TRiP）跳闸 U_{dz}＝30V，t＝5s；

其动作电压取自主变压器低压侧开口三角形电压互感器绕组，保护动作后跳 5051、5012 断路器及 2 号高压厂用变压器断路器，并启动 1、2 号机组跳闸。

调取故障录波如图 6-7 所示。从波形可见，故障发生时，主变压器低压侧电压互感器 A 相电压明显降低，B、C 相电压升高，主变压器低压侧 $3U_0$ 显著增加，超过主变压器低压侧接地保护的整定值，导致主变压器低压侧接地保护动作跳闸。

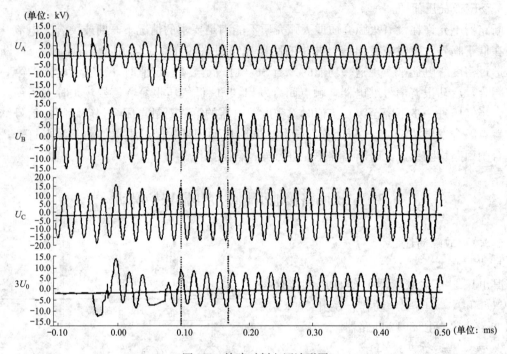

图 6-7　故障时刻电压波形图

2. 现场检查情况

故障发生后，对相关设备进行检查，2 号主变压器低压侧相关一次设备、2 号主变压器低压侧电压互感器及电压互感器高压熔丝、2 号主变压器低压侧接地保护等经检查均未发现异常。

现场在 2 号主变压器低压侧电压互感器加入三相交流 220V 测量二次绕组电压，并将测量的数据与故障时的数据相对比，发现 B、C 相电压升高，同时在开口三角侧测得 $3U_0$ 显著升高，与故障录波器波形一致，初步判断本次故障可能是由于主变低压侧二次绕组 A 相接地短路所致。

主变压器低压侧电压互感器接线如图 6-8 所示。由于电压互感器星形二次绕组 A 相发生一点接地，导致此接地点与电压互感器星形二次绕组接地点之间形成环流。而电压互感器星型二次绕组的 A、B、C 三相与电压互感器开口三角形二次绕组的 A、B、C 三相在制造时分别浇筑在一起，所以星型绕组的环流在电压互感器开口三角形二次绕组感应出零序电压，造成主变压器接地保护（64T-A，64T-B）动作跳闸。

　　按照以上分析，对主变压器低压侧电压互感器二次绕组回路逐一细致检查，最终发现在主变压器低压侧电压互感器柜至计算机顺序控制系统 CSCS 同期装置控制盘柜之间的电压互感器二次绕组电缆 A 相电缆绝缘受损，并有烧损的痕迹。

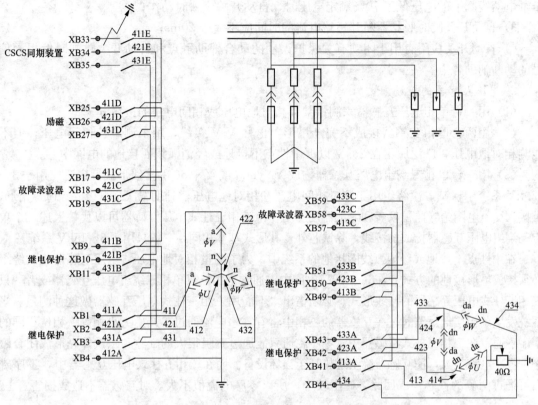

图 6-8　2 号主变压器低压侧电压互感器接线图

3. 故障原因

　　本次故障是由于 2 号主变压器低压侧电压互感器星形绕组二次侧 A 相接地，而该回路二次自动开关未能及时跳开，导致开口三角绕组感应出零序电压，造成 2 号主变压器低压侧接地保护误动。

6.3.3　经验教训

　　电压互感器二次侧自动开关选择不合理，自动开关未能及时跳开隔离故障，在电压互感器绕组发生两点接地产生电流环流时造成了故障的扩大，导致保护的误动作。

6.3.4　措施及建议

（1）对相应电压互感器，电流互感器盘柜的电缆接线进行全面检查。

（2）根据相关规程要求，对电压二次回路的自动开关额定电流进行校核，对于不符合要求的予以更换。

6.3.5　相关原理

1. 电压互感器二次侧自动开关的选择

（1）自动开关额定电流应按回路的最大负荷电流选择，并满足选择性的要求，干线上自动开关的自动脱扣器的额定电流应比支线上的大 2~3 级。

（2）电压互感器二次侧自动开关的选择应满足以下要求：

1）自动开关瞬时脱扣器的动作电流，应按大于电压互感器二次回路的最大负荷电流来整定；

2）当电压互感器运行电压为 90% 额定电压时，二次电压回路末端经过渡电阻短路，加于继电器线圈上的电压低于 70% 额定电压时，自动开关应瞬时动作；

3）自动开关瞬时脱扣器断开短路电流的时间应不大于 20ms；

4）自动开关应附有用于闭锁有关保护误动的动合辅助触点和自动开关跳闸时发报警信号的动断辅助触点。

2. 电压互感器的接线方式

（1）用一台单相电压互感器来测量某一相对地电压或相间电压的接线方式。

（2）用两台单相互感器接成不完全星形，也称 V-V 接线，用来测量各相间电压，但不能测相对地电压，广泛应用在 20kV 以下中性点不接地或经消弧线圈接地的电网中。

（3）用三台单相三绕组电压互感器构成 YNynd0 或 YNyd0 的接线形式，广泛应用于 3～220kV 系统中，其二次绕组用于测量相间电压和相对地电压，辅助二次绕组接成开口三角形，供接入交流电网绝缘监视仪表和继电器用。用一台三相五柱式电压互感器可以代替上述三个单相三绕组电压互感器构成的接线，除铁芯外，其形式基本相同，一般只用于 3～15kV 系统。

在中性点不接地或经消弧线圈接地的系统中，为了测量相对地电压，电压互感器一次绕组必须接成星形接地的方式。在 3～60kV 电网中，通常采用三只单相三绕组电压互感器或者一只三相五柱式电压互感器的接线形式。必须指出，不能用三相三柱式电压互感器做这种测量。当系统发生单相接地短路时，在互感器的三相中将有零序电流通过，产生大小相等、相位相同的零序磁通。在三相三柱式互感器中，零序磁通只能通过磁阻很大的气隙和磁铁外壳形成闭合磁路，零序电流很大，使互感器绕组过热甚至损坏设备。而在三相五柱式电压互感器中，零序磁通可通过两侧的铁芯构成回路，磁阻较小，所以零序电流值不大，对互感器不造成损害。

6.4 两点接地引起主变压器差动保护动作

6.4.1 故障简述

某日，500kV 某变电站 1 号主变压器 B 套差动保护动作，1 号主变压器 5011、5012、2501 断路器跳闸。A 套保护未动作。当时该地区为局部雷雨大风天气。

6.4.2 故障分析

1. 保护动作情况及分析

14：55：02：962，1 号主变压器 B 套差动保护动作，跳开 1 号主变压器 5011、5012、2501 断路器，35kV Ⅰ 段母线失压。主变压器保护故障录波信息显示，仅有中压侧 C 相有故障电流，差流最大二次电流 0.837A，达到差动保护定值 0.11A，差动保护 21ms 出口动作，60ms 跳开主变压器两侧断路器（35kV 侧无断路器）。

故障录波波形显示 2501 断路器 C 相电流突然增加，其他电流、电压采样均未发生变化，且故障切除后 C 相电流仍未消失。分析有可能是保护装置采样回路或者是 C 相电流回路存在两点接地的现象。

2. 现场检查情况

（1）一次设备检查情况。现场检修人员对该变电站 1 号主变压器差动保护范围进行检查，未发现异常。

（2）二次回路检查情况。现场检查保护屏电流回路接线正确，CPU 及采样板正常，定值设置正确。检查发现 1 号主变压器 B 套差动保护电流回路 C 相 2501 断路器端子箱至电流互感器本体接线盒之间二次电缆芯线（回路编号 C431）绝缘为零，其他回路（包括用于 A 套保护的电流回路）绝缘正常。

3. 故障原因分析

根据现场检查情况，可以确认 1 号主变压器 B 套差动保护电流回路 C 相 2501 断路器端子箱至电流互感器本体接线盒之间二次电缆绝缘降低造成两点接地是本次 B 套保护动作的直接原因，具体分析如下。

（1）正常情况。如图 6-9 所示，正常情况下每个电流互感器二次回路有且只有一个接地点，保护采样正确。

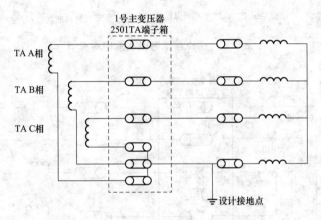

图 6-9　正常情况下电流回路图

（2）两点接地情况。如图 6-10 所示，当 C 相存在两点接地时，由于设计接地点和回路接地点可能存在一定的地网电位差，电位差产生的电流通过接地点形成回路，流过保护采样回路，导致保护装置采样不正确，其电流流向如图 6-10 中箭头所示。

（3）两点接地检查。为确定 C 相电流互感器二次回路存在两点接地，拆除原设计接地点，对 C 相二次回路进行绝缘测试，具体测试方法如图 6-11 所示。

拆除原设计接地点，将主变压器保护屏内和 2501 电流互感器就地端子箱内电流回路端子连片打开，利用绝缘电阻表分别测试 C 相电流互感器就地端子箱至保护屏柜和电流互感器根部两段电缆，测试发现就地端子箱至电流互感器根部电缆绝缘为零。

4. 故障原因

该 500kV 变电站 1 号主变压器 B 套保护动作的原因是 2501 断路器 C 相电流互感器二次电缆绝缘下降造成 C 相电流回路两点接地，因断路器现场与保护室间存在地网电位差 ΔU，由此产生的电流通过两个接地点形成回路，流入保护装置形成差流，达到差动保护定值，保护动作出口。

6.4.3　经验教训

（1）二次回路绝缘的日常检修不到位，常规检修过于注重保护装置本身，忽视了二次回路的绝缘问题，因二次回路绝缘下降而造成回路两点接地，引起保护不正确动作。

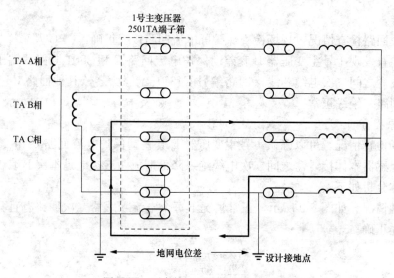

图 6-10　两点接地时电流流向示意图

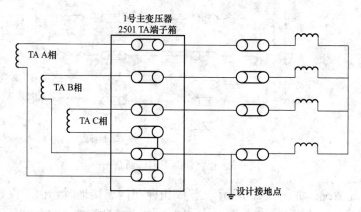

图 6-11　两点接地测试方法示意图

（2）日常巡视不到位，未对差流及不平衡电流进行有效监视，未能及时发现回路隐患。

6.4.4　措施及建议

（1）建议施工单位提高接线工艺，防止因接线线缆头、端部绝缘破损而发生裸露的金属部分触碰外壳造成两点接地。

（2）保护校验必须严格按照相关条例开展校验，加强对二次回路电缆绝缘测试工作。

（3）运行中应加强对保护装置采样值的巡视，尤其对差流及不平衡电流进行有效监视，及时发现回路隐患。

6.4.5　相关原理

（1）主变压器差动保护介绍。主变压器差动保护以高低压侧流入变压器的电流为正方向，经过变比及相位补偿后，将主变压器高低压侧电流之和作为差动保护动作电流。正常运行或外部故障时，电流从主变压器高压侧流入、低压侧流出，如图 6-12 所示。此时，流入差动保护的电流为 $I_2 - I_2'$，只要合理选择电流互感器变比及接线方式，就可以使流入差动保护中的电流为零，即 $I_2 - I_2' = 0$，差动保护不会动作。如图 6-13 所示，当变压器内部发生短路故障时，由于两侧电源均向故障点提供短路电流，此时电流的实际方向与规定的正方向一致且幅值较大，流入差动保护的电流为 $I_2 + I_2' > 0$，差动保护动作。

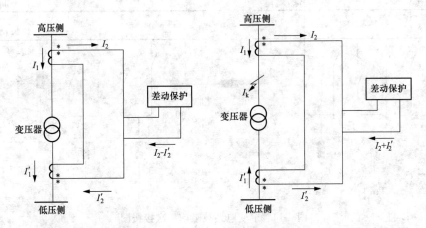

图 6-12　正常运行或外部故障时　　　　　图 6-13　内部故障时

从以上分析可以看出，变压器差动保护的保护范围是构成差动保护的电流互感器所包围的范围，只要在保护范围内部有流出的电流，该电流将流入差动保护构成动作电流，达到差动保护动作值时，差动保护立即动作跳闸。

（2）二次回路的绝缘电阻标准。为保证二次回路安全运行，对二次回路的绝缘电阻应做定期检查和试验，根据规程要求，二次回路的绝缘电阻标准如下：

1）直流小母线和控制盘电压小母线在断开所有其他连接支路时，应不小于 10MΩ；

2）二次回路的每一支路和断路器，隔离开关操动机构的电源回路应不小于 1MΩ；

3）接在主电流回路上的操作回路、保护回路应不小于 1MΩ；

4）在比较潮湿的地方，第 2、3 项的绝缘电阻允许降低到 0.5MΩ。

测量绝缘电阻用 500～1000V 绝缘电阻表进行。对于低于 24V 的回路，应使用电压不超过 500V 的绝缘电阻表。

6.5　二次回路虚接引起母线失电

6.5.1　故障简述

1. 故障经过

某日，某 220kV 线路因为甲变电站围墙外起重机碰线，发生先 C 相接地、再 A 相接地的转换性故障，线路两侧第一套保护中的高频保护动作，两侧第二套保护均未动作。乙变电站侧断路器在故障发生后先 C 相跳闸再三相跳闸，未重合。甲变电站侧断路器 C 相单跳失败，再三跳失败，最后断路器失灵保护启动母线差动出口，跳开 220kVⅢ段母线上所有断路器，220kVⅢ段母线失压，而后原先运行于Ⅲ段母线的线路 2 自动重合闸动作合上断路器。

2. 故障前运行方式

甲变电站故障前一次接线如图 6-14 所示，Ⅰ、Ⅱ、Ⅲ、Ⅳ段母线在合环运行，线路 1、2 均运行于Ⅲ母。线路 1 和线路 2 的保护配置均为双套保护配置。

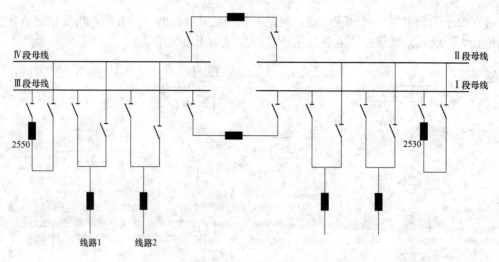

图 6-14　甲变电站故障前一次接线图

■— 断路器闭合状态

6.5.2　故障分析

1. 保护动作情况

调取线路 1 甲变电站侧保护录波（见图 6-15）及两侧保护动作信息（见表 6-3、表 6-4），从录波分析，线路 1 先发生 C 相故障，甲变电站侧 27ms 保护 C 相动作出口，但 C 相断路器未跳开（跳位继电器 KTP 未变"1"），184ms 保护三跳，断路器仍未跳开，343ms 保护永跳，此时断路器还是未跳开，554ms 线路上再发生 A 相故障，656ms 三相断路器最终跳开。同时，结合乙侧保护动作信息（见表 6-4），乙侧保护动作正确，甲侧保护动作信息与波形分析一致，需进一步分析故障初期断路器未跳开的原因。

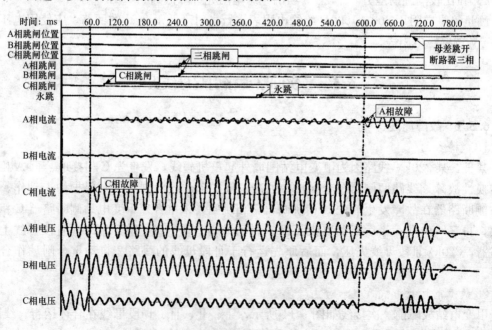

图 6-15　线路 1 甲变电站侧第一套保护录波

表 6-3　　　　　　　　　　　　　　线路 1 甲变电站侧第一套保护动作信息

序号	动作时间（ms）	保护动作信息
1	0	纵联保护动作
2	26	纵联保护 C 跳闸出口
3	182	纵联保护单相跳闸失败
4	183	纵联保护三相跳闸出口
5	340	纵联保护三相跳闸失败
6	341	纵联保护永跳出口

表 6-4　　　　　　　　　　　　　　线路 1 乙变电站侧第一套保护动作信息

序号	动作时间（ms）	保护动作信息
1	0	综重电流启动
2	0	纵联保护启动
3	0	距离零序保护启动
4	28	纵联保护 C 相跳闸出口
5	551	综重沟通三跳
6	560	纵联保护永跳出口

2. 现场检查

（1）线路 1 两侧保护检查。针对线路 1 甲变电站保护动作后断路器未跳开这一情况，对其断路器控制回路进行了检查，发现第一套保护端子排第 Ⅱ 路直流电源端子 4D5、4D6（4D6 为 602 保护出口正电源）并接于一个接线孔中（即两根截面积为 2.5mm² 的二次接线同时挤压在同一端子孔内），现场正电源两挡端子两侧共四个接线孔，一共接了 7 根二次接线。由于接线孔较小且采用截面积为 2.5mm² 二次接线，造成 4D6 端子虚接，该端子虚接使得保护跳 A（KTA）、跳 B（KTB），跳 C（KTC）出口继电器失去正电，导致第一套保护动作单相跳闸及三相跳闸均失败。而失灵启动母差出口后，永跳继电器 KT 的跳闸正电源，不受 4D6 电源控制，因而可以正常跳闸。

对线路 1 乙侧第二套保护检查发现，保护连接片在投入状态，连接片两端测量有电压。查阅保护开入变位记录显示，在本次故障发生前三个月内，装置频繁报差动保护投入和退出的开入变位信息，最后一次变位距故障发生约 1 个月，显示差动保护由"1"变"0"，即差动保护实际上已退出。由于开入变位无遥信指示，监控人员无法发现，而运维人员在正常巡视时，所见为保护连接片在投入状态，因而也未能发现线路 1 第二套保护中的差动保护实际已退出，导致在线路 1 故障时两侧第二套保护中的差动保护均不能动作。

（2）线路 2 重合闸动作检查。失灵保护启动母差动作后，线路 2 甲变电站侧断路器应闭锁自动重合闸，而实际上自动重合闸却动作并合上断路器。对线路 2 甲变电站侧保护二次回路进行检查，模拟母线差动保护出口（由于检查时母线差动保护已恢复运行，通过短接触点的方式使得 KTR 继电器动作），第一套保护收到闭锁自动重合闸信号，能可靠闭锁自动重合闸，从而验证 KTR 动作闭锁自动重合闸回路正确。进一步试验发现，第一套保护闭锁重合闸开入防抖时间为 20ms（即该保护必须收到 20ms 以上的信号脉冲才能可靠闭锁自动重合闸），而本次故障中母线差动保护动作后发至 KTR 的脉冲仅为 16ms，故自动重合闸无法可靠闭锁，导致线路 2 断路器三相跳闸后自动重合。

3. 故障原因

（1）由于线路 1 甲变电站侧的第一套保护屏端子排上保护分相跳闸，正电源端子接线不规范，多根粗线缆并接于一个接线孔，引起二次接线接触不良，分相跳闸继电器失去正电，在线路故障时，造成断路器跳闸失败，引起失灵保护动作，致使Ⅲ段母线失电，故障范围扩大。

（2）由于线路 1 乙变电站侧的第二套保护差动投入连接片接触不良，造成差动保护退出，致使线路第二套保护在故障时未动作，同样造成了故障范围的扩大。

（3）甲变电站 220kV 母线差动保护出口启动过快，造成操动箱内 KTR 动作时间与第一套保护闭锁自动重合闸防抖时间配合存在问题，造成线路 2 自动重合闸未能可靠闭锁，断路器自动重合。

6.5.3 经验教训

（1）保护屏二次接线不规范，采用多线并接的方式，尤其是保护正电源线缆多根粗线并接同一接线孔，造成了操作电源回路虚接，断路器无法跳开。

（2）日常巡视不到位，对保护重要的功能连接片开入在巡视时未做检查，导致主保护已退出运行都未能及时发现。

6.5.4 措施及建议

（1）加强对保护装置的检查，根据继电保护状态检修、二次设备检修巡视等管理规定的要求，巡视二次设备时，不仅仅是检查连接片位置和装置信号灯，更应检查相关连接片开入状况，确保保护功能投入。

（2）对保护屏二次接线的并接线情况进行整改，尤其是保护正电源线缆多根粗线不能并接同一孔，以避免发生类似的因操作电源虚接导致无法跳开断路器的故障。

（3）对线路主保护投入、退出的开入变位软报文实现遥信功能，增强对主保护状态的日常监视；进一步研究二次回路在线监测方法，对连接片接触不良情况进行有效防范。

（4）线路 2 第一套保护内部软件设置的防抖时间需重新论证，设置符合现场要求的防抖时间。

6.5.5 相关原理

1. 电力系统二次回路的定义

作为电力系统的重要组成部分，二次回路是其安全生产、经济运行和可靠供电的重要保障，也是继电保护工作的立足之本。在电力系统运行中，电气设备通常被分为一次设备和二次设备。

一次设备指直接用于生产、输送、分配电能的电气设备，是构成电力系统的主体。其包括发电机、变压器、断路器、隔离开关、母线、输电线路等。

二次设备是指对电力系统及一次设备的工作进行监测、控制、调节、保护以及为运行、维护人员提供运行工况或生产指挥信号所需的低压电气设备。其包括以下四个主要部分：

（1）测量仪表：电能表、电流表、电压表、有功功率表、无功功率表、温度表等；

（2）设备的控制、运行情况监视信号及自动化监控系统：公用测控、远动通信、各单元测控、自动校时、监控后台等设备；

（3）继电保护和安全自动装置：主变压器、线路、母线、母联、电容器等保护装置，减载、解列、录波、备用电源自动投入装置等自动装置；

（4）通信设备：通信传输、分配、光电转换等设备；

一般二次设备按照一定功能要求连接，构成对一次设备元件的电气参数及运行工况进行监视、测量、控制、保护和调节的电气回路定义为二次回路，也可称为二次接线。其作用一方面是通过对一次回路的监察和测量来反映一次回路的工作状态并控制一次系统；另一方面是当一次回路发生故障时，继电保护装置能将故障部分迅速切除并发出信号，保证一次设备安全、可靠、经济、合理地运行。

2. 电气二次回路的故障分析方法

(1) 通断法。此种方法是将万用表置于蜂鸣器挡位进行回路检查。对于接触良好的接触点，蜂鸣器发出响声。严重接触不良时或有一点、两点断开时，蜂鸣器不发出响声。对于有合闸按钮或者回路本身的断开点时，可以借助外力使其可靠接触，以便测量其回路的通断。注意：不能使用绝缘电阻表，因为绝缘电阻表是通过测量某两点之间电阻值的变化来判别回路中各元件接触不良或回路不通的。

(2) 对地电位法。用此方法检查二次回路故障，无需断开相关电源。测量前应首先分析回路各点的对地电位，然后再进行测量。将电位分析和测量结果比较，所测值和极性与分析相同、误差不大，表明各元件良好。若相反或相差很大，表明元件有问题。

测量各点对地电位时应将万用表置于直流电压挡（量程应大于电源电压），将一支表笔接地（金属外壳），另一表笔接被测点。若被测点应带正电，则应将正表笔接被测点，负表笔接地；反之，则将负表笔接被测点而正表笔接地。若表计指示为直流电源电压的一半左右（电源电压 220V 时约为 110V），则表明该点到电源正极或电源负极之间是通的。

对地电位法检查回路不通的故障时方便、准确，且不受元件和端子安装地点的影响，回路中有两个不通点也能准确查出（两断开点之间对地电位是零）。

(3) 短路法。短路法是将万用表置于直流电压挡，测量回路中各元件上的电压降。测量时，无需断开相关电源，所选用仪表量程应稍大于电源电压。

该方法原理是在直流回路接通的情况下，接触良好的触点两端电压应等于零，若不等于零（有一定值）或为全电压（电源电压），则说明该触点接触不良或已断开。电流线圈两端电压应接近于零，过大则有问题。电阻元件及电压线圈两端则应有一定的电压。回路中仅有一个电压线圈且无串联电阻时，线圈两端电压不应比电源电压低得很多。线圈两端电压正常而其触点不动，说明线圈断线。

短路法同时适用于交流回路的检查，是将万用表置于交流电压挡，在交流回路接通的情况下，接触良好的触点两端电压应等于零，若不等于零（有一定值）或为全电压（电源电压），则说明该触点接触不良或已断开。对于一些不能电动分、合闸的隔离开关来说，用短路法能很快地查找出故障点。使用短路法时，如果回路中有两点不通的位置，两断开点之间电压降是零，容易造成误判断。

为了更有效地检查回路不通或接触不良问题，可以将通断法、对地电位法、短路法配合使用。

6.6　重合闸未动作导致断路器三相跳闸

6.6.1　故障简述

1. 故障经过

某日，220kV 某馈供线路用户侧厂内进线 B 相避雷器爆炸，导致发生 B 相单相接地故障，变电站两套线路保护均动作出口，重合闸未动作导致断路器三相跳闸。

2. 保护配置方式

该线路保护配置为双套保护配置，分相操动箱与第二套保护在同一面保护屏上。由于该线为馈供线路，对侧未配置保护，因此两套装置的主保护均无法启用，仅启用系统侧后备保护。第一套保护主保护连接片退出，关闭相应光纤收发信机电源（否则有"通道告警"信号）。第二套保护主保护连接片退出（远方跳闸功能不受主保护投、退影响，仍为投入状态），定值单中"通道自环试验"控制字投入，光纤通道自环（否则有"通道告警"信号）。

重合闸运行方式为第一套保护自动重合闸启用，第二套保护自动重合闸停用，第二套保护通过 1XB15 连接片与第一套保护的自动重合闸配合，根据需要闭锁第一套保护的自动重合闸，自动重合闸采用单相故障三跳三合、多相故障三跳不合方式。

6.6.2　故障分析

1. 保护动作情况

调取保护动作信息，见表 6-5、表 6-6。从表中可以看出，第一套保护在 46ms 时综合自动重合闸曾启动，但 67ms 时收到了自动重合闸复归信号，因此造成自动重合闸未能动作出口。

表 6-5　　　　　　　　　　　　　　　　第一套保护动作信息

序号	时间（ms）	动作信息
1	0	保护启动
2	18	接地距离Ⅰ段动作
3	18	保护三相跳闸出口
4	21	零序Ⅰ段动作
5	46	综合自动重合闸启动
6	67	综合自动重合闸复归
7	5078	保护整组复归

表 6-6　　　　　　　　　　　　　　　　第二套保护动作信息

序号	时间（ms）	动作信息
1	0	总启动
2	4	工频变化量阻抗动作
3	19	距离Ⅰ段动作
4	54	远方启动跳闸

2. 保护动作分析

根据保护装置逻辑及二次接线图如图 6-16 所示，分析保护及自动重合闸动作行为，在线路 B 相接地故障时，两套保护均出口三相跳闸，第一套保护通过三跳连接片 1XB4 启动操动箱中的 KTQ，由于在操动箱中 KTQ 与 KTR 并接，因此 KTQ 动作后启动第二套保护"远方跳闸"发信，由于通道自环，第二套保护收到自身发出的远跳信号且保护在启动状态，远跳信号于保护启动后 54ms 经逻辑图中 M19→M20→M24 出口并启动闭锁自动重合闸触点，至 67ms 经 1XB15 连接片闭锁第一套保护的自动重合闸。

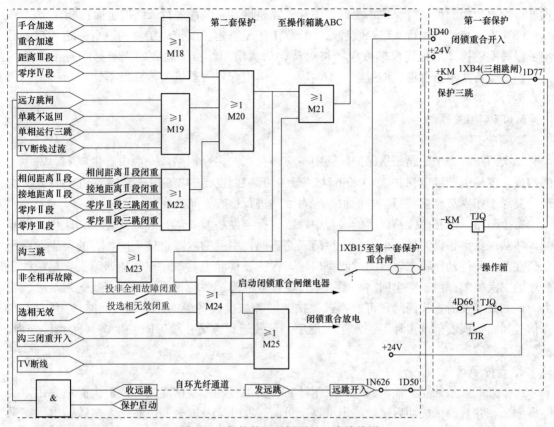

图 6-16 保护装置逻辑图及二次接线图

远跳本是为在联络线上发生本侧断路器至电流互感器间死区故障或母线差动、断路器失灵等保护动作时而设置，实现保护快速动作切除故障。在母线差动和失灵保护动作后，启动KTR，远跳对侧断路器，发送端不受主保护投入连接片控制，接收端也不受主保护投入连接片控制，但可整定"受本侧判别"，接收端符合动作条件后永跳并闭锁自动重合闸而本次故障并没有失灵、母线差动等保护动作，远跳本不应该动作。但由于在操作箱中KTQ与KTR并接，导致保护三相跳闸启动远跳，而又由于保护在通道自环状态，导致保护永跳动作并闭锁自动重合闸。

3. 故障原因

本次故障是由于线路保护操作箱设计错误，用KTQ三相跳闸触点去启动远跳，加之线路保护又处于通道自环这种特殊运行方式，造成保护收到自身远跳开入而动作出口，并闭锁自动重合闸，致使保护瞬时故障时三相跳闸未重合。

6.6.3 经验教训

在本次故障中，设计、调试及验收等阶段没有严格执行继电保护全过程管理规定，未能规范设计，未能及时有效发现回路中存在的缺陷。

6.6.4 措施及建议

（1）重视设计人员的技术培训工作，加强对保护原理的理解及对施工图纸的设计审核工作，防止由于回路的设计不当而造成保护的不正确动作。

（2）在调试与验收中，必须重视整组试验，应按规程要求把被保护设备的各套保护装置串接在一起进行，检验线路和主设备的所有保护之间的相互配合关系，杜绝用短接触点的方式进行保护功能验证，对保护系统的相关性、完整性及正确性进行最终的全面检验。

（3）进一步严格执行基建验收程序。验收工作是基建、改扩建工程的最后一道关口，必须予以高度重视。工程建设单位应严格对待、认真组织，参加验收的人员必须提前熟悉图纸、熟悉设备，不走过场、不甩项、不漏项，严格把好验收质量关，确保不让任何一个隐患进入运行之中。

6.6.5　相关原理

1.寄生回路的危害

二次回路的寄生回路是指保护回路中不应该存在的多余回路，一般由寄生电容、寄生电感构成，容易引起继电保护误动或拒动。寄生回路往往无法单纯用正常的整组试验方法发现，要靠工作人员严格按照继电保护原理对回路进行检查方能发现。

寄生回路一般在改线结束后的运行中，或进行定期检验、运行方式变更、二次切换试验时，才从现象上得以发现。由于所寄生的回路不同，引发的故障也就不同，有的寄生回路现象只在保护元件动作状态短暂的时间里出现，保护元件状态复归，现象随即消失，是一种隐蔽性的二次缺陷。由于寄生回路和图纸不符，现场故障迹象收集不齐时，查找起来费时、费力。但如果不及时查找消除，可能引起保护装置和二次设备误动、拒动（回路被短接）、光声信号回路错误发信及多种不正常工作现象，导致运行人员在故障时发生误判断和误处理，甚至扩大故障。

2.远传和远跳

由于光纤通道独立于输电线路，采用纤芯传输信号，传输速度快，抗干扰能力突出，故障概率低，并且调试成功后比较稳定可靠。目前，220kV及以上变电站绝大多数输电线路采用了具有光纤通道的数字式线路保护。采用数字光纤通道，不仅可以交换两侧电流数据，同时也可以交换开关量信息，实现一些辅助功能，其中就包括远传、远跳功能。

目前，在远传、远跳信号传输实现上采用的原理是：保护装置在采样到远传、远跳开入为高电平时，经过编码、循环冗余校验（Cyclic Redundancy Check，CRC）校验，作为开关量，连同电流采样数据及CRC码等，打包成完整的一帧信息，通过光纤通道，传送给对侧保护装置；同样，对侧保护装置接收到信息后，经过CRC、解码，提取出远传、远跳信号。保护装置在收到对侧远跳信号后，经由本装置启动判据（可选择），驱动出口继电器KOM出口跳闸。保护装置在收到对侧远传信号后，并不作用于本装置的跳闸出口，而是将对侧装置的开入反映到本侧装置对应的开出触点上，反映过程不经装置启动闭锁。以RCS-900系列保护装置为例，其远传功能示意图如图6-17所示。

（1）远跳功能应用。220kV系统通常借助远跳功能，瞬时跳开对侧断路器，减小故障对系统稳定的影响，具体动作逻辑如图6-18所示，利用母线差动或失灵保护动作启动本侧断路器的KTR永跳重动继电器，当KTR触发后，在跳开本侧断路器的同时，KTR重动触点开入本侧线路保护的远跳端子，经光纤通道，对侧保护装置收到远跳开入后，经可选择的本地启动判据，通过保护跳闸出口触点，瞬时跳开对侧断路器。

（2）远传功能应用。500kV系统通常利用线路保护的远传功能实现远方跳闸。如图6-19所示，A端线路保护"远传一"开入端子，在接收过压远跳装置、断路器失灵装置、电抗器保护装置的开出后，经光纤通道，将信号传输到B端，B端接收到信号后，将信号反映到对应的开出节点。B端过压远跳装置在检测到收信开入量同时，经过远跳装置闭锁判据出口跳闸。

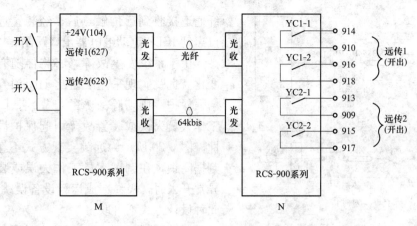

图 6-17　RCS-900 系列纵联方向保护装置远传功能示意图

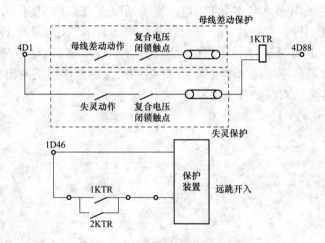

图 6-18　220kV 系统远跳动作逻辑图

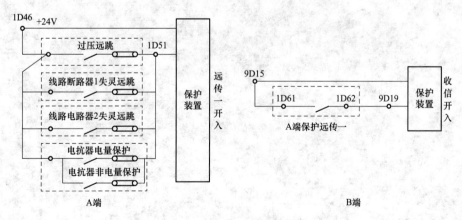

图 6-19　500kV 系统远传功能示意图

（3）远传、远跳的应用误区。远传、远跳作为实现系统故障快速切除的功能设计，其作用至关重要，但两者却也不能混淆等同。

1）将"远传"等同"远跳"使用。部分 220kV 变电站，借助远传实现远跳功能，其实现方式如图 6-20 所示。本侧远跳触点 KTR 经本侧线路保护远传一开入，对侧线路保护经光

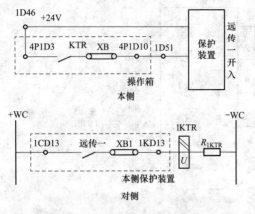

图 6-20　借远传实现远跳示意图

纤通道接收到远传触点后，经装置远传开出触点启动 KTR 重动继电器出口跳闸。

由于系统发生故障，必将伴随有电气量的变化。远跳实现采用装置启动闭锁判据有利于增强保护跳闸切除故障的可靠性，同时避免了工作人员失误或装置故障引起保护误动的可能性。图 6-20 所示为远跳实现方式不经装置启动判据闭锁，在调试人员工作失误或装置故障等异常开入时，极易造成运行设备误跳闸。因此，此种设计方式不可取。

2）远跳开入触点 KTR 与 KTQ 并接。有些厂家设计远跳实现采用永跳触点 KTR 与三相跳闸触点 KTQ 并接作为远方跳闸的开入，此方式同样存在误跳运行设备的可能。针对此类情况，若 KTR 触点与 KTQ 触点通过端子排并接，则在端子排上实现 KTR 与 KTQ 的隔离；若 KTR 与 KTQ 在插件内部实现并接，则应认真核查回路，确保三相跳闸继电器 KTQ 启动回路中未串接跳闸出口触点，否则应联系厂家进行处理（主要针对保护投三重方式）。

第7章 继电保护装置故障

当电力系统中的电气元件（如发电机、线路等）或电力系统本身发生了故障危及电力系统安全运行时，能够向运行值班人员及时发出警告信号，或者直接向所控制的断路器发出跳闸命令以终止故障发展的一种自动化措施和设备，一般通称为继电保护装置。继电保护装置应满足可靠性、选择性、灵敏性和速动性的要求，这四性之间紧密联系，既矛盾又统一。

继电保护装置是电力系统密不可分的一部分，是保障电气设备安全和防止、限制电力系统大面积停电的最基本、最重要、最有效的技术手段。实践证明，继电保护装置一旦发生不正确动作，往往会扩大故障，酿成严重后果。

7.1 保护死机引起线路故障跳主变压器

7.1.1 故障简述

1. 故障经过

某日，220kV某变电站1号主变压器低压侧后备速断过流Ⅰ段保护动作，跳开1号主变压器高压侧2601断路器、110kV侧701断路器，低压侧101断路器未能跳开。与此同时，一条10kV线路发生故障，但10kV线路保护未动作。

2. 故障前运行方式

如图7-1所示，某变电站1号主变压器经701供110kVⅠ段母线，经101断路器供10kVⅠ段母线。10kV母联110运行，经110断路器供10kVⅡ段母线。

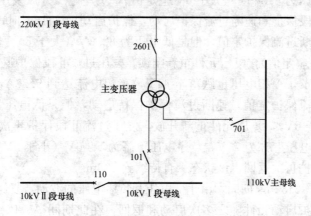

图7-1 某变电站故障前运行方式

7.1.2 故障分析

1. 主变压器低压侧后备保护配置情况

1号主变压器保护为双重化配置，配置两段复压过流保护和一段速断过流保护。复压过流Ⅰ段设置两个时限，复压Ⅱ段设置一个时限，速断过流保护设置一个时限。复压过流Ⅰ段保护依据相关继电保护装置运行整定规程要求，按照对低压侧母线故障有足够灵敏度（$K_{lm} > 1.5$）整定，定值为一次值 9000A（二次值 11.25A），0.6s 跳低压侧母联 110 断路器，0.9s 跳主变压器低压侧 101 断路器。复压过流Ⅱ段保护依据整定规程要求，按照躲主变压器最大负荷电流整定，可靠系数 $K_k = 1.2$，返回系数 $K_f = 0.9$，定值为一次值 4400A（二次值 5.5A），2.5s 跳低压侧 101 断路器。

两段复压过流保护低电压和负序电压定值按照整定规程要求，均整定为低电压定值 65V 和负电压定值 6V。速断过流保护作为纯电流保护，主要在复压元件达不到开放条件，但是故障电流又大大超过主变压器额定电流时起最后一道防线作用；同时作为整个后备保护的总后备，与复压过流保护在时间上配合，考虑主变压器低压侧断路器拒动时能够通过切除高中压侧断路器隔离故障，按照主变压器的 1.5 倍额定电压整定，定值为一次值 4950A（二次值为 6.19A），动作时间与复压Ⅱ段配合，2.8s 跳主变压器三侧断路器。

2. 保护动作情况

19：44，1 号主变压器低压侧后备保护启动，速断过流Ⅰ出口，跳开 1 号主变压器 220kV 侧 2601 断路器，110kV 侧 701 断路器，低压侧 101 断路器保护出口，但未能跳开。

初步分析动作波形，故障开始时 B 相、C 相相间故障，二次故障电流为 7.07A，后备保护启动 2757ms 后，发展为 A、B、C 三相短路，二次故障电流达到 9.37A，2797ms 时速断过流保护三相跳闸出口。

经检查发现 10kV 线路保护装置运行灯不亮，装置闭锁，初步判断为 10kV 线路保护拒动引起主变压器后备保护动作，后巡线发现该线路 34 号、44 号塔向南支线绝缘子被击穿。

3. 主变压器低后备动作分析

从调取的主变压器低压侧后备保护故障录波可以看到保护动作过程。

保护启动至 11ms 时，B、C 两相电压明显下降，电流明显增大，B 相电流达到 7.07A，C 相电流达 6.24A，大于速断过流保护定值 6.19A 和复压过流Ⅱ段保护定值 5.5A，低电压为 75.933V，负序电压为 8.885V（大于 6V 整定值），负序电压开放复压保护闭锁，因此后备保护中复压过流Ⅱ段保护和速断过流保护启动，保护启动后 241ms 时，虽然 B、C 相故障电流大小始终大于速断过流保护定值，但是低电压为 82.3V（大于 65V 整定值），负序电压为 5.443V（小于 6V 整定值），复压元件重新闭锁，复压过流Ⅱ段保护返回。

保护启动后 320ms，A 相电压也跌落至 41V，A 相电流达到 9.37A，B、C 相故障电流大小始终大于速断过流保护定值，速断过流保护保持启动，但是低电压为 68.21V，负序电压上升为 6.2V（大于 6V），复压元件重新开放，复压过流Ⅱ段保护再次启动。保护启动后 320ms 至 341ms，低电压上升为 71V，负序电压下降为 5.06V（小于 6V），复压元件重新闭锁，复压过流Ⅱ段保护再次返回，该状态一直持续到 873ms。

保护启动后 873～2432ms 期间，由于低电压和负序电压的波动，复压元件多次开放和闭锁，复压过流Ⅱ段保护启动元件随之多次启动和返回，在此期间 A、B、C 相电流始终大于速断过流保护定值，直至保护启动后 2797ms，速断过流保护时限到出口跳闸，跳开主变压器三侧断路器。保护出口时，A 相电流为 8.27A，B 相电流为 7.43A，C 相电流为 7.85A，负序电压为 1.26V，低电压为 73.26V。保护出口后，主变压器 2601 断路器、701 断路器跳开，101 断路器没有分闸，后经检查，发现 101 断路器跳闸线圈烧坏，因此断路器拒动。

4. 故障原因

本次故障是由于在 10kV 线路上发生 B、C 相两相短路，线路保护因死机拒动，进而发展成三相短路故障，主变压器低后备保护在感受到故障电流时正确启动。但由于故障发生在线路上，故障点放电电弧燃烧不稳定，造成 10kV 母线电压波动。使主变压器后备复压元件频繁启动复归，过流保护多次启动后返回，最后由主变压器后备保护速断过流动作，跳开主变压器三侧断路器。

7.1.3 经验教训

（1）日常巡视不到位，未能及时发现保护异常。

（2）监控信号接入不完全，未能有效监视保护死机等异常信号。

7.1.4 措施及建议

（1）设计单位应深入了解装置告警开出触点的含义，避免漏设计导致相关信号漏发，无法有效监视设备状态。

（2）运行单位应加强无人值班变电站的巡视，及时发现相关设备的异常，及时处理存在的隐患。

（3）调度部门应加强变电站监控信号接入的验收工作，制定监控信号接入规范。

（4）研究继电保护装置软报文信息上送变电站监控报警方案，增加装置异常监视手段。

7.1.5 相关原理

1. 复合电压闭锁过流保护

电力系统出现故障时常伴随的现象是电流的增大和电压的降低，过流保护就是通过系统故障时电流的急剧增大来实现的。但是由于大型设备、机械的启动也会造成电流的瞬间增大，有可能造成保护的误动，为了防止其误动，在保护中增加低电压元件，将电压互感器电压引入保护装置中，构成低电压闭锁过流，只有在"电流的增大和电压的降低"这两个条件同时满足时才出口跳闸。在将过流保护用于变压器的后备保护用时，再增加一个负序电压元件，作为一个闭锁条件，这样就构成了复合电压闭锁过流保护。复压包括低电压和负序电压，复压闭锁过电流保护主要用在变压器的后备保护或者变压器的进线保护中。主要是为了防止变压器过载的时候引起保护误动。变压器过载时，电压会降低，电流自然会升高，有可能达到过流定值，而过载的情况只会发生很短的时间，如果没有低电压闭锁条件，会引起变压器解列，所以为了保证供电的可靠性，加了低电压闭锁条件。负序电压闭锁条件主要是为了提高三相短路的灵敏度，单相和两相短路时都会产生很大的负序电压，不用去考虑，而三相短路时，短路电流也是对称的，但在短路的瞬间，三相电压降低，会出现一定的负序值（6～9V），负序电压闭锁就是采用这个原理，在负序电压高于门槛时（可整定），可靠出口。综上所述，复压闭锁过电流的作用是为了防止变压器过载时的误动，提高三相短路故障时出口的灵敏度。

复合电压闭锁过流保护包括低电压元件、负序电压元件和过流元件三个元件。

（1）低电压元件。电压取自本侧的电压互感器或变压器各侧的电压互感器，动作判据：动作值小于低电压元件整定值。

（2）负序电压元件。电压取自本侧或变压器各侧，动作判据：动作值大于负序电压元件整定值。

（3）过流元件。电流取自本侧的电流互感器，任一相电流大于过流整定值。

复合电压闭锁过流保护的优点：

（1）在后备保护范围内发生不对称短路时，由负序电压启动保护，因此具有较高灵敏度。

（2）在变压器高压侧发生不对称短路时，复合电压启动元件的灵敏度与变压器的接线方式无关。

（3）由于电压启动元件只接于变压器的一侧，所以接线比较简单。

2. 监控信号

（1）监控信号的名称规范与类别划定。监控信号名称的表示方法为 N＋V＋E＋S＋I，其中 N 代表电力系统中的变电站名称，V 为电压级别，设备名称和信号规范分别以 E 和 S 表示，I 则表示间隔名称。

监控信号名称的规范为：监控信号名称要与电力系统实际运行情况的表达相符，进而使信号监控的相关工作人员可以系统地掌握当前电力系统运行的具体情况，以方便信号监控工作人员对电力系统的监控工作为原则。

调控中心对所采集的监控信号应根据其反映电网或设备状态的紧急及重要程度进行分类，以便于监控人员迅速掌握重要信息。

一类信号：主要反映由于非正常操作和设备故障导致电网发生重大变化而引起断路器跳闸、保护装置动作（含重合闸等）的信号以及影响全站安全运行的其他信号。

二类信号：主要反映电网一、二次电气设备状态异常及设备健康水平变化的信号。

三类信号：主要反映电气设备运行状态以及运行方式。

（2）信号监控工作。监控信号的分析与处理是电力系统调整与控制一体化的关键性工作，是实现电力系统调控一体化的重要保障。由于监控信号管理设备每天会从电力系统运行设备中获取数以万计的监控信号，要实现对全部信号的监控与管理是不现实的。因此，如要确保体现监控信号管理效率的高效性，就应该对系统所获取的相关信号进行科学划分，进而提高电力系统运行的安全性和稳定性。

1）即时信号监控。所谓即时信号监控是指在负责信号监控的工作人员对电网的全部监控信号进行类别划分的基础上，对部分关键和紧急的第一、二类信号进行及时分析并处理。然后，通过所收集到的一、二类信号判断出当前电力系统的实际运行情况，在对整个系统运行过程中容易出现安全隐患部分进行全面收集和分析后，将相关结果传递给系统维护人员，进而为电网调度方面工作的开展提供可靠的信息来源。

2）后台信号监控。通过一体化监控信号管理系统，可以实现对历史信息监控信号的后台处理与分析。监控信号管理在电力系统中后台信号的监控，在保证了监控信号真实性和广泛性的同时，也通过对以往电力系统的安全隐患进行的综合分析，提高了故障防护和应对措施的针对性。

3）监控信号一般采取分类别划分进行展示。

a. 断路器故障跳闸区：显示断路器位置在非正常操作状态下的变位信号。

b. 故障信号区：显示电网设备故障跳闸及影响变电站安全运行的一类信号。

c. 异常信号区：显示异常类的软报文以及硬触点等二类信号。

d. 状态信号区：显示反映电气设备运行状态的三类信号。

e. 遥测越限区：显示各负荷、电压、电流、功率因素、温度等遥测信息的越限信号。

f. 综合信号区：分区显示全网信号、试验信号、远动信号、AVC（自动电压控制）事项信号等。

g. 越限信息：告警方式为警铃和报文报警。

7.2 插件故障引起高频保护误动

7.2.1 故障简述

1. 故障经过

某日，220kV L1 线 C 相发生接地故障，线路两侧保护单相跳闸，重合成功。根据雷电定位系统的雷击记录，可判定 L1 线故障是因线路遭受雷击引起的，在 L1 线故障的同时，220kV 甲变电站 L2 线第一套保护动作出口，C 相断路器跳闸，重合成功，甲变电站 L2 线第二套保护及乙变电站 L2 线的第一套和第二套保护均只启动而未动作出口。

2. 故障前运行方式

故障前系统运行方式如图 7-2 所示。

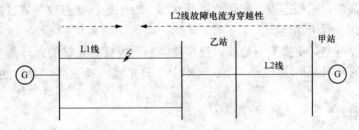

图 7-2 故障前系统运行方式

7.2.2 故障分析

1. 保护动作分析

调取 L2 线甲、乙变电站第一套保护录波，录波截图如图 7-3、图 7-4 所示，从 C 相故障电流判断，两侧相位相反，应为 L1 线故障引起的穿越性电流。另外，从图中可以看出甲变电站 $3U_0$ 滞后 $3I_0$ 约 $100°$，且零序功率方向为正方向，乙变电站 $3U_0$ 超前 $3I_0$ 约 $80°$，且零序功率方向为反方向，可判断 L2 线流过的为穿越性故障电流。

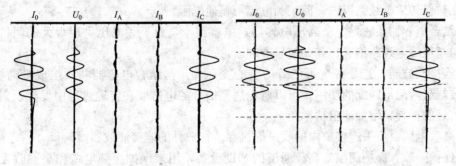

图 7-3 甲变电站第一套保护录波图　　图 7-4 乙变电站第一套保护录波图

进一步分析波形发现，L2 线甲变电站侧第一套保护在故障发生瞬间启动并发信约 10ms，4ms 后保护收信开关量输入由 0 变为 1，持续 16ms 后，即在故障发生后 20ms 时，保护收信开关量输入由 1 又变为 0，因此，由于此时保护已启动，又未收闭锁信号，甲变电站侧第一套保护误判为区内故障而动作。

L2 线乙变电站侧第一套保护在故障发生瞬间启动并一直发信，5ms 后保护收信开关量输入由 0 变为 1 但仅持续 14ms，即在故障发生后 19ms 时，保护收信开关量输入由 1 又变为 0，但由于乙变电站保护判断为故障反方向，所以即使未收到闭锁信号，乙变电站高频保护也不会动作。

2. 故障原因

本次故障是由于 L2 线乙变电站侧第一套高频保护所配的收发信机接口插件故障，导致在区外故障时，不能有效发出闭锁信号给对侧保护，最终导致对侧甲站第一套高频保护动作。

7.2.3 经验教训

日常巡视工作时，要注意高频通道的监视，最好采用定时通道检查的方法来保证通道的完好性。

7.2.4 措施及建议

（1）加强对高频通道的巡视，密切监视其状态，对于运行状态较差或者超周期设备，及时进行更换，确保装置可靠运行。

（2）结合线路改造，更换架空地线，逐步使线路全线具备完整的光纤复合地线（Optical Fiber Composite Overhead Ground Wire，OPGW 即光缆）通道后，及时更换为光纤差动保护。

7.2.5 相关原理

1. 高频保护

（1）高频保护是用高频载波代替二次导线，传送线路两侧电信号的保护，原理是反应被保护线路首末两端电流的差或功率方向信号，用高频载波将信号传输到对侧加以比较而决定保护是否动作。高频保护包括相差高频保护、高频闭锁距离保护和功率方向闭锁高频保护。

（2）高频保护由高频阻波器、结合电容器、连接滤波器、高频电缆、保护间隙、接地隔离开关、高频收发信机组成。

1）高频阻波器：高频阻波器是由电感线圈和可调电容组成的并联谐振回路，使高频电流限制在被保护输电线路以内，而工频电流可畅通无阻。

2）结合电容器：它是一个高压电容器，电容很小，对工频电压呈现很大的阻抗，使收发信机与高压输电线路绝缘，载频信号顺利通过。

3）连接滤波器：它是一个可调节的空心变压器，与结合电容器共同组成带通滤波器，连接滤波器起着阻抗匹配的作用，可以避免高频信号的电磁波在传输过程中发生反射，并减少高频信号的损耗，增加输出功率。

4）高频电缆：用来连接户内的收发信机和装在户外的连接滤波器。

5）保护间隙：保护间隙是高频通道的辅助设备，用来保护高频电缆和高频收发信机免遭过电压的袭击。

6）接地隔离开关：接地隔离开关也是高频通道的辅助设备，在调整或检修高频收发信机和连接滤波器时，用它来进行安全接地，以保证人身和设备的安全。

7）高频收发信机：高频收发信机的作用是发送和接收高频信号。发信机部分是由继电保护来控制，通常都是在电力系统发生故障时，保护启动之后它才发出信号，但有时也可以采用长期发信的方式。由发信机发出信号，通过高频通道为对端的收信机所接收，也可为自己一端的收信机所接收。高频收信机接收到由本端和对端所发送的高频信号，经过比较判断之后，再动作于跳闸或将它闭锁。

2. 常见高频保护类型

（1）相差高频保护。相差高频保护是测量和比较被保护线路两侧电流量的相位，采用输电线路载波通信方式传递两侧的电流相位。假设线路两侧的电势同相位，系统中各元件的阻抗角相同。规定：电流从母线流向线路为正，从线路流向母线为负。

区内故障：两侧电流同相，发出跳闸脉冲。正常或区外故障：两侧电流相角差180°，保护不动作。

为了满足以上要求，采用高频通道正常时无信号，而在外部故障时发出闭锁信号的方式来构成保护。

实际上，当短路电流为正半周，高频发信机发出信号；而在负半周，高频发信机不发出信号。当被保护范围内部故障时，由于两侧电流相位相同，两侧高频发信机同时工作，发出高频信号，也同时停止发信。这样，在两侧收信机收到的高频信号是间断的，即正半周有高频信号，负半周无高频信号。当被保护范围外部故障时，由于两侧电流相位相差180°，线路两侧的发信机交替工作，收信机收到的高频信号是连续的高频信号。由于信号在传输过程中幅值有衰耗，因此送到对侧的信号幅值就要小一些。经检波、限幅、倒相处理后，电流为直流。由以上的分析可见，相位比较实际上是通过收信机所收到的高频信号来进行的。在被保护范围内部发生故障时，两侧收信机收到的高频信号重叠约10ms，于是保护瞬时动作，立即跳闸。在被保护范围外部故障时，两侧的收信机收到的高频信号是连续的，线路两侧的高频信号互为闭锁，使两侧保护不能跳闸。

（2）高频闭锁距离保护。距离部分和高频部分配合的关系是：距离保护Ⅲ段启动元件 $Z_Ⅲ$ 动作时，经启动中间继电器的动断触点启动发信机发出高频闭锁信号，Ⅱ段距离元件 $Z_Ⅱ$ 动作时则启动中间继电器停止高频发信机。距离Ⅱ段动作后一方面启动时间元件 $t_Ⅱ$，经一定延时后跳闸，同时还可经过收信闭锁继电器的闭锁触点瞬时跳闸。

当保护范围内部故障时，两端的启动元件动作，启动发信机，但两端的距离Ⅱ段也动作，又停止了发信。当收信机收不到高频信号时，收信闭锁继电器的闭锁触点闭合，使距离Ⅱ段可瞬时动作于跳闸。

当保护范围外部故障时，靠近故障点的B端距离Ⅱ段不动作，不停止发信，A端Ⅱ段动作停止发信，但A端收信机可收到B端送来的高频信号使闭锁继电器动作，收信闭锁继电器触点打开，因而断开了Ⅱ段的瞬时跳闸回路，只能经过Ⅱ段时间元件去跳闸，从而保证了动作的选择性。

优点：内部故障时可瞬时切除故障，在外部故障时可起到后备保护的作用。

缺点：主保护（高频保护）和后备保护（距离保护）的接线互相连在一起，不便于运行和检修。

（3）功率方向闭锁高频保护。功率方向闭锁高频保护，是比较被保护线路两侧功率的方向。规定功率方向由母线指向线路为正，指向母线为负，线路内部故障，两侧功率方向都由母线指向线路，保护动作跳闸，信号传递方式同相差高频保护。

优点：可无时限地从被保护线路两侧切除各种故障，不需要和相邻线路保护配合。

7.3 插件故障引起主变压器差动保护误动

7.3.1 故障简述

1. 故障经过

某日，220kV 某变电站 220kV L1 线发生 A 相单相接地故障，线路保护纵联距离零序保护动作，跳 A 相，并重合成功。接地故障发生后 10ms 1 号主变压器第二套保护差动启动，36ms B、C 相比率差动保护动作出口跳 1 号主变压器 2601、701 断路器，1 号主变压器第一套保护未动作。

2. 故障前运行方式

故障前运行方式如图 7-5 所示，L1 线运行于 220kV Ⅱ 段母线，1 号主变压器 2601 运行于 220kV Ⅰ 段母线，2610 母联运行，701 运行于 110kV Ⅰ 段母线，710 断路器热备用，301 断路器热备用，1 号主变压器保护配置为主保护、非电量保护及失灵保护。

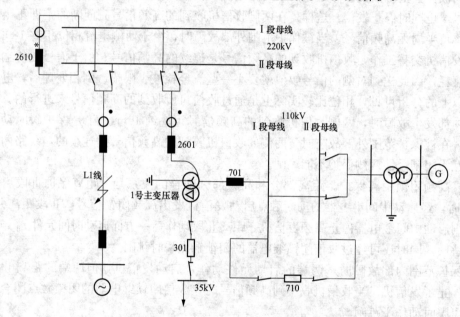

图 7-5 故障前系统运行方式

▭ —断路器断开状态； ▬ —断路器闭合状态

7.3.2 故障分析

1. 主变压器保护动作情况

故障发生后，1 号主变压器第二套主变压器保护动作信息显示见表 7-1。

表 7-1   1 号主变压器第二套保护动作信息

序号	时间	事件名称
1	18∶58∶31∶50	差动保护启动
2	18∶58∶31∶79	比率差动 B 相动作
3	18∶58∶31∶50	比率差动 C 相动作

　　1 号主变压器第二套差动保护 B 相比率差动电流值为 1.211A，B 相制动电流值：0.3945A，C 相比率差动电流值为 1.211A，C 相制动电流值为 0.414A，差动保护的动作门槛值为 0.79A，故障电流满足比率制动并大于动作值，所以差动保护动作。

　　1 号主变压器第一套差动保护 A、B、C 相差动电流接近于 0，各相制动电流 0.5A，所以差动保护未动作。

　　2. 故障波形分析

　　故障发生后，调取线路保护录波波形如图 7-6 所示。录波显示，此次线路故障为典型的 A 相单相接地故障，整个故障持续时间约为 55ms。

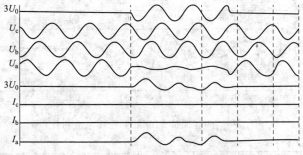

图 7-6　线路保护故障录波

　　调取 1 号主变压器第一、二套保护故障录波，可见从故障发生时刻起，经 54ms 左右故障切除，与线路 A 相接地故障持续时间相同。

　　为进一步分析故障电流特征，将 1 号主变压器第一、二套保护波形进行比较，1 号主变压器第一、二套保护 220kV 侧电流基本重合，如图 7-7 所示；第二套保护 110kV 侧电流 C 相在故障过程中相位和极性发生了突变，如图 7-8 所示。

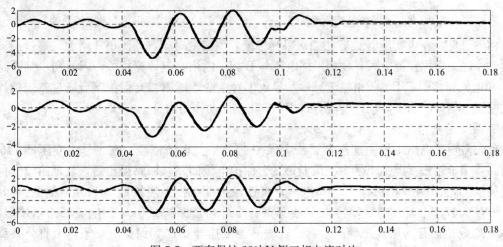

图 7-7　两套保护 220kV 侧三相电流对比

　　通过对 1 号主变压器第一、二套保护波形的分析比较，发现对于差动相关电流回路，第二套保护只有 110kV 侧 C 相电流与第一套保护不同。

　　为此根据录波数据绘制出故障时刻流进 1 号主变压器第一、二套的电流，计算两套主变压器保护各相差流，第一套保护 A、B、C 三相差流都几乎为零，而第二套保护 A 相差流为零，B、C 相都有较大的差流。根据差动保护定值单和主变压器保护说明书，绘制出故障发生时刻 1 号主变压器第二套保护 B、C 相差流轨迹如图 7-9、图 7-10 所示。

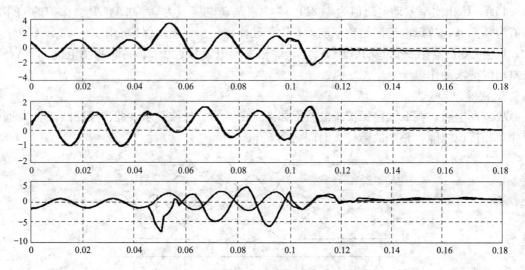

图 7-8　两套保护 110kV 侧三相电流对比

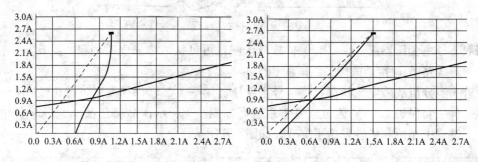

图 7-9　第二套保护 B 相差流轨迹　　　图 7-10　第二套保护 C 相差流轨迹

　　由图可见，在主变压器侧 C 相二次采样电流发生突变时刻，差流迅速增大，穿过制动区到达动作区。根据差流公式，C 相采样电流与 B 相、C 相差流计算相关，因此初步判断是由于 C 相电流异常引起 B、C 相差流异常，导致 1 号主变压器第二套保护差流超过整定值，出口跳闸。这与保护的实际动作情况，即 B、C 相差动动作相吻合。

　　3. 现场检查情况

　　首先需短接退出 1 号主变压器第二套保护 110kV 侧电流回路。在 1 号主变压器 110kV 侧断路器端子箱短接退出 1 号主变压器第二套保护电流回路，回路退出后，发现第二套保护装置显示 110kV 侧 C 相仍有 0.07A 电流；再在保护端子排上短接退出 110kV 侧电流回路，C 相仍有 0.07A 电流。随后，再将 1 号主变压器第二套保护 220kV 侧电流回路短接退出，110kV 侧 C 相仍有 0.07A 电流。最后，在 1 号主变压器第二套保护屏端子排上将公共绕组电流回路短接退出，保护中 110kV 侧 C 相电流显示为 0。分析以上情况，判断 1 号主变压器第二套保护 110kV 侧 C 相电流回路与公共绕组存在短路现象。

　　断开各组电流接地点，用万用表测量主变压器 110kV 侧 C 相电流回路与公共绕组电流回路的通断情况，发现 110kV 侧 C 相与公共绕组 A 相之间的电阻为 2.8Ω，110kV 侧 C 相与公共绕组 B 相之间的电阻为 32.1Ω。经过仔细排查，发现短路点位于保护装置的交流插件上，该交流插件 1、2、3 端子为 110kV 侧 A、B、C 相电流，4、5、6 端子为公共绕组 A、

B、C 相电流。将该电流插件拆开后，发现端子 3 的 a 端和端子 4 的 a 端（a 端为绕组头部，b 端为尾部）已经烧黑，紧贴在一起。

4. 保护动作原因分析

正常运行时主变压器电流从 220kV 侧、公共绕组侧流向 110kV 侧，差动电流回路电流保持平衡，差流为零。当主变压器保护区外的线路发生故障的时候，主变压器保护流过了较大的故障电流，相位相同的零序电流占了主要部分。将系统简化为如图 7-11 所示，变压器 T 为 YnD 接线，线路 MN 在靠近 N 侧发生 A 相接地故障。

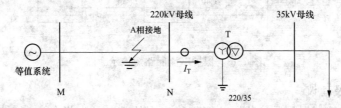

图 7-11　系统接线简化图

线路 MN 靠近 N 侧发生单相故障后，由于正（负）序等值电路中负荷侧阻抗存在，且负荷阻抗较系统侧等值阻抗及变压器正序等值阻抗大得多，因此故障电流的正序和负序电流很小。由零序等值电路可知，变压器侧零序等值回路阻抗为变压器漏抗，因此零序电流分量很大。相对于故障电流，系统正常运行时主变压器的负荷电流很小，可以忽略。因此，故障中主要以零序电流为主，因零序电流三相同相，因此主变压器高压侧故障电流也呈现三相同相的特征。

故障电流零序分量由高压侧流向中压侧及公共绕组侧（见图 7-12），由于在 1 号主变压器第二套保护交流插件上，110kV 侧绕组 C 相与公共绕组 A 相短接，见图 7-13，导致 110kV 侧电流相位和极性发生畸变，产生较大的差流，超过制动门槛值而致使保护动作。

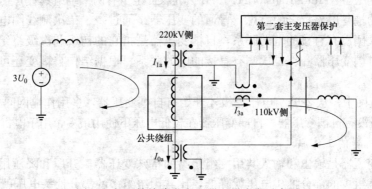

图 7-12　区外故障主变压器电流流向示意图

5. 故障原因

本次 1 号主变压器差动保护误动是由于交流电流插件的损坏，使得 1 号主变压器 110kV 侧电流 C 相与公共绕组 A 相短接，致使在区外单相接地故障时，电流回路流过大的零序电流，110kV 侧电流 C 相与公共绕组 A 相电流相位都发生了改变，从而出现了差流，当差流超过整定值时，保护动作出口。

7.3.3　经验教训

日常巡视有待加强，未能对采样回路进行有效的监视，没有及时发现存在的缺陷，导致了故障的发生。

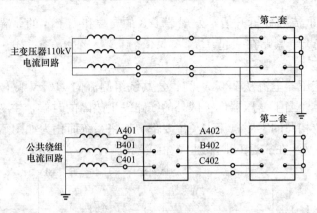

图 7-13　保护电流回路短接示意图

7.3.4　措施及建议

（1）交流插件的完好是保护装置功能正确实现的基础，在设备选型时应选用质量优先、运行可靠的产品，并做好相应的全面检测。现场应备有充足的备品备件，对故障率较高的同类装置开展排查与反措。

（2）运行中加强对采样回路的监视，及时发现装置采样异常，避免装置状态进一步恶化而发生不正确动作。对于运行状态较差或者周期设备，及时进行更换，确保装置可靠运行。

（3）制造厂应加强产品质量管控，提高产品制造工艺。物资部门应完善物资后续管理措施，建立产品质量监督、评价、责任追究制度。

7.3.5　相关原理

1. 自耦变压器

（1）自耦变压器（Auto Transformer，AT）定义：至少有两个绕组具有公共部分的变压器。

（2）自耦的耦是电磁耦合的意思，普通的变压器是通过一、二次侧线圈电磁耦合来传递能量，一、二次侧没有直接的电的联系，自耦变压器是指它的初级和次级绕组是在同一绕组上的变压器，自耦变压器一、二次侧有直接的电的联系。根据结构自耦变还可细分为可调压式和固定式。

在目前的电网中，从 220kV 电压等级才开始有自耦变压器，多用作电网间的联络变压器，220kV 以下几乎没有自耦变压器。自耦变压器在较低电压下使用最多，用于电机降压启动。

2. 自耦变压器的工作原理

（1）自耦变压器是输出和输入共用一组绕组的特殊变压器，升压和降压用不同的抽头来实现，比共用绕组少的部分抽头电压就降低，比共用绕组多的部分抽头电压就升高。

（2）原理和普通变压器一样的，只不过自耦变压器的一次绕组就是它的二次绕组，一般的变压器是一次绕组通过电磁耦合，使的二次绕组产生电压，自耦变压器是自行耦合。

（3）自耦变压器是只有一个绕组的变压器，当作为降压变压器使用时，从绕组中抽出一部分线匝作为二次绕组；当作为升压变压器使用时，外施电压只加在绕组的一部分线匝上。通常把同时属于一、二次绕组的那部分绕组称为公共绕组，自耦变压器的其余部分称为串联绕组，同容量的自耦变压器与普通变压器相比，不但尺寸小，而且效率高，并且变压器容量越大，电压越高．这个优点就越加突出。

3. 自耦变压器的特点

（1）由于自耦变压器的计算容量小于额定容量，所以在同样的额定容量下，自耦变压器的主要尺寸较小，有效材料（硅钢片和导线）和结构材料（钢材）都相应减少，从而降低了成本。有效材料的减少使得铜耗和铁耗也相应减少，故自耦变压器的效率较高。同时由于主要尺寸的缩小和质量的减小，可以在容许的运输条件下制造单台容量更大的变压器。但通常在自耦变压器中只有 $k \leqslant 2$ 时，上述优点才明显。

（2）由于自耦变压器的短路阻抗标幺值比双绕组变压器小，故电压变化率较小，但短路电流较大。

（3）由于自耦变压器一、二次绕组之间有电的直接联系，当高压侧过电压时会引起低压侧严重过电压。为了避免这种危险，一、二次绕阻都必须装设避雷器。

（4）在一般变压器中。有载调压装置往往连接在接地的中性点上，这样调压装置的电压等级可以比在线端调压时低。而自耦变压器中性点调压侧会带来所谓的相关调压问题。因此，要求自耦变压器有载调压时，只能采用线端调压方式。

4. 自耦变压器的应用

自耦变压器在不需要初、次级隔离的场合都有应用，具有体积小、耗材少、效率高的优点。常见的交流（手动旋转）调压器、家用小型交流稳压器内的变压器、三相电机自耦减压启动箱内的变压器等等，都是自耦变压器的应用范例。

随着我国电气化铁路事业的高速发展，自耦变压器供电方式得到了长足的发展。由于自耦变压器供电方式非常适用于大容量负荷的供电，对通信线路的干扰又较小，因而被客运专线以及重载货运铁路所广泛采用。

7.4　操作箱损坏引起断路器跳闸

7.4.1　故障简述

1. 故障经过

某日，某变电站 2 号主变压器 10kV 侧 102 断路器跳闸、10kV 备用电源自动投入装置动作，合上 10kV 母联 100 断路器。

2. 故障前运行方式

1 号主变压器、2 号主变压器 10kV 侧分列运行，母联 100 断路器热备用，10kV 侧备用电源自动投入装置投入，如图 7-14 所示。

7.4.2　故障分析

1. 现场检查及分析

图 7-14　故障前运行方式

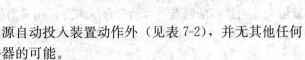
━━━ 断路器闭合状态；　□━━□ 断路器断开状态

经现场检查，除后台信息显示备用电源自动投入装置动作外（见表 7-2），并无其他任何保护动作信号，排除保护动作跳 102 断路器的可能。

表 7-2　　　　　　　　　　　　监 控 后 台 信 息

序列	动作时间	动作行为
1	19：57：54：950	2 号主变压器 102 断路器位置由合到分
2	19：57：59：36	备用电源自动投入装置动作
3	19：57：59：948	100 断路器位置由分到合

手动合 102 断路器，发现无法合闸，通过直接短接合闸回路中 01、07 号端子，发现能够成功合闸，而后断路器立即自动跳闸，初步判定操作箱中操作板存在问题。

拆开操作箱，检查插件外观并无异常，进一步拆解 102 断路器操作继电器板进行检查，发现 KHT（手动跳闸继电器）出口触点的基座有裂开痕迹，出口触点存在断续通断现象，更换操作继电器板后，102 断路器分、合闸正常，备用电源自动投入装置正常投入运行。

2. 故障原因

本次故障是由于 102 断路器操作箱的 KHT 出口触点黏连，导致 102 断路器误跳，备用电源自动投入装置正确动作。

7.4.3 经验教训

加强制造厂设备的出厂验收工作，验收项目力求完整细致。

7.4.4 措施及建议

（1）加强设备运行状况分析，对运行年限较长的设备，应尽快结合技改予以更换。

（2）制造厂应加强产品质量管控，提高产品制造工艺，物资部门应完善物资后续管理措施，建立产品质量监督、评价、责任追究制度。

7.4.5 相关原理

1. 操作箱的组成

操作箱中一般包括监视断路器合闸回路的合闸位置继电器 KCP，监视断路器跳闸回路的跳闸位置继电器 KTP，防止断路器跳跃的闭锁继电器 KCF，手动合闸继电器 KHC，压力监察或闭锁继电器 KPL，手动跳闸继电器 KHT 及保护跳闸继电器 KT，一次重合闸脉冲回路，辅助中间继电器 KM，跳闸信号继电器及备用信号继电器等。

2. 操作箱的功能

除了完成跳、合闸操作功能外，其输出触点还应完成以下的功能：用于发出断路器位置不一致或非全相运行状态信号；用于发出控制回路断线信号；用于发出气（液）压力降低不允许跳闸信号；用于发出气（液）压力降低到不允许重合闸信号；用于发出断路器位置的远动信号；由断路器位置继电器控制高频闭锁停信；由断路器位置继电器控制高频相差动三跳停信；用于发出故障音响信号；手动合闸时加速相间距离保护；手动合闸时加速零序电流方向保护；手动合闸时控制高频闭锁保护；手动合闸及低气（液）压异常时接通三跳回路；启动断路器失灵保护；用于发出断路器位置信号；备用继电器及其输出触点等。

3. 跳闸位置继电器与合闸位置继电器的作用

可以表示断路器的跳、合闸位置如果是分相操作的断路器，还可以表示分相的跳、合闸信号；可以表示断路器位置的不对应或表示该断路器是否在非全相运行状态；可以由跳闸位置继电器的某相的触点去启动重合闸回路；在三相跳闸时启动高频保护停信；在单相重合闸方式时，闭锁三相重合闸；发出控制回路断线信号和故障音响信号等。

7.5 插件损坏引起备用电源自动投入装置拒动

7.5.1 故障简述

1. 故障经过

某日，某变电站进线一失电，该变电站 110kV 备用电源自动投入装置未动作，导致该变电站全所失电。

2. 故障前运行方式

故障前该变电站 110kV 进线一断路器运行，进线二断路器热备用，母联 710 断路器运行，变电站 110kV 备用电源自动投入装置投入。故障运行方式如图 7-15 所示，110kV 电压互感器在线路侧，既做线路电压互感器又兼做母线电压互感器。

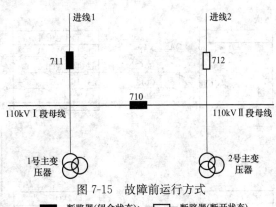

图 7-15　故障前运行方式

━━ 断路器(闭合状态)；━□━ 断路器(断开状态)

7.5.2　故障分析

1. 现场检查情况

现场检查发现 110kV 备用电源自动投入装置未动作，装置告警灯亮。查阅保护报告显示：16：11：12 装置告警"进线 1 电压互感器断线"。现场对备用电源自动投入装置进行了检查，备用电源自动投入装置定值、保护连接片投入、交流采样及开入量均正确。

由于线路电压互感器兼作母线电压互感器，电压互感器二次电压经各自的隔离开关和断路器位置进行切换后作为Ⅰ、Ⅱ段母线电压。在正常运行时，由于备用线断路器处于热备用状态，为保证备用段不失压，将电压并列开关打至自适应即自动并列状态。

检查备用电源自动投入装置的外回路，进一步检查电压二次切换及并列回路。在断开Ⅱ段电压互感器电压切换回路时，发现电压切换装置内Ⅱ段母线电压切换触点仍然接通，Ⅱ段母线电压还存在。检查电压并列装置发现Ⅱ段母线回路的电压切换插件有放电痕迹，电压切换继电器一直处于动作状态。

2. 故障原因分析

在进线一失电时，该变电站实际Ⅰ、Ⅱ段母线无压，进线二带电，但因Ⅱ段电压互感器切换装置故障，电压切换继电器（KCWC）一直动作，导致Ⅱ段母线二次仍有电压，并通过电压并列回路，使得Ⅰ段母线二次也有电压，如图 7-16 所示。该备用电源自动投入装置启动逻辑为：Ⅰ段母线无压、Ⅱ段母线无压，进线一无流，进线二有压。由于进线一失电后，Ⅰ、Ⅱ段母线均有压，不满足备用电源自动投入条件，因此，备用电源自动投入装置没有合进线二的断路器，而是根据母线有电压，进线一没有电压，判装置"进线 1 电压互感器断线"。

3. 故障原因

本次故障是由于Ⅱ段母线回路电压切换插件损坏，导致在进线一跳开后，进线二电压通过粘连的切换继电器触点，使得Ⅰ、Ⅱ段母线二次均有电压，因不满足备用电源自动投入装置启动条件，备用电源自动投入装置未动作，造成全站失电。

7.5.3　经验教训

二次回路绝缘的日常检修不到位，常规检修过于注重保护装置本身，而忽视了二次回路的相关插件检查，未能及时发现电压切换插件中的缺陷，引起保护不正确动作。

7.5.4　措施及建议

（1）在检修中需加强对二次回路的检查，特别是内桥接线变电站在二次检修时，将电压切换等公共二次回路的检查、试验纳入检修内容。

（2）制造厂应加强产品质量管控，提高产品制造工艺。物资部门应完善物资后续管理措施，建立产品质量监督、评论、责任追究制度。

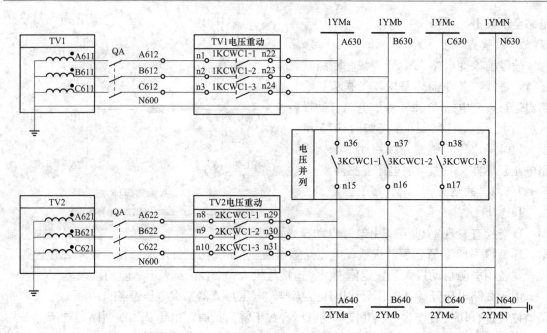

图 7-16 母线电压切换、并列回路

7.5.5 相关原理

1. 电压并列

两段母线各一台电压互感器,当Ⅰ段母线电压互感器因检修等原因需要退出运行,分段断路器在合位,Ⅰ段母线上的保护将继续运行,考虑到保护低压闭锁功能,失去Ⅰ段母线电压的保护很可能发生误动。此时需要用Ⅱ段母线电压代替Ⅰ段母线的保护电压,这就是电压并列。

电压并列必须满足两个条件:

(1) Ⅰ、Ⅱ段母线的分段断路器及其两侧隔离开关必须处于合闸状态;

(2) 操作把手必须打在"允许并列"位置,并列继电器得电动作。若操作把手打在"禁止并列"位置,不论分段断路器运行状态如何,二次电压解列。

2. 电压切换

双母接线时,Ⅰ、Ⅱ段母线分列运行。某条线路运行在哪条母线上,二次回路计量、保护等设备采集的二次电压也必须与之相对应。当运行人员对一次隔离开关进行切换时,二次电压也要能自动切换,这就是电压切换。电压切换采用隔离开关的辅助触点来控制,隔离开关辅助触点启动切换继电器,由切换继电器的触点对电压回路进行切换,也可以通过切换开关进行手动切换。

为了提高自动切换的可靠性,切换继电器可选用双位置继电器,可以有效地防止直流电源消失,或隔离开关辅助触点接触不良带来的异常。

3. 电压重动

使电压互感器二次电压的有、无和电压互感器一次的运行状态(投入、退出)保持对应关系,防止当电压互感器一次退出运行而二次绕组向一次反送电,造成人身设备故障。图 7-17 所示为典型的单母分段接线形式,1 号电压互感器、2 号电压互感器分别运行于Ⅰ段

母线和 Ⅱ 段母线。

以Ⅰ段母线的电压重动为例，图7-18所示为电压重动二次回路图。当Ⅰ段母线电压互感器处于运行状态，1TVQS（Ⅰ段母线电压互感器隔离开关）闭合，1TVQS 动合辅助触点闭合，Ⅰ段母线重动动作继电器 K1 得电；当Ⅰ段母线电压互感器退出运行，1TVQS 断开，1TVQS 动合辅助触点随之断开，动断辅助触点闭合，Ⅰ段母线重动复归继电器 K2 得电。Ⅱ段母线同理。

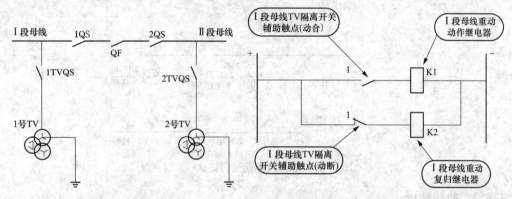

图 7-17　单母分段接线示意图　　　　　图 7-18　电压重动二次回路图

在现场中有些电压回路的重动功能没有通过重动并列装置来完成，而是直接在电压回路中串联电压互感器隔离开关的辅助触点。这种方法在某种程度上比通过重动继电器触点来完成重动功能更可靠一些，重动继电器触点比较容易出现粘连的现象，而隔离开关触点出现这种情况的概率低。采用重动继电器，其实主要是为了防止隔离开关的辅助触点不够用。两种方法的本质是一样的。

4. 辅助触点

断路器、隔离开关除了有主触点，还附设了若干辅助触点。辅助触点的作用是反应断路器、隔离开关的位置状态，给控制回路提供其通断信息。

辅助触点有动合、动断两种：主断路器合上就合上，主断路器断开就断开，这种辅助触点称为动合触点；主断路器合上就断开，主断路器断开就闭合，这样的辅助触点称为动断触点。

7.6　程序缺陷引起厂用变压器差动保护误动

7.6.1　故障简述

1. 故障经过

某日，某电厂 2 号发电机组 2A 厂用变压器差动保护动作，发电机出口断路器跳闸，励磁开关自动跳闸，厂用电切换正常，各级厂用电系统运行正常，发电机氢水油系统运行正常。

2. 故障前运行方式

故障前运行方式如图 7-19 所示，2 号发电机-变压器组运行于 220kV Ⅰ 段母线，2A 厂用变压器带 6kV 2A、2B 段母线。2A、2B 段母线制粉系统、气泵运行，电泵备用，发电机组各主要参数均正常。

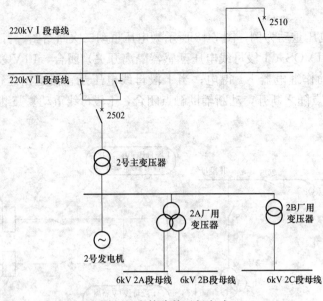

图 7-19　故障前运行方式

7.6.2　故障分析

1. 现场检查情况

现场检查，发现厂用变压器保护差动保护动作，出口继电器动作，2A 厂用变压器"TRIP 跳闸"，2A 厂用变压器差动保护动作信号灯灯亮。2 号发电机—变压器组 220kV 侧断路器 2502 跳闸，灭磁开关跳闸、62AI、62BI、62CI 断路器跳闸，6kV 2A、2B、2C 厂用电源自动切换至备用电源。

经检查 2A 厂用变压器本体无异常，差动保护范围内一次设备正常，差动电流互感器二次接线正确，无开路、虚接现象。

2. 动作原因分析

调取 2A 厂用变压器保护动作录波，如图 7-20 所示，发现 2A 厂用变压器高压侧，与 B 相电流趋于同相，C 相电流突降为 0A，6kV-2A 段 A 相电压发生突变，与 B 相电压趋于同相，C 相电压突降为 0V。

在正常情况下，2A 厂用变压器高压侧 A、B、C 三相电流及 6kV-2A 段母线 A、B、C 三相电压相角应该相差 120°，而在本次故障时，A、B 相电压及电流发生了突变，相角差为 0°，同时 C 相电流、电压突变为 0。因 2A 厂用变压器高压侧 C 相电流消失，从而产生差流 2.13A，超过差动动作值 1.73A，导致 C 相差动保护动作跳闸。2.5ms 后，A 相电流相位发生突变，产生差流 3.55A，导致 A 相差动保护动作。

经过分析，2A 厂用变压器保护装置采样板在运行中采样计算出现异常，造成 A、B 相发生畸变趋于同相位，C 相电流突变为 0A，差动保护误动作。

3. 故障原因

本次故障是由于 2A 厂用变压器保护装置采样板内部程序出现故障，导致装置产生差流而动作跳闸。

7.6.3　经验教训

国外某型号发电机—变压器组保护近几年来得到了广泛的应用，特别是在燃气发电机组和 600MW 及以上发电机组，但该保护投入运行至今，已多次发生保护误动作情况，从几次故障来看，国外某型号保护存在一定的制造缺陷。发生保护误动作时均出现明显的采样错误，国外设备制造商的理念与中国的标准、反措要求还有较大的差距。

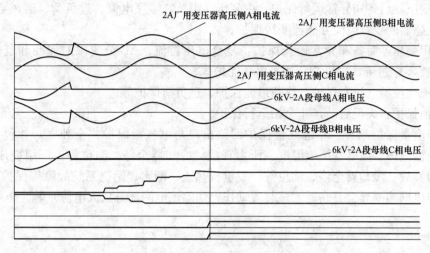

图 7-20　故障时的保护采样波形图

7.6.4　措施及建议

（1）由于此型号保护装置在该厂及其他同型电厂已多次发生过类似故障，结合发电机组检修对两台发电机组的变压器保护装置采样板进行全部升级更换，更换成带故障自检功能的采样模块并增加小差流报警功能。

（2）建议各电厂加强对该类保护设备的运行监视，定期对保护的采样值进行分析，并加强与制造厂家的沟通，尽快进行设备的升级换代。

（3）进口保护都是由逻辑组态而成，对保护设备整定、调试及维护技术要求很高，从一些国外进口保护动作情况分析来看，部分是由于对国外进口保护设备不熟，造成保护的误整定及误配置，建议各电厂加强对国外进口保护的学习及日常维护工作，尽量避免保护误动作的发生。

7.6.5　相关原理

1. 发电机—变压器组保护

是从发电机—变压器组单元系统中获取信息，并进行处理，能满足系统稳定和设备安全的需要，对发电机—变压器组系统的故障和异常作出快速、灵敏、可靠、有选择地正确反应的自动化装置。

发电机—变压器保护的保护对象：发电机定子、转子、机端母线、主变压器、厂变压器、励磁变压器、高压短引线、断路器，并作为高压母线及引出线的后备保护等。

2. 600MW（300MW）/500kV 发电机—变压器组单元保护典型配置（双重化的双套配置）

（1）电气量保护配置。

1）主保护：发电机纵差、发电机匝间（纵向零序电压式或横差保护）、主变压器纵差、发电机—变压器组差动、厂用变压器差动。

2）发电机后备和异常运行保护：对称过负荷（反时限）、不对称过负荷（反时限）、复合电压过流、程序逆功率、过电压、失磁、失步、逆功率、100％定子接地、过励磁（反时限）、起停机、转子一点或二点接地、励磁回路过负荷（反时限）、低频保护等，以及电压互感器断线和电流互感器断线保护。

　　3）主变压器后备和异常运行保护：主变压器阻抗、零序电流、过负荷、通风启动保护、以及电压互感器断线、电流互感器断线保护。

　　4）厂用变压器后备和异常运行保护：复合电压过流、AB 分支限时速断和复合电压过流、AB 分支零序过流、过负荷、通风启动保护等。

　　5）励磁变压器（机）保护：速断过流保护、过负荷保护等。

　　6）其他保护：失灵启动，非全相运行保护。

　　（2）非电量保护配置。非电气量保护回路出口与电气量保护完全独立，并包含以下功能：主变压器气体、温度、绕组温度、压力释放、冷却器全停、油位等；厂用变压器气体、温度、压力释放、冷却器全停、油位等；发电机热工、断水、励磁系统故障等保护；高周切机保护（当电网频率异常升高时，该装置动作，切除该电网部分送入电源）等。

第 8 章　直 流 系 统 故 障

直流系统是非常重要的电源系统，它为电力系统的控制回路、信号回路、继电保护装置、自动装置及故障照明等提供可靠稳定的不间断电源，还为断路器的分、合闸提供操作电源。由于直流系统在二次系统中所处的重要地位，直流系统自身的可靠及安全直接影响到整个系统的安全，由于电力系统应用直流电源的特殊性，特别是在控制回路和保护回路中的应用，使得直流系统故障极易演变成电力系统更大的故障。

8.1　一点接地和交直流串扰引起保护误动

8.1.1　故障简述

近几年来，多次发生由于直流回路一点接地或交直流回路相互串扰而引起保护误动作，导致电厂发电机组停运的故障。此类故障出现时，往往保护没有动作信号（即保护没有启动和出口），而操作箱有时有动作信号，有时没有动作信号，所以很难查找误动原因。例如：

（1）某电厂操作隔离开关时造成交流电源串入直流系统，引起跳闸中间继电器动作，多台发电机组停运。

（2）某电厂出现直流系统正极接地，同时主变压器压力释放保护电缆绝缘破坏接地，主变压器压力释放保护误出口导致发电机组停运。

（3）某电厂交流电源串入直流系统，非电量保护的解列停机保护误动作导致发电机组停运。

（4）某电厂不间断电源（Uninterruptible Power System，UPS）故障，造成交流系统串入直流系统，主变压器非电量保护误动作导致发电机组停运。

（5）某电厂交流电源串入直流系统，造成远方手动分闸继电器动作跳开主变压器高压侧断路器，发电机组停运。

（6）某电厂直流接地，造成励磁调节器的外部跳闸继电器动作灭磁，失磁保护动作导致发电机组停运。

8.1.2　故障分析

1. 直流回路一点接地问题的分析

直流跳闸回路的简化等值电路图如图 8-1 所示，图中电容为控制回路电缆分布电容的等

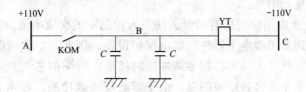

图 8-1　直流跳闸回路的等值电路图

值电容，电缆越长，此分布电容越大，其放电容量越大。KOM 为保护出口触点，YT 为跳闸线圈（或者为能造成直接跳闸的中间继电器）。

正常运行时，B 点电位与 220V 电源负极，即 C 点电位相同。当电源负极接地的瞬间，其简化等值电路如图 8-2 所示。

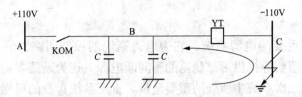

图 8-2　直流电源负极接地时的等值电路图

由于电容两端电压不能突变，在接地的瞬间就会形成环流，此电流为分布电容的放电电流。不计线圈电感，其表达式为

$$i=\frac{U_{C_\Sigma}}{R_\Sigma}\mathrm{e}^{-\frac{1}{R_\Sigma C_\Sigma}t} \tag{8-1}$$

式中　R_Σ——整个等值放电回路的等值电阻；

　　　C_Σ——等值分布电容。

电流波形如图 8-3 所示。该电流为一典型的逐步衰减的直流波形，从式（8-1）中可以看到，等值电容 C_Σ 越大，即控制电缆越长，电容的放电时间越长；回路电阻 R_Σ 越小，该电流衰减就越慢。此电流如果足够大，就可能引起跳闸线圈（或者能导致直接跳闸的中间继电器）动作导致保护出口。

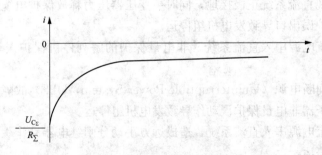

图 8-3　电容电流波形图

2. 交直流串扰问题分析

交直流串扰问题实质上也是直流回路一点接地问题，因为直流系统是通过绝缘监察装置接地的，正常运行时正负极不允许接地。而交流系统为接地系统（有地线），一旦交直流发生串扰，就会相应形成直流回路一点接地。因此，继电保护操作回路中不允许交直流有公共接线点，以免引起交直流串扰。

在 220kV 及以上变电站中，所有由开关场引入控制室的交流电流、电压和直流跳闸回路都可能引入干扰电压到基于微电子器件的继电保护设备。因此，二次回路要采用带屏蔽层的电缆，并且要求屏蔽层在开关场和控制室两端同时接地。电缆的芯线和屏蔽层之间存在有分布电容。电缆越长，分布电容效应越明显，由于屏蔽层两端接地，实际上这种分布电容也就是电缆芯线对地之间的分布电容。

在直流系统中，当交流电源串入直流回路时，由于长电缆对地分布电容效应的存在，往往可能导致一些灵敏的保护继电器的误动作。当有交流电源串入直流正电源侧（见图 8-4 中 A 点）或负电源侧（见图 8-4 中 C 点）时，就可以通过继电器线圈、蓄电池以及电缆分布电容构成回路。

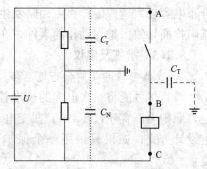

图 8-4　交直流串扰电气回路图

控制电缆的分布电容越大，加在继电器线圈上电压的有效值就越大。继电器线圈上的电压波形如图 8-5 所示。若加在继电器线圈上的电压 U_R 在变化过程中，若其值高于继电器动作电压 U_D 的时间超过继电器动作时间，则继电器就会发生误动作。如图 8-6 所示为某电厂交流串入直流系统后中间继电器的动作情况。

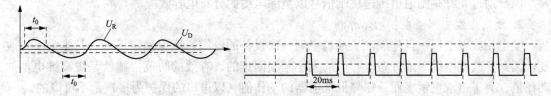

图 8-5　继电器线圈上的电压波形　　　图 8-6　某电厂交流串入直流系统后中间继电器的动作情况

对不同对地电容值与中间继电器交流电压动作值的关系做试验。试验方法与接线图如图 8-7 所示。可调电容 C（视其为电缆对地电容），使其容量在 $0.2 \sim 1.9 \mu F$ 间变化，模拟保护正常运行时直流电源串入交流电压干扰量，测量出口中间继电器 DZ-6 的动作电压值，试验数据见表 8-1。试验数据表明，随着电容量增大，继电器的交流动作电压就变小，抗干扰能力就下降。

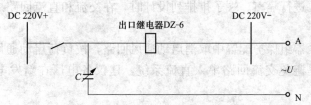

图 8-7　中间继电器交流动作电压与对地电容关系试验图

表 8-1　　　　　　　直流电源串入交流电压干扰量的模拟实验数据

电容量（μF）	实测交流动作电压（V）	继电器状态
0.22	110	导通
0.47	91	导通
0.66	83	导通
0.88	79	导通
0.94	78	导通
1.41	75	导通
1.88	73	导通

3. 故障原因

直流回路一点接地、交直流串扰引起保护误动作的原因，主要是因控制电缆较长，引起分布电容较大造成的。直流回路发生一点接地在运行中难以避免，但由于直流回路发生交直流串扰而导致保护误动作的事件，在设计和运行阶段充分采取相关措施，是完全可以避免。

8.1.3　措施及建议

1. 减小控制电缆的分布电容值

（1）尽可能将二次电缆的长度控制在一定长度范围内。目前设计规程对此并无明确规定，原则上不宜超过400m。在变电站设计时，对于面积较大的变电站，可采取多个保护小室设计方式；如果只采用一个保护室时，尽可能将保护室或主控楼选在变电站地理中心位置。

（2）变电站内户外高压配电装置采用封闭式组合电器（GIS）配电装置，可有效减小变电站占地面积，减少二次电缆的长度。

（3）不同用途的电缆分开布置以降低分布电容效应。

（4）通过光纤跳闸通道传送跳闸信号以消除电缆的分布电容效应。

2. 提高直流中间继电器的动作值

变电站或者电厂一旦建成，从控制室到一次设备的电缆长度也确定下来，基本上不可改变，因此要改变电缆对地分布电容值的大小是很困难的。有效的防范措施就是提高继电器的动作值。为了追求灵敏度而一味降低继电器的动作值（以进口的保护为多）是不可取的。

在直跳回路的中间继电器的选择上要满足相关设计规范的要求，对于装置间不经附加判据直接启动跳闸的开入量，应经抗干扰继电器重动后开入，抗干扰继电器的启动功率应大于5W，动作电压在额定直流电源电压的55%～70%范围内，额定直流电源电压下动作时间为10～35ms，应具有抗220V工频电压干扰的能力。

3. 尽量避免外界干扰因素的影响

在进行二次电缆的设计和施工时，要避免在同一根二次电缆同时混有交、直流回路，强电和弱电电缆之间要进行隔离。端子排排列设计时，在交流和直流回路之间宜采用一个空端子进行隔离。

在发电机—变压器组保护配置中取消启动通风回路，按负荷启动通风回路在主变压器控制箱中实现，主要是避免交流回路串入直流系统，建议各电厂在新发电机组扩建或技改时实现。

微机继电保护装置宜采用全站后台集中打印方式。为便于调试，保护装置上应设置打印机接口。保护屏（柜）内一般不设交流照明、加热回路。

8.1.4　相关原理

1. 分布电容

不只是电容器中才具有电容，实际上任意两导体之间都存在电容。例如，两根输电线（或电缆）之间，每根输电线（或电缆）与大地之间，都是被空气介质隔开的，所以也都存在着电容。一般情况下，这个电容值很小，它的作用可忽略不计，如果输电线（或电缆）很长或所传输的信号频率高时，就必须考虑这电容的作用，另外在电子仪器中，导线和仪器的金属外壳之间也存在电容。上述这些电容通常称为分布电容，虽然它的数值很小，但有时却会给输电线路（或电缆）或仪器设备的正常工作带来干扰。带电的电缆、变压器对地都有一定的分布电容，而分布电容大小取决于电缆的几何尺寸、电缆的长度和绝缘材料等。

（1）电感线圈的分布电容。线圈的匝与匝之间、线圈与地之间、线圈与屏蔽盒之间以及线圈的层与层之间都存在分布电容。分布电容的存在会使线圈的等效总损耗电阻增大，品质因数降低。高频线圈常采用蜂房绕法，即让所绕制的线圈，其平面不与旋转面平行，而是相交成一定的角度，这种线圈称为蜂房式线圈。线圈旋转一周，导线来回弯折的次数，称为折点数。蜂房绕法的优点是体积小，分布电容小，而且电感量低。蜂房式线圈都是利用蜂房绕线机来绕制的，折点数越多，分布电容越小。

（2）变压器的分布电容。变压器在初级和次级之间存在分布电容，该分布电容会经变压器进行耦合，因而该分布电容的大小直接影响变压器的高频隔离性能。也就是说，该分布电容为高频信号进入电网提供了通道。所以在选择变压器时，必须考虑其分布电容的大小。

变压器的分布电容主要分为四部分：绕组匝间电容，层间电容，绕组电容，杂散电容。

1）绕组匝间电容。电容的基本构成就是两块极板，当两块极板加上适当的电压时，极板之间就会产生电场，并储存电荷，把变压器相邻两个绕组看成两个极板，两个绕组之间的电容就是绕组匝间电容。以变压器初级绕组为例，当直流母线电压加在绕组两端时，各绕组将平均分配电压，每匝电压即为每匝之间的电压差。当初级金属氧化物半导体场效应晶体管（Metal-Oxide-Semiconductor Field-Effect Transistor，MOSFET）开通与关闭时，此电压差将对这个匝间电容反复的充放电，特别是大功率电源，由于初级匝数少，每匝分配的电压高，那么这个影响就更严重。但总的来说，匝间电容的影响相对于其他的分布电容来说，几乎可以忽略。为了降低匝间电容，可以选用介电常数较低的漆包线来减小匝间电容，也可以增大绕组的距离来减小匝间电容，如采用三重绝缘线。

2）绕组层间电容。这里的层间电容指的是每个单独绕组各层之间的电容。在变压器中一般会出现单个绕组需要绕 2 层或 2 层以上，那么此时的每 2 层之间都会形成一个电场，即会产生一个等效电容效应，我们把这个电容称为层间电容。层间电容是变压器的分布电容中对电路影响最重要的因素，因为这个电容会跟漏感在 MOSFET 开通与关闭的时候，产生振荡，从而加大 MOSFET 与次级 Diode（二极管）的电压应力，使电磁兼容性（Electromagnetic Compatibility，EMC）变差。

3）绕组电容。就是指绕组之间产生的电容，一次绕组与二次绕组之间的电容，此电容由于存在于一、二次绕组之间，对电路的电磁干扰（Electromagnetic Interference，EMI）是相当不利的，因为一次绕组产生的共模电流信号可以通过这个电容耦合到二次绕组中去，这就造成了非常大的共模干扰，而共模干扰可能会引起电路噪音或者输出的不稳定。

解决的方法一般就是在一、二次绕组之间加一个屏蔽层，并且将这个屏蔽层接到电路中的某点，来降低此电容的影响。这种屏蔽层称为法拉第屏蔽层，一般由铜箔或绕组构成，在用铜箔时，一般选用 0.9T 或者 1.1T（T＝Turn，表示圈数），不选择 1T，因为容易发生短路。

4）杂散电容。寄生电容（parasitic capacitance），也称为杂散电容，是电路中电子元件之间或电路模块之间，由于相互靠近所形成的电容，寄生电容是寄生元件，多半是不可避免的，是设计时不希望得到的电容特性。寄生电容会造成杂散振荡。寄生的含义就是本来没有在那个地方设计电容，但由于布线结构之间总是有电容，就好像是寄生在布线之间的一样，所以叫寄生电容。寄生电容特性一般是指电感，电阻，芯片引脚等在高频情况下表现出来的电容特性。

传感器中的寄生电容，传感器除有极板间电容外，极板与周围体（各种元件甚至人体）也产生电容联系，这种电容称为寄生电容。它不但改变了电容传感器的电容量，而且由于传感器本身电容量很小，寄生电容极不稳定，这也导致传感器特性不稳定，对传感器产生严重干扰。

2. 旁路电容

可将混有高频电流和低频电流的交流电中的高频成分旁路掉的电容，称为"旁路电容"。例如，当混有高频和低频的信号经过放大器被放大时，要求通过某一级时只允许低频信号输入到下一级，而不需要高频信号进入，则在该级的输出端加一个适当大小的接地电容，使较高频率的信号很容易通过此电容被旁路掉（这是因为电容对高频阻抗小），而低频信号由于电容对它的阻抗较大而被输送到下一级放大。

8.2　直流系统故障引起线路保护误动 1

8.2.1　故障简述

1. 故障经过

某日，甲变电站 220kV 2665 线发生 AB 相间短路，线路两侧断路器三跳未重合，保护正确动作。相邻乙变电站 220kV 2H28 线第一套保护距离Ⅲ段动作，跳开线路断路器，第二套保护保护只启动，未动作。故障导致 2H28 线馈供的 220kV 丙变电站全站停电。

2. 故障前运行方式

故障前系统运行方式如图 8-8 所示。

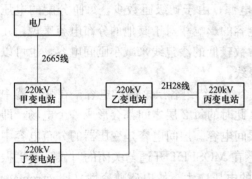

图 8-8　故障前系统运行方式

8.2.2　故障分析

1. 现场检查情况

现场对乙变电站的 2H28 第一套保护做相关检查，装置正常，同时发现乙变电站内所有线路的第一套保护均启动。进一步检查发现乙变电站内Ⅱ段直流电源消失，恢复供电后进行模拟全站所用电全失试验，发现直流Ⅱ段充电机交流失压后，有直流电压短时下降现象，随后恢复正常。

2. 站内直流电源系统检查及分析

（1）Ⅱ段直流母线电压告警分析。故障发生时，直流绝缘在线监测装置记录到Ⅱ段母线相关告警信息：Ⅱ段直流母线欠压告警，显示直流电压为 69.2V。Ⅱ段直流电压欠压定值为 198V，而装置显示动作值为 69.2V，表明直流母线电压下降迅速，从额定值急剧下降至 69.2V 以下，导致装置采集到的第一个点远低于整定值。

（2）Ⅱ段直流母线电压降低原因分析。针对直流电压下降的情况，开展进一步分析，如图 8-9 所示为Ⅱ套直流系统断开充电装置后，由蓄电池组给直流负荷带电的系统简图。平衡桥在绝缘监测装置中，两个电阻相等约 47kΩ，钳制直流正负母线对地电压。

绝缘监测装置检测的直流电压是正负母之间的电压，直流电压降低有可能是蓄电池组故障或是蓄电池组至直流母线电压之间有电阻分压，如螺栓没有拧紧、接触不良等。对该回路进行了仔细的检查发现蓄电池组与正负母线的回路接触良好，排除蓄电池组至直流母线电压之间存在电阻分压的可能。进一步检查Ⅱ段母线上蓄电池组在线监测装置相关告警信息发现，故障当日凌晨运行人员投入充电机交流电源给蓄电池组充电的过程中，30 号蓄电池电压 3 次超限，最高电压达到 11.58V 见表 8-2。相关规程规定，蓄电池组充电电压调整范围为 90％～130％（6、12V 可控式蓄电池），乙变电站站内蓄电池单节标称电压为 6V，充电电压范围应为 5.4～7.8V，30 号蓄电池充电电压明显过高。

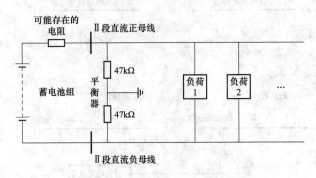

图 8-9　Ⅱ段直流系统简图

表 8-2　　　　　　　　　　　　　　　　单节蓄电池超限信息

故障类型	编号	报警值（V）	时间
电池恢复	2/030 号	07.48	03/24　23∶58
电池超限	2/030 号	09.40	03/24　23∶13
电池恢复	2/030 号	07.35	03/24　16∶36
电池超限	2/030 号	07.91	03/24　16∶20
电池恢复	2/030 号	07.50	03/24　13∶02
电池超限	2/030 号	11.58	03/24　04∶37

充电过程中蓄电池电压过高是蓄电池内部故障的一个特征，蓄电池内部故障会导致蓄电池组放电时端电压迅速下降，因此，在充电装置断电后，由第二组蓄电池组带负荷时，由于其 30 号蓄电池内部存在故障，致使蓄电池组直流电压迅速下降，造成此次故障。事后将该组蓄电池更换，对 30 号蓄电池进行测试，30 号蓄电池单体的电导测试为 0，即内阻无穷大，蓄电池内部存在物理故障。

3. 故障原因分析

2665 线路发生 AB 相间短路，导致 220kV 乙变电站 220kV 母线 AB 相电压下降，35kV 母线电压随之下降，乙变电站 35kV 母线站用变压器（35kV 侧电压取自本站一段母线）、35kV 324 线站用变压器（35kV 侧电压取自本站 324 线路，由丙变电站转 35kV 乙变电站 T 接）低压侧 401、402 断路器因失压瞬时脱扣跳开，站内两段直流母线的充电装置失去交流电，由两组蓄电池给负荷供电。乙变电站直流系统结构如图 8-10 所示。

Ⅰ段直流母线的蓄电池组带负荷成功，Ⅱ段直流母线蓄电池组由于单节电池内部虚断，造成直流母线电压跌落，带负荷失败。在Ⅱ段直流母线电压异常后，接于Ⅱ段直流母线的 220kV 电压互感器并列装置中的交流电压切换继电器（单位置继电器）失去直流电压后返回，导致了全站保护失去母线电压。由于在 2665 线 AB 相故障时，2H28 线第一套保护启动，在第一套保护中三相母线电压消失时，仍处于启动后的故障处理程序中，因此保护不判电压互感器断线，距离Ⅲ段出口，跳开 2H28 断路器。第一套保护录波如图 8-11 所示，由图可见，在保护跳闸前，2H28 线二次三相电压均已消失，而三相电流仍为正常的负荷电流，呈现典型的电压互感器断线特征。

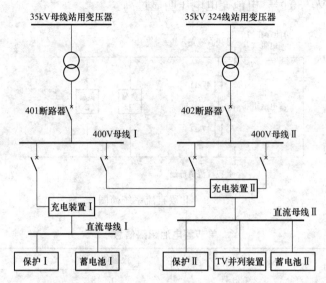

图 8-10　乙变电站直流系统结构图

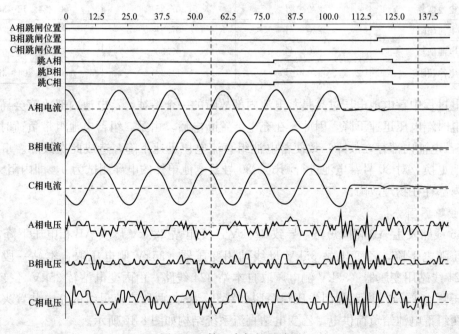

图 8-11　第一套保护录波图

4. 故障原因

本次故障起因为区外线路故障，造成 35kV 母线电压随之下降，站用变压器低压侧总断路器因为低压瞬时脱扣，1 号、2 号充电机交流失电，全站直流负荷由 1 号、2 号蓄电池组供电。由于 2 号蓄电池组单节电池内部故障，引起Ⅱ段直流控母上直流负荷失电，导致接于Ⅱ段母线的电压互感器并列装置失电，2H28 线第一套保护因三相电压消失，距离Ⅲ段出口。

8.2.3　经验教训

（1）站用变压器交流电源设计不合理，站用变压器交流电源来自同一电源点，当该电源点失电时，造成全所失电。

（2）蓄电池组在线监测系统功能不够完善，对单节蓄电池的缺陷不能够及时发现。

（3）站用变压器低压侧断路器低压脱扣方式不合理，无法躲过系统正常扰动。

8.2.4　措施及建议

（1）加强直流系统的运行和维护。蓄电池正常以浮充方式运行，由于长时间不放电，负极板上的活性物质容易产生硫化铅结晶，不易还原，为保证放电容量和延长使用寿命，必须对其进行定期的充放电和日常维护。

（2）完善现有蓄电池在线监测系统功能。当某只蓄电池内部开路而引起其他蓄电池过充时能适时发出过充告警，蓄电池开路达到一定延时即可发出电池开路报警。

（3）规范站用变压器低压侧失压脱扣装置运行方式。脱扣装置需带一定延时，以便与继电保护动作时间相配合，避免由于区外故障的短时扰动即导致站用变压器低压侧失电。

（4）严格执行反措，规范电压并列及切换回路设计。对电压互感器并列装置进行严格检查，确保电压互感器并列装置隔离开关触点双位置开入。因电压互感器并列装置涉及全站电压，其一旦失电，影响全站保护正常运行，必须使用双位置继电器，即使直流电源失去，由于继电器具有自保持功能，保护不会失去电压。

（5）对于重要的 220kV 联络变电站，站用变压器的两路交流电源应取自不同的可靠电源点，避免站用变压器两路电源同时失电。

8.2.5　相关原理

1. 蓄电池

发电厂及变电站常用的蓄电池，主要有酸性的和碱性的两大类。常用的酸性蓄电池是铅蓄电池，而常用的碱性蓄电池是镉－镍蓄电池。

（1）铅蓄电池。铅蓄电池的正极为二氧化铅，负极为铅（海绵铅），电解液是硫酸溶液。电池在放电时，正极、负极上均生成硫酸铅，而消耗硫酸，充电时与放电过程相反，其正、负极的硫酸铅分别反应成二氧化铅及海绵铅，同时生成硫酸。

（2）镉－镍蓄电池。镉－镍蓄电池的正极为氧化镍，而负极为镉，其电解液采用氢氧化钠或氢氧化钾溶液，并加入少量的氢氧化铝。

（3）电气参数。蓄电池的主要电气技术参数有：

1）额定电压。发电厂及变电站常用的铅蓄电池的额定电压为 $2\sim2.5\text{V}/$只，镉－镍蓄电池的额定电压为 $1.25\text{V}/$只。

2）额定容量（安时）。不同型号的蓄电池，其额定容量不同。所谓额定容量是指：电池电压下降至终止放电电压时，所释放的电量。一般用 10h 放电容量 C_{10} 来定义：即电池恒流放电 10h 所释放的电量，这个恒流放电电流为 10h 放电电流 I_{10}。铅蓄电池的容量，小的几十安时，大的 $1600\text{A}\cdot\text{h}$；而镉－镍蓄电池的容量，小的 $10\text{A}\cdot\text{h}$，大的 $500\text{A}\cdot\text{h}$。

3）短路电流。短路时蓄电池供出电流的大小，决定于蓄电池的电动势、内阻及外回路的电阻。当外回路的内阻等于零时，镉－镍蓄电池可供出的最大短路电流为 $15\sim58\text{A}$。

2. 蓄电池的充电

(1) 恒定电流充电法。在充电过程中充电电流始终保持不变，叫做恒定电流充电法，简称恒流充电法或等流充电法。在充电过程中由于蓄电池电压逐渐升高，充电电流逐渐下降，为保持充电电流不致因蓄电池端电压升高而减小，充电过程中必须逐渐升高电源电压，以维持充电电流始终不变，这对于充电设备的自动化程度要求较高，一般简单的充电设备是不能满足恒流充电要求的。

恒流充电法的优缺点：在蓄电池最大允许的充电电流情况下，充电电流越大，充电时间就可以缩得越短。若从时间上考虑，采用此法是有利的。但在充电后期若充电电流仍不变，这时由于大部分电流用于电解水上，电解液出气泡过多而出现沸腾状，这不仅消耗电能，而且极易使极板上的活性物质大量脱落，温升过高，造成极板弯曲，蓄电池容量迅速下降而提前报废。所以，这种充电方法目前很少采用。

(2) 恒定电压充电法。在充电过程中，充电电压始终保持不变，叫做恒定电压充电法，简称恒压充电法或等压充电法。由于恒压充电从开始至后期，电源电压始终保持一定，所以在充电开始时充电电流相当大，大大超过正常充电电流值，但随着充电的进行，蓄电池端电压逐渐升高，充电电流逐渐减小。当蓄电池端电压和充电电压相等时，充电电流减至最小甚至为零。由此可见，采用恒压充电法的优点在于，可以避免充电后期充电电流过大而造成极板上的活性物质脱落和电能的损失。但其缺点是，在刚开始充电时，充电电流过大，极板表面上的活性物质体积变化收缩太快，影响活性物质的机械强度，也会致使其脱落。而在充电后期充电电流又过小，使极板深处的活性物质得不到充电反应，形成长期充电不足，影响蓄电池的使用寿命。所以这种充电方法一般只适用于无配电设备或充电设备较简陋的特殊场合，如汽车上蓄电池的充电，1～5号干电池式的小蓄电池的充电均采用恒定电压充电法。采用恒定电压充电法给蓄电池充电时，所需电源电压为：酸性蓄电池每个单体电池为 2.4～2.8V，碱性蓄电池每个单体电池为 1.6～2.0V。

(3) 有固定电阻的恒定电压充电。为补救恒定电压充电的缺点而采用的一种方法。即在充电电源与电池之间串联一电阻，这样充电初期的电流就可以调整。但有时最大充电电流受到限制，因此随着充电过程的进行，蓄电池电压逐渐上升，电流却几乎成为直线衰减。

(4) 阶段等流充电法。综合恒流和恒压充电法的特点，蓄电池在充电初期用较大的电流，经过一段时间改用较小的电流，至充电后期改用更小的电流，即不同阶段内以不同的电流进行恒流充电的方法，称为阶段恒流充电法。阶段恒流充电法，一般可分为两个阶段进行，也可分为多个阶段进行。阶段等流充电法所需充电时间短，充电效果也好。由于充电后期改用较小电流充电，这样减少了电解液出气泡对极板活性物质的冲洗，减少了活性物质的脱落。这种充电法能延长蓄电池使用寿命，并节省电能，充电又彻底，所以是当前常用的一种充电方法。

(5) 浮充电法。为延长蓄电池的使用寿命并及时补充电池的容量损耗，间歇使用的蓄电池或仅在交流电停电时才使用的蓄电池，其充电方式为浮充电式。浮充电式是蓄电池组的一种供（放）电工作方式，系统将蓄电池组与电源线路并联连接到负荷电路上，它的电压大体上是恒定的，仅略高于蓄电池组的端电压，由电源线路所供的少量电流来补偿蓄电池组局部作用的损耗，以使其能经常保持在充电满足状态而不致过充电。一些特殊场合使用的固定型蓄电池一般均采用浮充电方法对蓄电池进行充电。浮充电法的优点主要在于能减少蓄电池的析气率（指两种不同的充电模式，在相同温度压力条件放大气体量的比值），并可防止过充电，同时由于蓄电池同直流电源并联供电，用电设备大电流用电时，蓄电池瞬时输出大电流，这有助于镇静电源系统的电压，使用电设备用电正常。浮充电法的缺点是个别蓄电池充电不均衡和充不足电，所以需要进行定期的均衡充电。

浮充方式有全浮充和半浮充两种。全部时间均由电源线路与蓄电池组并联浮充供电，则称为全浮充工作方式，或称连续浮充工作方式。当部分时间（负荷较重时）进行浮充供电，而另一部分时间（负荷较轻时）由蓄电池组单独供电的工作方式，称为半浮充工作方式，或称为定期浮充工作方式。

3. 蓄电池组

发电厂及变电站直流系统的额定电压，通常有 48、110、220V 三种电压等级。为取得上述不同的电压等级，需要将多个蓄电池串联起来。另外，为使直流电源能输出较大的电流，还需将几个蓄电池组并联使用。直流系统的电压越高，需串联的蓄电池个数越多；直流系统输出的电流越大，需并联的支路数越多。

4. 对直流系统的基本要求

为确保发电厂及变电站的安全、经济运行，直流系统应满足以下要求：

（1）正常运行时直流母线电压的变化应保持在 10% 额定电压的范围内。如果电压过高，容易使长期带电的二次设备（如继电保护装置及指示灯等）过热而损坏；如果电压过低，可能使断路器、保护装置等设备不能正常动作。

（2）电池的容量应足够大，以保证在浮充设备因故停运而其单独运行时，能维持继电保护及控制回路正常运行一段时间。此外，还应保证故障发生后能可靠切除断路器及维持直流动力设备（如直流油泵等）正常运行一段时间。

（3）充电设备稳定可靠，能满足各种充电方式的要求，并有一定的冗余度。

（4）直流系统的接线应力求简单可靠，便于运行及维护，并能满足继电保护装置及控制回路供电可靠性要求。

（5）具有完善的异常、故障报警系统及级差配合。当直流系统发生异常或运行参数越限时，能发出告警信号；当直流系统发生短路故障时，能快速而有选择性地切除故障馈线，而不影响其他回路的正常运行。

8.3　直流系统故障引起线路保护误动 2

8.3.1　故障简述

1. 故障经过

某日，220kV 甲变电站 35kV 某出线速断保护动作，总控单元直流电源消失，调度主站与甲变电站通信中断，同时 220kV 2H50 线和 4969 线的第一套保护距离 III 段动作，断路器三相跳闸。

2. 故障前运行方式

甲变电站的 220kV 系统接线方式为双母线带旁路，母联断路器 2610 在合位，220kV 线路共 5 条，其中 4969 线运行于 I 段母线，2H50 线运行于 II 段母线。220kV 系统接线图如图 8-12 所示。

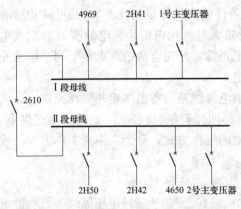

图 8-12　故障前 220kV 系统接线图

2H50 线和 4969 线保护配置为双套保护。35kV 接线方式为单母分段带旁路，35kV 保护动作线路在 35kV Ⅰ段母线运行。

8.3.2　故障分析

1. 现场检查情况

现场检查发现直流充电屏交流电源失去，1 号站用变压器低压侧（400V）断路器脱扣断开，2 号站用变压器 QF21 空气断路器（2 号交流屏至 2 号充电柜交流电源空气断路器）断开。现场检查站用变压器无异常后，合上 1 号站用变压器低压侧（400V）断路器及 2 号站用变压器 QF21 空气断路器。站内直流电源恢复。

现场检查发现故障录波器无录波记录，变电站后台、调度主站无任何保护动作信号。检查保护装置，2H50、4969、2H41、2H42、4650 线第一套保护、旁路 2620 保护、母线差动保护、1 号主变压器保护、2 号主变压器保护均有电压互感器断线记录，一段时间后电压互感器断线信号消失。但 2H50、4969、2H41、2H42、4650 线第二套保护均无电压互感器断线记录。

进一步现场检查交直流系统，发现 2 号蓄电池屏熔断器熔断。直流屏蓄电池监视电压接在熔断器与母线之间，熔断器熔断后（无告警），监视电压显示为浮充电压。

2. 故障原因分析

在 35kV 某出线发生 A、B 相相间短路时，故障电流 5040A，出线速断保护跳闸。故障引起 35kV Ⅰ段母线电压瞬时下降，1 号交流屏 400V 进线总断路器（QF101）低压脱扣瞬时动作。甲变电站直流系统结构如图 8-13 所示。

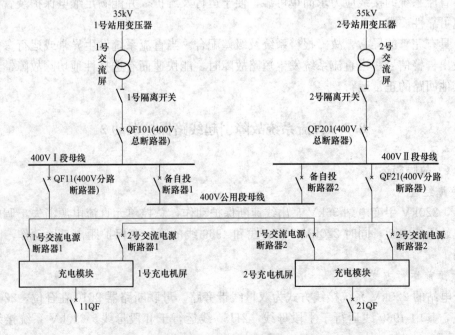

图 8-13　甲变电站直流系统结构图

正常运行方式下，35kV1 号站用变压器供 1 号交流屏，35kV2 号站用变压器供 2 号交流屏。直流系统为双充电机、双母线、双蓄电池设计。充电电源为双电源方式，两路电源分别接在交流屏 400V Ⅰ 段和 Ⅱ 段母线。1 号充电机屏正常由 1 号交流屏 QF11 供电。2 号充电机屏正常由 2 号交流屏 QF21 供电。

1 号交流屏 400V 进线总断路器（QF101）跳开后，该屏上 400V Ⅰ 段母线失电，1 号、2 号充电机屏均由 2 号交流屏 QF21 供电，该断路器因冲击负荷跳闸，引起 1 号、2 号充电机交流失电，全所直流负荷由 1 号、2 号蓄电池组供电。因 2 号蓄电池组柜体上熔断器熔断，导致 2 号蓄电池与直流母线 Ⅱ 段脱离，引起直流母线 Ⅱ 段上的直流负荷失电。

在 Ⅱ 段直流母线失电后，接于 Ⅱ 段直流母线的 220kV 电压互感器并列装置中的交流电压切换继电器（单位置继电器）失去直流电压后返回，导致了全站保护失去母线电压。接于 Ⅱ 段直流母线的 2H50、4969、2H41、2H42、4650 线第二套保护也失去电源，装置失电，所以没有电压互感器断线记录，保护也不会动作。而 2H50、4969、2H41、2H42、4650 线第一套保护、旁路 2620 保护、母线差动保护、1 号主变压器保护、2 号主变压器保护等接于 Ⅰ 段母线，保护运行正常，因此均有电压互感器断线记录。

在 35kV 某出线发生 AB 相故障时，4969、2H50 线电流突变较大，浮动门槛值较低，第一套保护启动；2H41、2H42、4650 线电流突变较小，浮动门槛值较高，保护装置未启动。4969、2H50 线第一套保护启动约 300ms 后，三相电压消失为零，第一套保护的距离保护进入低电压逻辑，距离 Ⅰ 段、Ⅱ 段采用正序电压记忆量极化，判故障在反方向，因此距离 Ⅰ 段、Ⅱ 段保护未动作。进入低压程序后，第一套保护中距离 Ⅲ 段保护动作区始终采用反门槛，因而三相短路 Ⅲ 段稳态特性包含原点，由整定时间级差保证选择性。本次故障测距分别为 0.3km 与 0.8km，线路长度为 19.31km，测量阻抗在原点附近，又因为在保护启动后，装置不判电压互感器断线，因此 3.5s 后距离 Ⅲ 段保护动作出口。4969、2H50 线保护录波图如图 8-14、图 8-15 所示。从录波图上可见，在保护跳闸前，4969、2H50 线第一套保护二次三相电压均已消失，而三相电流仍为正常的负荷电流，呈现典型的电压互感器断线特征。

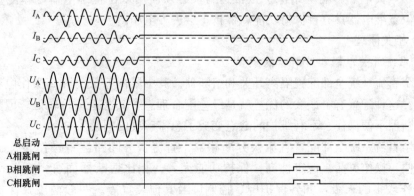

图 8-14　4969 线第一套保护动作波形

3. 故障原因

本次故障是由于直流系统故障引起电压切换屏失电，导致 2H50、4969 线第一套保护在区外故障启动后，因三相电压消失，造成距离 Ⅲ 段保护误动作。

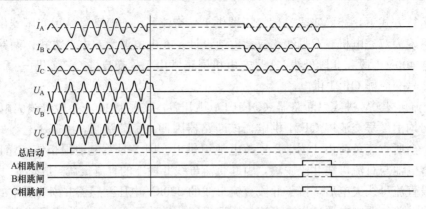

图 8-15　2H50 线第一套保护动作波形

8.3.3　经验教训

（1）熔断器及空气断路器配置存在问题，未按照相关的技术规程要求，没有确保熔断器、空气断路器的配置逐级匹配。

（2）站用变压器低压侧断路器低压脱扣（脱扣器是和断路器的机械机构相连，用以释放保持机构并使断路器自动断开的装置）方式不合理，无法躲过系统正常扰动。

8.3.4　措施及建议

（1）加强直流系统中熔断器和空气断路器的设计、运行及维护管理。定期开展熔断器的运行维护检修，对到期的熔断器及时予以更换；对蓄电池熔断器进行改造，增加熔断告警信号。甲变电站交流屏 400V 分路断路器（QF11、QF21）的额定电流为 20A，现已更换为额定电流较大的断路器。

（2）规范站用变压器低压侧失压脱扣装置运行方式。脱扣装置需带一定延时，以便与继电保护动作时间相配合，避免由于区外故障的短时扰动导致站用变压器低压侧失电。

（3）严格执行反措，规范电压并列及切换回路设计。对电压互感器并列装置进行严格检查，确保电压互感器并列装置隔离开关触点使用双位置开入。因电压互感器并列装置涉及全站电压，其一旦失电，影响全站保护正常运行，必须使用双位置继电器，即使直流电源失去，由于双位置继电器具有自保持功能，保护不会失去电压。

8.3.5　相关原理

1. 直流系统开关电器和熔断器的配置

（1）整个直流系统全部配置隔离开关和熔断器。其中隔离开关为隔离操作电器，熔断器为保护电器。这种配置有个最大的优势就是级差配合理想，其次是造价较低。但随着变电站的增加，熔断器不便操作、不利维护的缺点变成了急需解决的问题。

（2）整个直流系统全部配置直流快分断路器。直流快分断路器集操作与保护功能为一体，安装方便，操作灵活，稳定性高，保护功能完善。相比熔断器而言，直流快分断路器更适合于操作较多的末级，如各保护屏、控制屏及其他装置等。一般两段式保护的直流快分断路器，即具有过载长延时的热脱扣功能，又有短路瞬时电磁脱扣功能。直流快分断路器的额定电流选择是根据所供电的负荷电流计算确定的。额定电流选择大了，由于负荷电流小，在过载时热脱扣时间会延长；选择小了，由于负荷电流大，长时间运行加上环境温度高，热脱扣可能误动。当直流快分断路器的额定电流确定后，过载长延时热脱扣的保护特性和短路瞬时电磁脱扣特性均已形成，一般是 $10I_n$ 动作，但是直流快分断路器安装处的短路电流决定短路瞬时脱扣的灵敏度，必须计算验证。此种配置的缺点是：全直流快分断路器（过载长延时＋短路瞬时）配置的直流系统在直流屏近端短路时，极易造成蓄电池出口越级动作。

（3）整个直流系统全部配置熔断器＋直流快分断路器。须遵循第一级（蓄电池出口处）采用熔断器（应带有熔断告警触点），末级（各保护屏、控制屏及其他装置）采用直流快分断路器的原则。这种配置为目前比较实用的配置。

在直流系统中应选用直流快分断路器，不能用交流快分断路器代替直流快分断路器（除厂家明确可交直流两用的除外）。交流快分断路器与直流快分断路器的灭弧机理不同，交流快分断路器灭弧是利用交流电的周期性变化，电弧有自然过零点，经自然过零点后，弧隙电压由零逐渐上升，此时只要交流快分断路器绝缘介质恢复速度快于弧隙电压上升速度，就可保证电弧不重燃；而直流电弧因没有自然过零点，直流电弧产生后，在一定的维持电压下电弧可以持续燃烧，故灭弧要困难得多。

2. 直流系统断路器或熔断器级差配合要求

（1）直流系统从蓄电池出口到各级断路器的配置，如果使用直流断路器应全部使用直流断路器，使用熔断器则全部使用熔断器，不应将直流断路器和熔断器混合使用，防止因直流断路器和熔断器动作特性不同造成越级动作。

（2）直流系统使用的断路器应使用具有脱扣功能的直流断路器，不得将普通交流断路器用于直流系统。使用进口的交、直流两用断路器时，要注意直流开断能力的校核。

（3）为确保直流系统各级断路器及熔断器在直流系统短路故障时的选择性，直流断路器或熔断器的上、下级级差配合应不小于 2 级，应保证在 2～4 级的级差配合；蓄电池出口总断路器或熔断器与次极配合应保证 3～4 级的级差配合。

（4）高频开关电源充电装置输出回路装设直流断路器的，级差配合应和蓄电池出口相一致，以免出现级差配合失调的问题。

8.4 查找直流接地引起母线失电

8.4.1 故障简述

1. 故障经过

某日，某 220kV 变电站发生直流接地故障，现场采用拉路法查找接地点，当拉开直流屏上监控电源时，110kV 进线备用电源自动投入装置启动，备用电源自动投入装置动作跳开701 断路器，合上 763 线断路器，763 线距离保护断路器合闸后，距离加速出口跳闸，造成该变电站 110kV 母线失电。

2. 故障前运行方式

该变电站一台主变压器运行，110kV 为双母线接线方式，710 断路器运行，故障发生时110kV 甲母线负荷很轻（二次电流为 0.03A）；110kV 763 联络线备用，763 备用电源自动投入装置投入，即当 110kV 甲母线失电，备用电源自动投入装置跳开 701 断路器，合上 763 断路器。故障前系统运行方式如图 8-16 所示。

8.4.2 故障分析

1. 保护动作情况

检查保护及自动装置的事件报告见表 8-3。

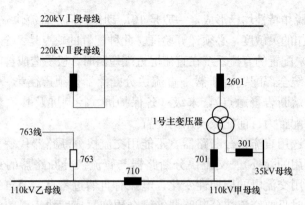

图 8-16　故障前系统运行方式示意图
──□──断路器断开状态；　──■──断路器闭合状态

表 8-3　　　　　　　　　　　　　　　　事 件 报 告 表

序号	动作时间	动作信息
1	15∶08∶23.194	备用电源自动投入装置启动
2	15∶08∶24.071	所有 110kV 保护报电压互感器断线
3	15∶08∶26.294	备用电源自动投入装置跳 701
4	15∶08∶26.354	备用电源自动投入装置合 763
5	15∶08∶26.330	763 距离加速动作

2. 现场情况

现场检查绝缘监察装置，在该变电站发生 2 号直流屏绝缘降低报警后，装置提示为 K1 支路接地，现场标识 K1 支路为"监控电源"回路，在采用拉路法寻找直流接地点时，当拉开直流屏上"监控电源"回路断路器时，所有 110kV 保护装置报"电压互感器断线"信号，1 号主变压器 701 断路器跳闸。进一步检查发现，K1 支路"监控电源"直流支路直接接至监控屏所在屏顶直流小母线上，是监控屏所在整排保护屏的公用直流工作电源，其中包括电压互感器并列装置。

3. 故障原因分析

当采用拉路法查直流接地，拉开直流屏 K1 支路"监控电源"时，与监控屏共用直流支路的电压互感器并列装置失去电源，由于电压互感器二次电压重动继电器为单位置型，当直流消失时继电器返回，110kV 电压互感器二次电压回路断开，备用电源自动投入装置检测到 110kV 甲乙母线均无压，开始启动。由于当时主变压器 110kV 侧负荷很轻，负荷电流小于备用电源自动投入装置有流闭锁定值，备用电源自动投入装置有流闭锁不起作用，备用电源自动投入装置动作跳开 701 断路器，合上 763 断路器。763 断路器合上后，由于二次电压还没有恢复，110kV 线路距离加速保护在断路器合闸后 220ms 内投入，虽然保护测量到电流只有 0.03A，但由于电压互感器无电压，保护测量阻抗落入带偏移的Ⅲ段阻抗范围内，因此加速动作再次跳开 763 断路器，造成变电站 110kV 母线失电。

4. 故障原因

本次故障原因是由于在设计中采用直流屏顶小母线的方式，多面屏柜公用一个直流总进线开关，在采用拉路法查找直流接地点时，工作人员对现场直流系统结构了解不深入，拉开了直流总进线开关，造成电压互感器并列装置失电，进而造成备用电源自动投入装置与线路距离保护不正确动作，110kV 母线失电。

8.4.3　经验教训

（1）多面屏共用一个直流支路，不符合相关规程中"变电站直流系统的馈出网络应采用辐射状供电方式"及"直流系统对负荷供电，应按电压等级设置分电屏供电方式，不应采用直流小母线供电方式"的要求，需予以改造。

（2）工作人员业务能力不足。部分工作人员对设备情况、设备结构特点、可能存在的薄弱环节等方面认识不足，判断能力不足，业务技能水平有待提升。

8.4.4　措施及建议

（1）规范直流电源屏柜设计。直流系统的馈出接线方式应采用辐射供电方式，可以保障上、下级空气断路器的级差配合，提高直流的供电可靠性；按等级设置分电屏供电方式，可以避免小母线接线方式下的故障时跳小母线总进线断路器造成的停电范围扩大的缺点。

（2）加强直流系统运行维护管理。应制定规范的查找直流接地时的拉路方法，并加强对相关人员的培训。在直流未改造前，使用拉路法查找直流接地时，应先拉该支路的各分路断路器，再拉总断路器，不得直接拉停直流屏上的各支路断路器，先拉信号电源，后拉控制电源。

（3）严格执行相关规范和措施，规范电压并列及切换回路设计。对电压互感器并列装置进行检查，电压重动继电器需采用双位置继电器方式，防止因直流失电时继电器返回，造成全站失压。

8.4.5　相关原理

1. 直流系统故障对系统的影响

变电站中的继电保护、自动装置、信号装置、故障照明和电气设备的远距离操作，一般采用直流电源作为操作电源。因此，直流系统的稳定、完全并保持良好的工作状态是安全运行的主要保障。蓄电池是一种独立的操作电源，在变电站内发生故障时，即使在交流电源全部消失的情况下，都能保证直流系统的用电设备可靠的连续工作。蓄电池一般采用浮充电方式运行，浮充电机组、硅整流器或晶闸管整流器作为浮充电源，浮充电源与蓄电池并列运行于直流母线上。

直流系统一点接地时并不会立刻产生什么后果，当出现第二点接地时，就可能发生短路或造成继电保护、自动装置和断路器误动，这对安全运行有极大的危害性。因此，当直流系统发生一点接地时，应迅速查找，尽快消除，防止发生两点接地故障。

2. 直流系统接地的原因

（1）气候因素。由于气候因素造成的直流系统接地是一种最常见的情况，如雨天或雾天可能导致室外的直流系统绝缘降低造成直流系统接地。

（2）人为因素。由于工作人员在工作中的疏忽造成的接地。例如，在带电二次回路上工作将直流电源误碰设备外壳，检修人员清扫设备时不慎将直流回路喷上水等，此种情况多为瞬时接地。另外，检修人员检修质量的不良也会留下接地隐患，如室外设备未加防雨罩、二次回路漏接线头、误将控制电缆外皮绝缘损伤等。此时接地信号不一定立即发出，但具备一定外部条件如潮湿或操作设备时就可能引起直流接地。

（3）设备运行因素。直流回路在运行中常受到设备运行及设备本身因素的影响，如设备传动过程中的机械振动、挤压、设备质量不良、直流系统绝缘老化等，都可引起接地或成为一种接地隐患。

（4）环境因素。在发电厂中电气高低压开关室一般离锅炉辅助设备较近，由于环境质量较差（包括粉尘、室内温度过高）对一、二次设备的直流系统的安全运行带来影响。

3. 直流系统接地的处理原则

在直流系统接地时，允许运行 2h，在 2h 内由运行人员寻找接地设备，查找后及时通知检修人员消除接地故障，必要时由运行人员予以配合。具体处理原则如下。

判断直流系统可能接地点的位置，以先信号和照明部分、后操作部分，先室外部分、后室内部分，先负荷、后电源为原则。

采取拉路法寻找接地点的时候，若负荷为环形供电，必须开环；在切断各专用直流回路时，切断时间不得超过 3s，不论回路接地与否均应合上。当发现某一专用直流回路有接地时，应及时找出接地点，尽快消除。如设备不允许短时停电（失去电源后引起保护误动作），则应将直流系统解列运行后，再寻找接地点。当发现某一专用回路接地时，应分别取下支路熔断路器。

负荷转移法查接地，即将直流母线分段，将直流负荷从一条母线切到另一条母线，当接地点随负荷转移时，证明接地点在该支路上。采用此法必须将直流母线联络隔离开关拉开，由蓄电池带一条母线，浮充电机带另一条母线。实际上，由于浮充电机采用硅整流设备，输出直流电压含有交流成分，单独供电时会造成电压不稳，波动较大，所以一般不用此法。

4. 查找直流接地拉路的顺序

（1）当时有检修工作、易受潮或正进行操作的回路。

（2）选可疑或经常易接地的回路如高低压动力、机炉故障音响、热工回路。

（3）变压器及重要设备的控制回路。

（4）绝缘水平低、存在设备缺陷及有检修工作的电气设备和线路进行检查，是否有接地情况。

（5）询问载波室是否有直流系统故障。

（6）取下中央信号回路熔断器。

（7）拉开直流照明电源空气断路器。

（8）拉开断路器合闸电源空气断路器。

（9）拉开断路器操作电源空气断路器。

（10）检查蓄电池、硅整流装置及充电机回路是否有接地现象。

（11）当发现某一专用直流回路有接地时，应分别取下各分支线的操作熔断器，找出接地点，并进行处理。

5. 查找直流系统接地时的注意事项

（1）防止保护误动。一般的保护装置出于反措的要求，都有防止直流电源消失而保护误动的措施。对重要设备或新投产不久的设备，事先要采取措施，如申请调度断开保护跳闸连接片。

（2）做好故障预想。拉路或取控制熔断器时，应事先通知值班人员，做好故障预想，以防断路器误跳或出现其他异常情况。例如，取交流低压电机控制熔断器时，如果合闸接触器保持接触不良，则会造成接触器释放。

(3) 禁止使用灯泡寻找接地点，防止直流回路短路。

(4) 使用仪表检查接地时，所用仪表的内阻不应小于 2000Ω。

(5) 当直流系统发生接地时，禁止在二次回路工作。

(6) 检查直流系统一点接地时，应防止直流回路另一点接地，造成直流短路。

(7) 在寻找和处理直流接地故障时，必须有两人进行。

(8) 在拉路寻找直流接地前，应采取必要措施，防止因直流电源中断而造成保护装置误动作。

8.5　站用变压器切换方式错误引起备用电源自动投入装置拒动

8.5.1　故障简述

1. 故障经过

某日，某 110kV 变电站线路 2 发生永久性接地故障，保护动作跳闸，重合后三跳，变电站 10kV Ⅱ 段母线失电，10kV 分段备用电源自动投入装置未动作，造成 10kV Ⅱ 段母线失电。

2. 故障前运行方式

该 110kV 变电站 2 台主变压器分列运行，如图 8-17 所示。10kV 分段备用电源自动投入装置投入。

8.5.2　故障分析

1. 现场检查

现场检查发现，虽然 Ⅰ 段母线正常运行，但 10kV Ⅰ 段母线二次电压失电，10kV Ⅰ 段母线上所有出线及 1 号主变压器后备保护报电压互感器断线，10kV 备用电源自动投入装置报警。进一步检查发现，10kV Ⅰ 段电压互感器柜内手车位置重动继电器失电，因电压互感器二

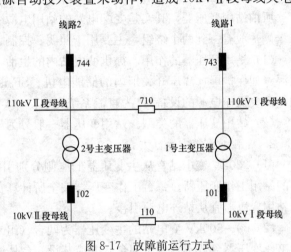

图 8-17　故障前运行方式

── 断路器断开状态；　━━ 断路器闭合状态

次电压经该重动继电器触点接入变电站二次电压小母线，该继电器失电后造成 10kV Ⅰ 段母线二次电压小母线失电，并进一步导致备用电源自动投入装置放电。该重动继电器为交流线圈，失电原因是交流电源失电。进一步检查，发现所用电柜上 1 号站用变压器二次空气断路器在停用位置。

2. 故障原因分析

当 110kV 线路 2 故障导致 10kV Ⅱ 段母线失电，进而变电站 2 号站用变压器失电，这时 1 号所用电二次电压应自动投入。但由于 1 号站用变压器二次空气断路器在停用位置，所以自动投入不成功，造成全站二次失电，手车位置重动继电器也随之失电。

3. 故障原因

本次故障是由于变电站 1 号站用变压器二次空气断路器运行方式错误，当进线 2 故障引起 2 号站用变压器失电后，无法自动将负荷切换至 1 号站用变压器，造成全站二次失电，使

得采用交流电的手车位置重动继电器失电,致使 10kV Ⅰ、Ⅱ 段母线二次均无电压,备用电源自动投入装置被闭锁而不能正确动作。

8.5.3 经验教训

(1) 变电站 1 号站用变压器二次空气断路器运行方式错误,误将二次空气断路器置于停用位置,是导致本次故障的直接原因。

(2) 电压互感器柜内重动继电器选型错误。重动继电器采用交流继电器,导致在交流电源失去时,重动继电器失电,从而造成母线二次电压失去,是引起本次故障的重要原因。

8.5.4 措施及建议

(1) 运行部门应严格执行 35kV 站用变压器运行规程。正常运行时,1 号、2 号站用变压器二次空气断路器自投方式须投"运行"位置,确保主电源失电时能自动切换自备用电源。

(2) 更换变电站电压互感器柜内交流重动继电器为直流重动继电器。直流继电器采用直流电为工作电压,由于站内有蓄电池及充电机等设备,直流系统相对交流系统来说更为可靠,因此,采用直流继电器比采用交流继电器增加了运行的可靠性。

8.5.5 相关原理

1. 站用变压器

所谓站用变压器,其实是变配电站的站用电源变压器,一般为干式 30~50kVA 变压器,二次侧一般有一到两个绕组,主要用于照明、控制、保护。

(1) 站用变压器的作用。提供变电站内的生活、生产用电,为变电站内的设备提供交流电源(如保护屏、高压开关柜内的储能电机、SF$_6$ 断路器储能、电机、主变压器有载调压机构等需要操作电源的设备),为直流系统充电。

(2) 站用变压器的类型。站用变压器一般分为干式变压器和油浸式变压器。

2. 站用变压器的运行方式

(1) 220kV 变电站宜从主变压器低压侧分别引接两台容量相同(可互为备用)、分列运行的站用工作变压器。每台工作变压器按全所计算负荷选择。只有一台主变压器时,其中一台站用变压器宜从站外电源引接。

(2) 30~500kV 变电站的主变压器为两台(组)及以上时,由主变压器低压侧引接的站用工作变压器台数不宜少于两台,并应装设一台从所外可靠电源引接的专用备用变压器。

(3) 有两台及以上主变压器的变电站中宜装设两台容量相同、可互为备用的站用变压器,如能从变电站外引入一个可靠的低压备用所用电源时亦可装设一台站用变压器。当 35kV 变电站只有一回电源进线及一台主变压器时,可在电源进线断路器之前装设一台站用变压器。

3. 站用变压器的主要负荷

站用变压器的主要负荷分为 Ⅰ 类、Ⅱ 类和 Ⅲ 类负荷。

(1) Ⅰ 类负荷。短时停电可能影响人身或设备安全,使生产运行停顿或主变压器减载的负荷,包括变压器风冷装置、载波、微波通信电源、远动装置、微机监控系统、微机保护、检测装置、消防水泵等。

(2) Ⅱ 类负荷。允许短时停电,但停电时间过长,有可能影响正常生产运行的负荷,包括充电装置、变压器无载调压装置、断路器、隔离开关操作电源、隔离开关、端子箱加热器、空压机、主控楼照明、保护照明等。

(3) Ⅲ 类负荷。长时间停电不会直接影响生产运行的负荷,包括通风机、空调机、电热锅炉、配电装置检修电源等。

4. 干式变压器和油浸式变压器的对比

（1）干式变压器的价格比油浸式变压器高。

（2）大容量变压器油浸式变压器比干式变压器容量大。

（3）在综合建筑内（地下室、楼层中、楼顶等）和人员密集场所需使用干式变压器。在独立的变电场所采用油浸式变压器。

（4）箱式变压器一般采用干式变压器。户外临时用电一般采用油浸式变压器。

（5）在建设时根据空间来选择干式变压器和油浸式变压器，空间较大时可以选择油浸式变压器，空间较为拥挤时选择干式变压器。

（6）区域气候比较潮湿闷热地区，建议使用油浸式变压器；如果使用干式变压器，必须配有强制风冷设备。

第9章 智能变电站故障

智能变电站是采用先进、可靠、集成、低碳、环保的智能设备，以全站测量数字化、控制网络化、信息互动化、状态可视化、功能一体化为基本要求，自动完成信息采集、测量、控制、保护、计量和监测等基本功能，并可根据需要支持电网实时自动控制、智能调节、在线分析决策、协同互动等高级功能，实现与相邻变电站、电网调度等互动的变电站。智能变电站与传统变电站相比，一、二次设备发生了较大区别，大量新工艺、新技术得到了应用，如光学电流、电压互感器、合并单元、智能终端、网络分析仪、合智一体装置（过程层中合并单元和智能终端的一体化）等。智能变电站现场运行过程出现的异常和故障，主要包括通信故障、过程层设备故障、保护装置故障、配置错误、设备配合异常及连接片的误操作等。

9.1 光纤电流互感器故障引起保护装置闭锁

9.1.1 故障简述

1. 故障经过

某日，某智能变电站 220kV 母联第二套保护频繁发出"采样异常"告警，且短时间内告警信号自动复归，母联第一套保护以及两套 220kV 母线保护均未有异常报警。

2. 光纤电流互感器配置

该 220kV 智能变电站全站采用全光纤电流互感器，且都采用双 AD 配置原则，以保证保护采样的可靠性。220kV 母联间隔全光纤电流互感器配置如图 9-1 所示。两组光纤环通过光学模块形成 AD1 和 AD2 数据传输给同一个合并单元，合并单元处理后将双 AD 数据传送给保护装置，保护装置判断出双 AD 数据不一致时，闭锁相应保护功能。两组光纤环、两组光学模块及一个合并单元组成一套全光纤电流互感器。两套全光纤电流互感器之间完全独立，且配置完全相同。

9.1.2 故障分析

1. 现场检查

现场检查发现，母联第二套合并单元报"串口 0 未接收有效数据"信号，并且短时间自动恢复。通过报文记录分析仪对记录的报文进行分析发现，母联第二套合并单元发出数据中 B 相 AD1 数据会频繁出现一个点无效（品质位 q 置"1"），第二个点又恢复有效的情况。因此，判断为母联光纤电流互感器第二套 B 相 AD1 数据无效导致上述告警信号。

2. 故障原因分析

由于母联保护接收到一个无效采样数据后就闭锁保护并且报"采样异常"信号，因此会频繁出现上述"采样异常"动作、复归的情况。而母线保护只有连续接收到三个以上无效数据才会闭锁保护并报"采样异常"信号，仅接收到一个或两个无效采样数据时，不闭锁保护，也不发出告警信号。因此，在母联合并单元仅发出一个无效采样数据时，母联保护报"采样异常"信号并闭锁保护，而母线保护正常运行，不会闭锁，也不会告警。

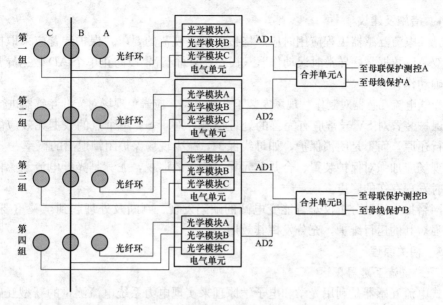

图 9-1　220kV 母联间隔全光纤电流互感器配置图

3．现场处理

使用时域反射测试仪检查光纤电流互感器传输光缆和敏感环有无光纤断点或薄弱点，发现在发生故障的光纤电流互感器的敏感环内存在光纤薄弱点（光纤管壁比其他管壁薄的地方），导致光纤电流互感器数据频繁无效，必须对光纤敏感环进行更换。

由于现场光纤电流互感器安装在 GIS 气室外，所以现场处理不需要打开 GIS 罐体。先申请母联停电，将两套母联保护退出，第二套母线保护投信号。考虑到故障光纤电流互感器一次在处理过程中可能会影响到第一套正常光纤电流互感器，由此申请将第一套母线保护中母联支路退出，投"母联分裂"连接片。

在一次和二次相关安全措施完成后，将光纤电流互感器外防护罩切割开，然后将故障光纤电流互感器的光敏感环拆解开，将敏感环内原来的光纤取出，并将环内清洁干净后重新绕制了新的光纤。新的光纤环绕制完成后，对光纤电流互感器的参数作了相应的调整，并进行极性和精度测试。

处理完成后，对处理后光纤电流互感器进行带负荷测试。将两套母联保护投入，并修改相应定值；投入两套母线保护的母联支路，并将第一套母线保护投信号。合上母联断路器，检查第二套母联保护和母线保护中母联支路的电流幅值和相角，并与第一套母联保护和母线保护进行比较，通过比较发现，两套母联保护的数据基本一致，两套母线保护的数据基本一致。通过保护记录仪抓包分析，三相电流基本平衡，电流毛刺也不明显。因此，判断母联电流互感器极性是正确的，两套母线保护投跳闸，恢复原运行方式。

4．故障原因

本次异常故障是由于光纤电流互感器的敏感环内存在光纤薄弱点，导致光纤电流互感器数据频繁无效，引起母联保护装置告警和闭锁。

9.1.3　经验教训

光学器件是光纤电流互感器应用过程中的薄弱环节，现场应用必须保证光纤环及其他光学器件和电子器件的可靠性，同时采取相应措施防止其引起的保护不正确动作。

9.1.4 措施及建议

（1）光纤电流互感器工程应用时应严格按照相关规范的要求"保护装置应采取措施，防止输入的双 AD 数据之一异常时误动作"，进行双 AD 配置，以防止单个 AD 数据异常时导致保护不正确动作。

（2）光纤电流互感器对制作、现场安装工艺要求高，应避免现场对光纤互感器进行熔接。

（3）保护装置对 SV 异常应有完善的处理措施，对于 SV 单个点的数据无效应能通过插值方式进行还原，而不是闭锁保护，如母线保护，减少现场保护闭锁退出的概率。

（4）现场应加强对保护装置、合并单元异常信号的巡视，尤其是光纤电流互感器的告警信号，及时发现存在的隐患。

（5）网络报文记录分析仪对智能变电站的缺陷发现、判断及处理起到至关重要的作用，现场应加强对其的运行维护，充分发挥其效用。

9.1.5 相关原理

1. 电子式电流互感器概述

电子式电流互感器是利用光学和电子学原理来实现电力系统电流测量的新型互感器。与传统的电磁式电流互感器相比较，电子式电流互感器具有体积小、质量轻、频带响应宽、无饱和现象等诸多优点。

电子式电流互感器有两种传感原理：Faraday 电磁感应原理和 Faraday 磁旋光效应原理。属于 Faraday 电磁感应原理的有铁芯线圈和空心线圈两种传感结构，空心线圈结构的电流互感器又叫做罗氏（Rogowski）线圈电流互感器。属于 Faraday 磁旋光效应原理的包括块状玻璃和光纤两种传感结构，这类电流互感器又称为光学电流互感器。其中全光纤电子式电流互感器（Fiber Optical Current Transformer，FOCT）相对于其他类型的电子式互感器具有测量准确度高、动态范围宽、抗环境电磁干扰能力强、敏感环安装方式简单灵活等优点。

2. 全光纤电子式电流互感器

（1）工作原理。FOCT 利用了法拉第磁光效应原理。Faraday 效应是指当一束线偏振光通过置于磁场中的磁光材料时，线偏振光的偏振面会线性地随着平行于光学方向的磁场的大小发生旋转，旋转角为 θ。

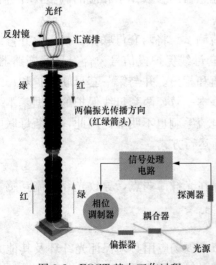

图 9-2 FOCT 基本工作过程

在互感器中光纤形成闭合环路，还需遵守安培环路定理，即

$$\theta = \nu \oint_l \vec{H} \cdot \mathrm{d}\vec{l} = \mathrm{V}i$$

式中：ν 为磁光材料的费尔德（Verdet）常数；l 为光通过的路径；H 为被测电流在光路上产生的磁场强度；i 为载流导体中流过的交流电流。

（2）工作过程。FOCT 基本工作过程如图 9-2 所示。光源发出的光被分成两束物理性能不同光，并沿光缆向上传播（见红、绿箭头）；在汇流排处，两光波经反射镜的反射并发生交换，最终回到光电探测器处并发生叠加；当通电导体中无电流时，两光波的相对传播速度保持不变，即物理学上所说的没有出现相位差［见图 9-3（a）］；而通上电流后，在通电导体周围的磁场作用下，两束光波的传播速度发生相对变化，即出现了相位差［见图 9-3（b）］。最终表现的是探测器处叠加的光强发生了变化，通过测量光强的大小，即可测出对应的电流大小。

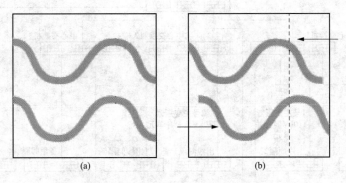

图 9-3　两偏振光相干叠加示意图

（3）FOCT 的优点。在磁光法拉第效应的基础上，FOCT 综合利用了光纤传感技术和闭环控制技术，很好地克服了其他电子式电流互感器的缺点，其优点有：

1）闭环控制（负反馈）技术扩大了准确度下的动态范围；

2）共光路、差动信号解调方式提高了抗干扰能力；

3）全光纤结构提高了系统的可靠性。

9.2　报文传输异常引起保护装置异常

9.2.1　故障简述

1. 故障经过

某 220kV 智能变电站，运行中多次发现 110kV 母线保护报"母线电压消失"信号，且短时间恢复。同时，该站 110kV 线路保护装置也出现了"装置闭锁"灯点亮的现象，有时会有多条线路的保护装置相继点亮"装置闭锁"灯。

母线保护报"母线电压消失"信号，母线差动保护的复压条件满足；线路保护装置报"装置闭锁"时，线路保护功能退出。告警信号出现时，因系统未发生故障，相关保护未发生不正确动作情况。

2. 采样配置情况

该智能变电站 110kV 保护测控装置采用"网络采样"的方式获取 SV 采样值，采样值同步依赖于外部 IEEE 1588 时钟同步，且 110kV 过程层采用 GOOSE＋SV＋IEEE 1588 的"三网合一"的组网方式，具体组网结构如图 9-4 所示。

由图 9-4 中可以看出，110kV 过程层网络是由 4 台中心交换机和 6 台间隔交换机组成星形网络，IEEE 1588 主钟从中心交换机 4 接入，然后 IEEE 1588 报文以星形辐射的方式传输至中心交换机 1～3，再由各中心交换机将 IEEE 1588 报文传输至各间隔交换机，直至各间隔合并单元和母线电压互感器合并单元。110kV 过程层网络采用双网冗余（双以太网，在网络故障时会自动切换到另一网段）方式，A、B 网结构相同，双套网络之间可根据运行工况进行切换。

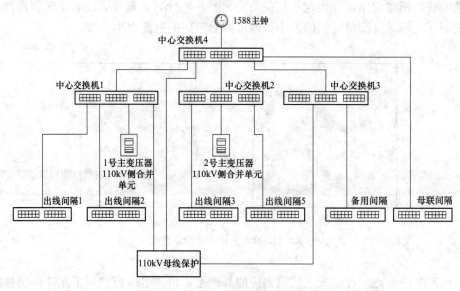

图 9-4　110kV 过程层网络结构示意图

网络对时采用 IEEE 1588 主钟，交换机全部是具有 IEEE 1588 功能的交换机。

9.2.2　故障分析

1. 现场检查

使用网络报文分析仪捕获报文发现，正常情况下 IEEE 1588 对时报文的延时 7ms 左右，由 Follow_up 报文中的"correction field"域给出。

当出现上述"母线电压消失"信号时，Follow_up 报文中的"correction field"域突然增大到 900ms，再过 16s 左右，Follow_up 报文中的"correction field"域又恢复到 7ms 左右。

进一步检查母线电压互感器合并单元的 SV 采样值发现，SV 在 IEEE 1588 报文延时突然增大 4.3s 后丢失了同步，SV 中的同步标志"SmpSynch（Symbol of Synchronize）"置"0"。丢失同步后 3.4s，母线电压互感器合并单元的 SV 又恢复了同步，"SmpSynch"置"1"。而在 IEEE1588 报文的延时恢复到 7ms 后 5.8s，母线电压互感器合并单元的 SV 再一次丢失了同步。丢失同步后 3s，母线电压互感器合并单元 SV 又恢复了同步。

检查间隔合并单元的 SV 采样值数据发现，间隔合并单元与母线电压互感器合并单元类似也出现了同步丢失而后又恢复的现象，究其原因也是因为 IEEE 1588 报文延时异常所导致的。但是间隔合并单元丢失同步的时间并不与母线电压互感器合并单元失步时间相同，其主要原因有两个：

（1）间隔合并单元与母线电压互感器合并单元接入不同的交换机，而 IEEE1588 报文延时经过不同的交换机是不同的，因此 IEEE 1588 报文延时异常情况并不同时出现。

（2）间隔合并单元与母线电压互感器合并单元的对时策略不同，母线电压互感器合并单元检测到与外部时间不一致时，需要连续检测 3～6s 内都具有稳定的时间差才进行时间调整，且在 3～5s 内完成时间调整。而间隔合并单元检测到与外部时间不一致时，需要连续检测 10s 以上都有稳定的时间差才进行时间调整，且要 20s 左右才能完成间隔调整。

2. 故障过程分析

正常运行时，母线电压互感器合并单元检测到自身时间与 IEEE 1588 报文时间一致；运行中，IEEE 1588 报文延时是对时时间计算的一部分，当延时突然增大后，母线电压互感器合并单元因感受到自身时间与 IEEE 1588 报文时间不一致，而需要进行时间的调整。但为了防止由于 IEEE 1588 报文时间抖动造成的时间频繁调整，合并单元设置了两个时间调整门槛：在连续一段时间内（3～6s，对于不同合并单元这一时间不相同）检测到自身与 IEEE 1588 报文的时间具有稳定的时间差后，合并单元才进行时间调整。

当 IEEE 1588 的 Follow_up 报文中的"Correction Field"域突然从 7ms 突变到 900ms 时，母线电压互感器合并单元感受到自身时间与 IEEE 1588 报文时间相差很大，在连续检测到一个稳定的时间误差后进行时间调整，并将 SV 采样的同步标志"SmpSynch"置"0"。此时，由于母线保护中的母线电压 SV 采样的同步标志"SmpSynch"为"0"，母线电压数据将不参与保护逻辑运算，从而出现了"母线电压消失"的告警信号。

母线电压互感器合并单元经过 3～5s 的时间调整，将自身时间与 IEEE 1588 报文时间调整为一致，然后将 SV 报文中同步标志"SmpSynch"恢复"1"。此时，母线保护中母线电压恢复正常值。

在间隔合并单元进行时间调整的过程中，会出现短时的数据无效现象，因此出现了线路保护的"装置闭锁"告警信号。

3. 故障原因

由以上分析可知，导致母线保护出现"母线电压消失"的主要原因是 IEEE 1588 报文延时异常造成的母线电压互感器合并单元 SV 数据失步，且与其他间隔合并单元的 SV 数据有较长时间的不同步。由于不同交换机出现 IEEE 1588 报文延时异常的概率、时间不同，且不同合并单元时间调整策略不同，导致不同合并单元出现失步的时间并不相同，不同的保护装置出现"母线电压消失"、"装置闭锁"等告警信号的时刻也不同。

所以，此次故障是由于 IEEE 1588 报文传输过程中出现传输延时的大幅跳变，而不同合并单元在调整同步信号时策略不同，导致 IEEE 1588 报文异常时，合并单元的处理不一致，引起"母线电压消失"的现象及多套保护异常。

9.2.3　经验教训

本次故障暴露出 IEEE 1588 对时技术在电力系统中应用还不成熟，相关设备对 IEEE 1588 报文的处理不完善，在特定的继电保护配置方式下将可能影响保护正常功能。

9.2.4　措施及建议

（1）变电站时间系统对全站保护监控系统时间的一致性起到重要作用，现场应严格按照相关标准、规定配置，优先选择可靠的对时方案。

（2）智能变电站继电保护配置原则应符合相关规范要求，即"保护应直接采样"且"保护装置应不依赖于外部对时系统实现其保护功能"。

（3）合并单元的失步调整策略应规范、统一，避免处理策略不同带来对继电保护功能影响。

9.2.5　相关原理

1. IEEE 1588 协议

IEEE 1588 协议，又称精确时间协议（Precise Time Protocol，PTP），可以达到亚微秒级别时间同步精度，于 2002 年发布 version1，2008 年发布 version2。

（1）IEEE 1588 协议的几个基本概念：

1）域（domain）：一个逻辑概念，属于同一个域的设备之间进行信息同步，不同域之间不需要同步。

2）普通时钟（ordinary clock）：在一个域中只有一个运行精确时间协议 PTP 的端口，既可以是主时钟，也可以是从时钟。

3）边界时钟（boundary clock）：在一个域中有多个运行精确时间协议 PTP 的端口，可以同时是主时钟和从时钟。

4）端到端（end-to-end）E2E 透明时钟：位于主从时钟之间，计算自身的驻留时间并累加到报文的修正域中。

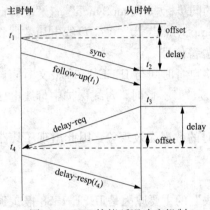

图 9-5　PTP 协议延迟响应机制

5）点到点（peer-to-peer）P2P 透明时钟：位于主从时钟之间，计算点到点链路时延和自身的驻留时间并累加到报文的修正域中。

（2）IEEE 1588 协议的同步原理。其同步原理为延时响应机制（delay request-response mechanism），如图 9-5 所示。

IEEE 1588 将所涉及的报文分为事件报文和通用报文。

1）事件报文（收发时候需要记录精确时间戳），包括同步报文（sync）、延迟请求报文（delay-req）。sync 报文包含发送时刻估计值（origin time stamp）。

2）通用报文（收发时候不需要记录精确时间戳），包括跟随报文（follow-up）、延迟请求响应报文（delay-resp），follow-up 跟随报文包含发送时刻精确值（precise origin time stamp）。

2. 延迟响应同步机制的报文收发流程

（1）主时钟周期性的发出 sync 同步报文，并记录下 sync 同步报文离开主时钟的精确发送时间 t_1；（此处 sync 同步报文是周期性发出，可以携带或者不携带发送时间信息）。

（2）主时钟将精确发送时间 t_1 封装到 follow-up 跟随报文中，发送给从时钟（由于 sync 同步报文不可能携带精确的报文离开时间，所以我们在之后的 follow-up 跟随报文中，将 sync 同步报文精确的发送时间戳 t_1 封装起来，发给从时钟）。

（3）从时钟记录 sync 同步报文到达从时钟的精确时到达时间 t_2。

（4）从时钟发出 delay-req 延迟请求报文并且记录下精确发送时间 t_3。

（5）主时钟记录下 delay-req 延迟请求报文到达主时钟的精确到达时间 t_4。

（6）主时钟发出携带精确时间戳信息 t_4 的 delay-resp 延迟请求响应报文给从时钟。

这样从时钟处就得到了 t_1、t_2、t_3、t_4 四个精确报文收发时间，如图 9-5 所示。

3. 时钟偏差及网络延时

时钟间偏差（offset）：主从时钟之间存在时间偏差，偏离值就是 offset，图 9-5 中主从时钟之间虚线连接时刻，就是两时钟时间一致点。

网络延时（delay）：报文在网络中传输带来的延时。

从时钟可以通过 t_1、t_2、t_3、t_4 四个精确时间戳信息，得到主从时钟偏差 offset 和传输延时 delay 计算式为

$$\text{offset} = \frac{(t_2 - t_1) - (t_4 - t_3)}{2}$$

$$\text{delay} = \frac{(t_2 - t_1) + (t_4 - t_3)}{2}$$

从时钟得到偏差 offset 和延时 delay 之后就可以通过修正本地时钟进行时间同步。

9.3　电容器故障引起主变压器三侧断路器跳闸

9.3.1　故障简述

1. 故障经过

某日，某 220kV 智能变电站进行电压无功功率控制（Voltage Quality Control，VQC）装置调试，遥控合 10kV 1 号电容器 105 断路器，站内监控系统显示电容器过流保护启动，10ms 后告警复归。500ms 后电容器欠压保护动作，跳 105 断路器。1 号主变压器 A、B 套保护低压过流 1 时限、复压过流 1 时限、复压过流 2 时限先后动作，101 断路器未分开，最后 1 号主变压器 A、B 套保护复压过流 3 时限保护动作跳开 1 号主变高压侧断路器，故障点隔离。

2. 故障前运行状态

故障前该站运行方式如图 9-6 所示。其中 1 号主变压器 2501、4K33 断路器运行于 220kV Ⅰ 段母线；2 号主变压器 2502、4K34 断路器运行于 220kV Ⅱ 段母线，母联 2510 断路器在运行，1 号主变压器 701 断路器运行于 110kV Ⅰ 段母线；1 号主变压器 101 断路器供 10kV Ⅰ 段母线运行，1 号主变压器 102 断路器供 10kV Ⅱ 段母线运行。分段 130、110 断路器、1 号电容器 105 断路器处于热备用。

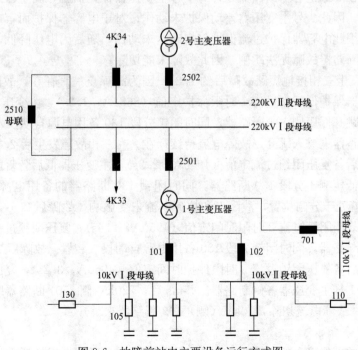

图 9-6　故障前站内主要设备运行方式图

▭—断路器断开状态；　▬—断路器闭合状态

9.3.2　故障分析

1. 现场检查

故障发生后，1号电容器105柜体严重损坏无法查明断路器分合情况，两侧2号电容器106开关柜体、10kVⅠ段母线电压互感器柜体严重损坏。现场对1号电容器105开关柜进行检查，发现开关柜的断路器室泄压通道打开，断路器母线侧触头A、C相对柜体有放电痕迹。断路器触头盒（6只）完全烧损，上接线座（母线侧）动触头只剩一相留有部分触头，其余两相上接线座（母线侧）动触头基本烧毁，三相极柱散落在断路器室内。

现场检查发现10kVⅠ段母线开关柜上屏顶小母线已被烧毁，Ⅰ段母线的直流电源空气断路器跳开，Ⅰ段母线上的所有装置失电。直流Ⅰ、Ⅱ段母线绝缘低，接地报警（监测装置均显示绝缘均降到零）。在直流报警消失后，试送直流馈线中10kVⅡ、Ⅲ、Ⅳ段母线馈线断路器无异常，试送10kVⅠ段母线直流馈线断路器时，空气断路器跳开。

2. 故障过程分析

现场对电容器保护、主变压器保护、故障录波器及监控后台进行检查，由于10kV 1号电容器保护已烧坏，无法读取故障信息，根据主变压器故障录波及监控系统事件顺序记录（SOE）信息，分析故障过程如下。

在1号电容器105断路器合上（分位返回）6.68s后，1号主变压器低压侧101断路器电流和电压波形多次出现明显毛刺，0.7s后，10kVⅠ段母线C相电压降低，同时A、B相电压升高为$\sqrt{3}$倍，判断此时发生105断路器C相对地放电。由于10kV为不接地系统，因此无明显短路电流。C相绝缘击穿后约690ms，发展为BC相间故障，故障电流12.7kA，持续1/4个周波后，发展为三相短路，故障电流为14kA。

由于故障点在1号电容器断路器处，对1号主变压器保护而言，属于区外故障，故障电流为穿越性电流，因此1号主变压器差动保护未动作；对于电容器保护而言，断路器故障也属于区外故障，因此电容器保护过流保护仅启动，未动作，随后因电压降低，电容器欠压保护动作，但由于断路器故障无法跳闸，因此故障未能切除。

105断路器发生三相接地短路故障后约1.2s，因为故障点一直存在，故障电流为14kA，达到1号主变压器保护低后备过流1时限保护定值（8682A，1.2s），主变压器低后备过流1时限保护动作，跳开低压侧101断路器，同时闭锁分段130备用电源自动投入装置。

由于101断路器失灵未跳开，故障电流持续存在。在三相故障发生后2.3s，达到了1号主变压器保护低后备复压闭锁过流定值（4950A，2.3s），主变压器低后备复压闭锁过流1时限保护动作，跳低压侧1分段130断路器，同时闭锁130断路器的备用电源自动投入装置，130断路器原本就处于分闸位置，故障点和故障电流未受影响。故障后2.6s，达到1号主变压器保护低后备复压闭锁过流2时限时间定值（4950A，2.6s），复压闭锁过流2时限保护动作，再次跳101断路器，同时闭锁分段130备用电源自动投入装置。故障后3.2s，达到1号主变压器保护低后备复压闭锁过流3时限保护时间定值（4950A，3.2s），复压闭锁过流3时限保护动作，跳1号主变压器各侧断路器。45ms后，220kV侧2501断路器跳开，110kV侧701断路器跳开，故障电流切除，10kV（侧）102断路器未跳开。

3. 故障情况分析

（1）一次开关柜故障分析。由于10kV 1号电容器105开关柜损坏严重，触头盒及所有绝缘件都已烧毁，寻找故障的起始点非常困难，根据故障录波器的波形，分析原因应为105

断路器 C 相上接线座（母线侧）动触头及静触头盒部分对柜体放电造成单相接地，继而引发相间绝缘击穿发展为三相短路，弧光进入 105 母线室后造成母线相间及对地放电。

（2）101 和 102 断路器未跳开原因分析。智能终端内部设置了跳闸动作反馈逻辑，当智能终端跳闸触点闭合后将发出相应的触点闭合 GOOSE 报文。分析故障发生时智能终端发出的 GOOSE 报文可见，1 号主变压器 101 断路器和 102 断路器智能终端的跳闸接点都已闭合。现场检查智能终端的硬连接片出口都处于投入状态，但由于故障发生时 101 断路器屏顶小母线被烧毁，使得使用 I 段母线直流电源的 101 断路器、电容器 105 断路器未能跳开。另外，因为直流 I、II 段母线的正极有并接现象，使得 102 断路器的操作电源降低，导致 102 断路器也未能跳开。

4. 故障原因

本次故障是由 1 号电容器 105 断路器故障引起，由于故障点对于电容器保护和主变压器保护都属于区外，因此快速保护不会动作。故障时，由于 101 断路器操作电源电压降低，101 断路器无法跳开，使得 1 号主变压器保护低后备过流 1 时限保护、复压闭锁过流 1 时限、2 时限保护相继动作，最后由 1 号主变压器低后备复压闭锁过流 3 时限保护动作，跳开主变压器 220kV 侧断路器才得以切除故障。在此过程中，主变压器保护、智能终端均动作正确。

9.3.3　措施及建议

（1）电容器投切容易产生暂态过电压，且电容电流特性使得开关切断电弧的难度增加。电容器开关柜设计选型阶段应选择恰当的设备参数，制造厂商应提高断路器制造工艺运行检修部门加强电容器的验收管理，以及日常设备巡视。

（2）直流电源的可靠性关系到装置能否正常工作，现场运行部门重点加强直流电源运行监测，避免由于直流原因可能造成的故障范围扩大。

9.3.4　相关原理

1. VQC 装置

VQC 装置是根据电网电压、无功功率的变化，为满足供电用户的电压，供电部门功率因数的要求，自动调整变压器分接头、投切电容器的自动装置。

VQC 装置的控制目的：实时检测系统电压，无功功率，功率因数等参数，通过投切电容器（或电抗器）、调节变压器分接头，使得输出电压和功率因数在合格范围内，从而达到提高供电质量的目的。调整电压为第一目标，调整功率因数 $\cos\varphi$（或 Q）为第二目标。

2. VQC 装置接入方式

（1）受控设备的电流、电压、遥信信息、出口回路直接接入 VQC 装置，VQC 装置自动采集有关信息对受控设备进行控制。其优点可靠性高不受外界干扰，运行维护简便。

（2）受控设备的电流、电压、遥信信息、出口回路通过串行通信接口与 VQC 装置通信。优点是达到其综合自动化资源共享，节省二次电缆，缺点是运行不可靠，受综合自动化影响大，运行维护复杂，运行效果差。

3. VQC 装置的闭锁功能

（1）30ms 时间闭锁，在 30ms 时间内，若有遥信变位，装置不动作。

（2）遥信保护信号产生闭锁，一次设备在特殊情况下不能动作，产生保护遥信信号，VQC 装置接收到保护遥信，立即作出相应等级的闭锁。

（3）运行方式改变闭锁，控制出口前，运行方式改变（如 1 号主变压器投入运行改为 2 号主变压器投入运行）则将出口命令立即取消。

（4）控制对象当天被控次数达到规定值，不会再产生控制。

（5）同一控制对象两次被控时间太短，低于内部设定限值，不会产生控制。

（6）拒动、滑挡、错挡等故障产生的闭锁，当设备、装置等故障或其他原因，VQC 装置控制命令出口后，控制对象不动作或动作错误，VQC 装置自动闭锁，控制方式转为手动。故障解除后，需人工操作改为手动，解除闭锁，方可转入自动或遥控。

9.4　连接片误退出引起备用电源自动投入装置失败

9.4.1　故障简述

1. 故障经过

某日，某 220kV 甲变电站的一条 110kV 线路 783 线发生永久性接地故障，甲变电站内的 783 线零序过流Ⅱ段保护、接地距离Ⅱ段保护动作跳闸，随后重合闸动作，重合不成功。783 线对侧的 110kV 乙变电站为甲变电站馈供智能变电站，乙变电站侧的 783 线路保护停用。783 线失电后乙变电站的 110kV 备用电源自动投入装置应动作跳开 783 断路器，同时合上 784 断路器，但 783 断路器没有跳开，备用电源自动投入装置没能成功动作，导致 110kV 乙电站全站失电。

2. 故障前运行方式

110kV 乙变电站故障前运行方式如图 9-7 所示，783 线供 1 号、2 号主变压器，784 线热备用。

9.4.2　故障分析

1. 现场检查

现场对 110kV 乙变电站的备用电源自动投入装置进行检查，发现 14：05：19 备用电源自动投入装置动作，报保护跳出口 2（783）动作信号，14：05：20 报保护跳出口 2（783）失败，备用电源自动投入装置动作灯亮。备用电源自动投入装置本身已动作，但因 783 断路器跳闸失败，导致备用电源自动投入装置不能进一步执行备用电源自动投入逻辑。进一步检查发现 783 断路器的智能操作箱内两块连接片 1-4XB1（783 保护跳闸连接片）和 1-4XB2（783 断路器重合闸连接片）在退出状态。

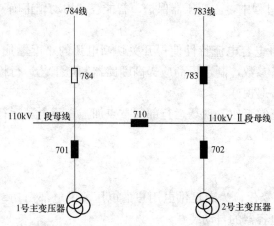

图 9-7　110kV 乙变电站故障前运行方式

——□—— 断路器（断开状态）；　——■—— 断路器（闭合状态）

2. 故障原因分析

经调查，乙智能变电站的 783 线线路保护于半年前由调度下令停用，根据站内运行规定，"整套保护停用，应断开出口跳闸连接片，保护的部分功能退出，应断开相应的功能连接片"。但由于 1-4XB1 和 1-4XB2 连接片在现场被错误的定义为 783 线路保护的跳闸连接片和重合闸连接片，因此，运行人员错误地认为 1-4XB1 和 14XB2 是线路保护的出口连接片，退出了这两个连接片，最终导致 110kV 备用电源自动投入装置无法跳开 783 断路器而动作失败。

3. 故障原因

（1）110kV 乙智能变电站的就地智能终端连接片命名不规范，相关运行检修人员在工程验收时也未及时纠正。

（2）智能变电站内的运行规程不够细化，相关运行操作人员对智能变电站运行规程理解不透彻，未深刻理解智能站与常规站连接片设置的区别，导致在执行调度命令停用线路保护的命令时，误退了智能终端总的出口连接片，最终造成备用电源自动投入装置动作后无法出口导致备用电源自动投入失败。

9.4.3　经验教训

（1）智能站就地智能终端连接片命名不规范，运行检修人员在工程验收时未能及时纠正。

（2）智能变电站内的运行规程不够细化，相关运行操作人员对智能变电站运行规程理解不透彻，未深刻理解智能站与常规站连接片设置的区别，业务水平有待提升。

9.4.4　措施及建议

（1）重视运行检修人员的培训。运行人员和检修二次人员必须加强对智能变电站理论知识的学习，掌握其运行操作方法与常规变电站的区别，掌握现场工作过程中的风险点和安全措施。

（2）完善相关规程及管理措施。运行维护单位需根据电力公司智能变电站相关标准要求，结合地区电网智能变电站的实际情况，制定符合现场运行要求的规程、规定，细化智能变电站运行管理办法，提高智能变电站运行维护管理的规范化水平。

9.4.5　相关原理

1. 智能站与常规站硬连接片功能的区别

常规站保护的硬连接片是针对保护装置而设置的，所有保护装置都有出口硬连接片，该硬连接片只控制装置本身的出口，不影响其他装置。该硬连接片退出，其他保护装置还能正常控制断路器。

在智能变电站中，保护装置对外信息交互由原来的电缆方式转化为光纤数字量方式，因此对外回路的隔离已不能使用硬连接片，而为了达到装置有效隔离的目的，智能化保护装置都设置有功能软连接片以及出口软连接片。智能化保护装置的出口软连接片功能与常规保护的出口硬连接片类似，可以控制装置的出口，只是软连接片都是不分相的。

为了让断路器跳合闸回路在电缆上具有明显断开点，智能变电站在智能终端的出口处统一设置了跳、合闸硬连接片，此硬连接片控制最终跳、合闸二次回路。它是针对断路器而设置的，一个断路器的一个跳闸线圈对应一个硬连接片，是对所有跳该断路器的保护装置都起作用的硬连接片，不属于特定的保护装置。该连接片取下，所有保护装置都跳不开该断路器。正常停用保护装置时，只需退出该保护装置的所有出口软连接片即可；只有一次设备停电时，才退出智能终端的硬连接片。

2. 智能变电站检修连接片的分类

（1）合并单元检修连接片。合并单元检修连接片在互感器或合并单元需检修时投入，通过该合并单元发送给保护、测控及其他装置的 smv 采样测量报文数据均将检修位置 1。

（2）智能终端检修连接片。智能终端检修连接片在开关类一次设备或智能终端需检修时投入，这样该智能终端将不再执行保护装置的跳闸命令和测控装置的遥控命令。

（3）保护装置检修连接片。保护装置检修连接片在保护装置需要检修时投入，保护装置将会对相关合并单元发送来的 smv 采样测量报文数据和智能终端发送来的 goose 报文数据做出相应处理，但是并不执行动作出口，同时也不会向后台发送相关信息。

（4）测控装置检修连接片。测控装置检修连接片在测控装置需要检修投入，这样保护、测量、控制装置将会对来自后台的遥控命令进行闭锁，不再执行相关命令。

3. 智能变电站连接片操作方案

（1）合并单元检修连接片操作方案。互感器或合并单元检修时，在对应一次设备操作到位后，首先退出接收该合并单元 SMV 采样测量数据的保护装置的 SMV 接收软连接片（或对应间隔投入软连接片），然后投入相应合并单元检修连接片；否则将会造成保护装置部分或全部功能闭锁。

（2）智能终端检修连接片操作方案。智能终端检修连接片是在开关类一次设备或智能终端需检修时投入，这样该智能终端将不再执行保护装置的跳闸命令和测控装置的遥控命令。

（3）保护装置检修连接片操作方案。保护装置检修连接片是在保护装置需要检修时投入，这样保护装置将会对相关合并单元发送来的 SMV 采样测量报文数据和智能终端发送来的 GOOSE 报文数据做出相应处理，但是并不执行动作出口，同时也不会向后台发送相关信息。

（4）测控装置检修连接片操作方案。当测控装置检修时，对应一次设备操作到位后，方可投入；测控装置运行时严禁投入，否则将造成后台无法遥控操作对应设备。

4. 检修连接片一致性原则

合并单元检修连接片投入后，合并单元发送的 SMV 采样测量数据检修位置 1，当保护和测控等装置接收到该合并单元发送来的 SMV 采样测量数据时，与自身检修位对比，当检修位一致时，判断为有效数据，当检修位不一致时判断为无效数据。

正常运行时，保护和智能终端的检修连接片均不投，双方检修状态一致，此时智能终端允许出口。当单独检修保护或智能终端，双方检修状态不一致时，智能终端禁止出口，避免造成一次设备误动作。

当保护和智能终端一起进行传动试验时，双方的检修连接片均投入，此时双方检修状态一致，智能终端允许出口。

9.5 电压互感器受干扰引起母线电压异常

9.5.1 故障简述

1. 故障经过

某日，某 220kV 智能变电站 1 号主变压器保护频繁报"110kV 侧电压互感器异常告警动作"及"110kV 侧电压互感器异常告警返回"信号。同时，110kV 母线保护也频繁报"Ⅰ段母线差动复压开放动作"及"Ⅰ段母线差动复压开放返回"信号，所有保护均未动作。保护装置告警时，合并单元、智能终端等其他装置运行正常，无告警信号。

2. 故障前运行状态

该智能变电站投入运行后，1 号主变压器 110kV 侧运行于Ⅰ段母线，2 号主变压器和 110kV 753 线运行于Ⅱ段母线。1 号主变压器保护按双重化配置，110kV 母线保护按单套配置。

110kV 母线采用分压式电子式电压互感器，主变压器 110kV 侧不设独立电压互感器，采用 110kV 母线电压互感器数据。主变压器保护和 110kV 母线保护的电压采样数据流向如图 9-8 所示。图中两套母线电压合并单元都采集Ⅰ段母线和Ⅱ段母线的电压，母线电压合并单元级联至主变压器间隔合并单元，A、B 套之间完全独立。主变压器保护 A 套的电压源头为母线电压合并单元 A 套，主变压器保护 B 套的电压源头为母线电压合并单元 B 套，110kV 母线保护电压直接由母线电压合并单元 A 套给出。

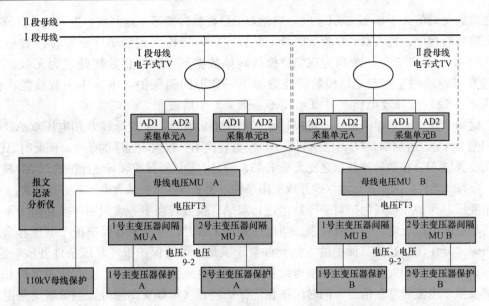

图 9-8 主变压器保护和 110kV 母线保护电压采样数据流向图

9.5.2 故障分析

1. 母线电压告警分析

由于 1 号主变压器运行于 110kVⅠ段母线，因此 1 号主变压器保护中压侧取 110kVⅠ段母线电压，且 110kV 母线保护告警也与Ⅰ段母线电压有关。通过网络报文记录分析仪调取异常时刻母线电压合并单元 A 的报文进行分析，Ⅰ段母线电压的峰值包络线有一个低频的波动，而Ⅰ段母线的 A 相和 C 相波动相对较小，B 段相波动相对较大；Ⅱ段母线电压很稳定，没有波动。将 110kV 的Ⅰ线母线电压展开后发现 B 相电压 AD1 模数转换数据向下波动，而 AD2 模数转换数据向上波动，且波动比较明显。B 相电压 AD2 模数转换数据波动最大处的电压正向峰值为 108.5kV，而此时的模数转换数据 AD1 电压数据为 88kV，双 AD 模数转换数据不一致超过了 20%。而在电压过零点两侧，随着电压瞬时值的减小，双 AD 模数转换的不一致程度增大。通过报文记录分析仪的比较，在Ⅰ段母线 B 相大于 $0.2U_n$ 的范围内，双 AD 模数转换不一致程度最大超过了 34%，而双 AD 模数转换不一致大于 30% 的有 24 个点，见表 9-1。

表 9-1　　　　　　　110kV 母线电压合并单元 A 双 AD 数据不一致统计表

AD1	AD2	点数	百分比	最大偏差
2.Ⅰ段母线电压 A 相	3.Ⅰ段母线电压 A 相	0	0.00%	11.18%
4.Ⅰ段母线电压 B 相	5.1Ⅰ段母线电压 B 相	24	0.04%	34.69%
6.Ⅰ段母线电压 C 相	7.Ⅰ段母线电压 C 相	0	0.00%	17.30%
8.Ⅱ段母线电压 A 相	9.Ⅱ段母线电压 A 相	0	0.00%	4.65%
10.Ⅱ段母线电压 B 相	11.Ⅱ段母线电压 B 相	0	0.00%	4.91%
12.Ⅱ段母线电压 C 相	13.Ⅱ段母线电压 C 相	0	0.00%	3.87%
总计		24	0.04%	34.69%

2. 双 AD 模数转换不一致判别逻辑

主变压器保护和母线保护的双 AD 模数转换不一致检测原理是：当双 AD 模数转换数据

相减之差的绝对值大于 $0.2I_n$ 或 U_n 时，启动双 AD 模数转换不一致判据，进入双 AD 模数转换不一致判断程序；进入双 AD 模数转换判断程序后，当检测到双 AD 模数转换数据之比大于 1.3 或小于 0.7 时，则判为双 AD 模数转换数据不一致，将数据处理为无效。当保护装置判出连续两个点双 AD 模数转换数据不一致即闭锁保护（电流不一致或距离保护的电压不一致）或开放电压条件（电压不一致）1 个周波。

根据两个连续的采样值报文。可以计算得出保护告警时，Ⅰ 段母线 B 相电压双 AD 模数转换相差 22kV，达到 $0.35U_n$，已达到双 AD 模数转换不一致判断程序的条件，而此时 AD1 模数转换数据与 AD2 模数转换数据之比大于 1.45，满足主变压器保护和母线保护的双 AD 模数转换不一致判断条件。因此，母线保护开放复压条件，主变压器保护认为电压互感器异常。

主变压器保护和母线保护对采样数据进行双 AD 模数转换不一致判别，当判断为不一致时，将相应的电压、电流做无效处理。当电压数据无效时，主变压器保护报 "电压异常" 信号，该侧 "复压闭锁过流" 保护的方向元件自动满足；母线保护报 "复压条件开放" 信号，同时开放差动保护和失灵保护的相应母线复压条件；电流数据无效时，主变压器保护和母线保护都会报 "电流异常" 信号，同时闭锁相应保护装置（母联支路除外，当母联支路电流无效时，母线保护强制进入 "互联" 状态，退出小差计算，大差计算正常）。

3. 电压差异分析

上述报文送至母线电压合并单元，因此母线合并单元输出的电压出现了双 AD 模数转换不一致。2 号主变压器保护未出现告警，说明母线合并单元输出的 Ⅱ 段母线电压正常。因此，导致 Ⅰ 段母线电压不一致的故障点在电压合并单元的前端。阻容分压式电子式电压互感器结构示意图如图 9-9 所示。

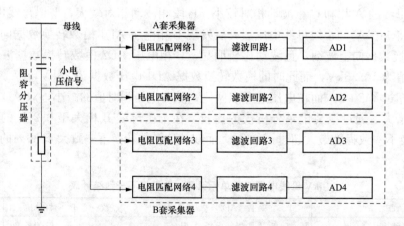

图 9-9　阻容分压式电子式电压互感器结构示意图

从图 9-9 中看出，A、B 两套采集器的数据源取自同一个电压信号，而每套采集器中的双 AD 模数转换所采集的数据也是同一个电压信号。上述告警出现的原因是同一个电压信号经过不同的采集器及不同的 AD 模数转换采集系统后输出电压出现了不一致，原因可能是采集器处理或输入信号不一致。

具体分析 110kV 母线 Ⅰ 段母线 B 相电压，可以看到 B 相电压 AD1 模数转换和 AD2 模数转换都存在一定的低频分量，如图 9-10、图 9-11 所示。AD1 模数转换低频分量二次值在

［−8V，10V］之间，占 17％左右；AD2 模数转换低频分量二次值在 ［−10V，15V］之间，占 25％左右。

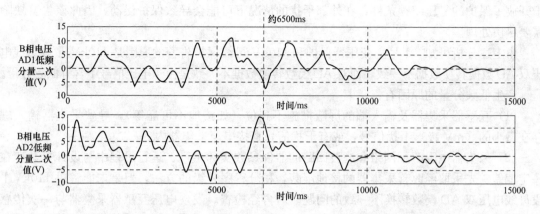

图 9-10　110kV 母线电压 B 相 AD1、AD2 波形及低频分量图

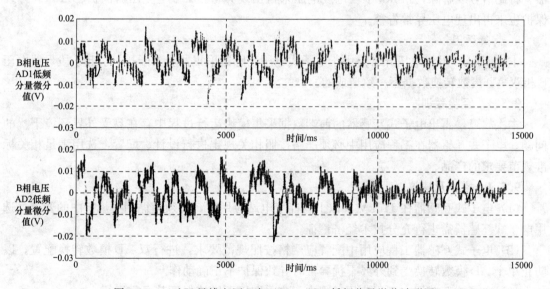

图 9-11　110kV 母线电压 B 相 AD1、AD2 低频分量微分波形图

　　比较 110kV 母线电压 B 相 AD1 模数转换和 AD2 模数转换的低频分量，在 6500ms 附近，AD1 模数转换和 AD2 模数转换低频分量相反，造成这一时刻 B 相电压 AD1 模数转换和 AD2 模数转换不一致程度达 30％以上，造成主变压器保护和母线保护告警。

　　110kV 母线电压互感器采用阻容分压原理，电阻上分得小电压信号是一次电压的微分信号，后端处理需对信号进行积分来还原一次电压信号。对 110kV 母线电压 B 相 AD1 模数转换和 AD2 模数转换进行微分处理，并提取微分后的低频信号，如图 9-11 所示。由图可见，B 相电压的 AD1 模数转换和 AD2 模数转换都存在微小的低频信号，主要集中在 ［−10mV，10mV］ 之间，最大幅值在 ［−20mV，20mV］ 之间，两者波形并不一致。阻容分压后输出的电压微分信号峰值 1.5V，虽然低频信号只占正常电压微分信号的 0.6％，但低频信号经长时间积分后，最终占了电子式电压互感器输出一次电压量的 20％以上。

4. 处理过程

主变压器保护和母线保护出现电压异常告警后，虽然不会直接导致保护动作出口，但由于开放了保护的复压闭锁条件，在外部干扰的情况下可能会导致保护误动，因此该告警缺陷需要尽快处理。

由上述分析可知，1 号主变压器保护和 110kV 母线保护告警的原因是 110kV Ⅰ 段母线电压双 AD 数模转换数据不一致，而双 AD 模数转换数据不一致是由于电压信号中含有低频分量。

产生低频分量的原因有：

（1）互感器采集器及输入端的屏蔽措施不到位（如接地不可靠等），导致采集器输入端存在微小的（mV 级）干扰信号，或有干扰信号直接串至采集器内。

（2）采集器电阻匹配网络和滤波回路的器件参数实际生产、运行过程中与设计参数存在一定偏差。先采取经改善采集器的接地屏蔽，积分程序升级的方法，但是未能解决 110kV Ⅰ 段母线电压双 AD 模数转换不一致的问题。后再经检查，发现电压互感器采集器与一次传感元件之间存在一根实际并未使用的信号线，分析是此信号线将一次干扰信号直接传导至采集器。将此信号线解除，110kV Ⅰ 段母线电压未再出现异常，1 号主变压器保护、110kV 母线保护也未再出现电压异常告警。

5. 故障原因

本次 110kV 母线电压异常是由于电子式电压互感器采集器受到干扰，引起 Ⅰ 段母线电压 B 相双 AD 模数转换数据不一致造成的。

9.5.3 经验教训

本次故障暴露出电子式互感器的前端数据采集模块运行过程中存在易受外界环境干扰的问题。电子式互感器在工程应用中必须严格按照相关规定进行设计、配置，选用满足相关标准规范要求的产品。

9.5.4 措施及建议

（1）电子式互感器在 110kV 及以上智能变电站应用时，必须遵循相关规定中的要求，选用电子式互感器需进行充分技术经济论证。

（2）电子式互感器工程应用中配置应严格按照规范要求，进行双 AD 模数转换配置，以防止单个 AD 模数转换受到外界干扰异常时导致保护不正确动作。

（3）电子式互感器在工程应用过程中，应采取以下措施保证其可靠运行：

1）在实际工程应用中，电子式互感器采集器及合并单元必须可靠接地；

2）采集器等电子器件应与一次部分可靠隔离，不能有直接的联系；

3）合并单元后端处理应能对干扰信号进行有效隔离。

9.5.5 相关原理

1. 电子式电压互感器简介

电压互感器是电力系统中一次电气回路与二次电气回路间不可缺少的连接设备，其准确度及可靠性与电力系统的可靠性和经济运行密切相关。目前，电网中普遍采用电磁式电压互感器或电容分压式电压互感器进行电压测量、电能计量和继电保护。由于传统的电压互感器二次输出的 100V（线电压）或 $100/\sqrt{3}$ V（相电压）的电压信号，不能直接与监控系统计算机相连，因此难以适应电力系统自动化、数字化和智能化的发展趋势。而由于现代电子测量技术能实现对微弱信号的精确测量，继电保护和二次测量装置不再需要大功率大驱动，仅需几伏的电压信号，即系统对电压互感器的参数要求发生了变化，因而出现了电子式电压互感器，并且电子技术、计算机测控技术以及数字化电力技术的快速发展也不断促进电子式电压互感器的改进和发展。

2. 常见的几种电子式电压互感器

(1) 光学电压互感器。电压互感器研究的起始阶段，主要是基于电光效应的纯光学式的光学电压互感器的研究，但是由于这种互感器光学转换器件的温度特性，一直无法满足户外环境下 0.2 级准确度的要求，因此，目前已改为研究电子式的光学电压互感器。光学电压互感器的测量原理大致可分为基于 Pockels 效应和基于逆压电效应或电致伸缩效应两种。目前研究的光学电压互感器大多是基于 Pockels 效应。Pockels 效应就是电光晶体在没有外加电压作用时是各向同性的，而在外加电压作用下，晶体变为各向异性的双轴晶体，从而导致其折射率和通过晶体的光偏振态发生变化，产生双折射，一束光变成两束偏振光，且这两束光的速率不同。借助双折射效应和干涉的方法进行精确地测量，进而得到所要测量的电压值。光学电压互感器具有尺寸小、质量轻、绝缘性好、频带宽、动态范围大、不受电磁干扰和安全性好等优点。因此，各国都在寻求把光电子学技术用于特高压大电流电网中的方法。

(2) 电容分压式电子式电压互感器。电容分压电子式电压互感器的关键是电容分压器。电容分压器由高压臂电容 C1 和低压臂电容 C2 组成。电容分压器利用电容分压原理实现电压变换，将高压分为低压并进行 AD（模数）转换，经电光转换耦合进行光纤传输，传至信号处理单元进行光电转换，经微机系统处理输出数字信号或进行 DA（数模）转换输出模拟信号。该互感器由光纤传送信号，解决了绝缘和抗电磁干扰问题，并且无铁芯，因此不存在由于铁芯饱和引起的一系列问题，动态响应好，二次负荷的变化对暂态过程影响不大。

但是，其典型问题也比较突出。例如，其传感元件为电容分压器，最突出的暂态问题是高压侧出口短路和电荷俘获现象；电容分压器的电容随环境温度的变化而变化；如果沿着电容分压器高度方向温度不均匀，电容的分压比将发生改变，电压互感器的误差就会增大。电网频率不稳定，使得串联在电路中的电抗器和并联在电路中的电容器之间可能发生不平衡谐振，一次电压过零短路将产生较大误差。

(3) 电阻分压式电子式电压互感器。其中由高压臂电阻 R_1 和低压臂电阻 R_2 组成电阻分压器，并获取电压信号。为防止低压部分过电压和保护二次侧测量装置，在低压电阻上加装一个放电管 S，使其放电电压略小于或等于低压侧允许的最大电压。该电压互感器体积小、质量轻、结构简单、传输频带宽、线性度好、无谐振、克服了铁芯饱和的缺点、无负荷分担、允许短路开路和具有较高的可靠性，并且一个传感器可以同时满足测量和保护的要求，因此在中低压系统具有广阔的应用前景。

9.6　合并单元故障引起保护误动

9.6.1　故障简述

1. 故障经过

某日，与某 500kV 变电站 A 相连的特高压直流站外进行 500kV 某线路 C 相人工短路试验，这对变电站 A 是穿越性故障，但变电站 A 的 2 号主变压器三侧 5021、5022、2201、662 断路器跳闸，220kV 2213 线、母联 2210 断路器跳闸，220kV 2212 线断路器跳闸，重合成功。

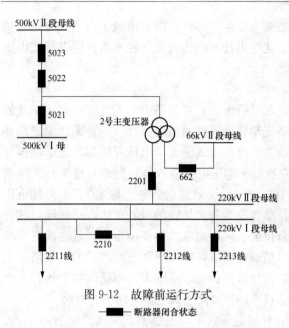

图 9-12 故障前运行方式

■ 断路器闭合状态

2. 故障前运行方式

变电站 A 是一座 500kV 智能变电站，其一次采用 GIS 设备，装设常规电磁式电压、电流互感器。站内有 500kV 主变压器 1 台，其 500kV 系统采用 3/2 断路器方式，共有 6 回出线。220kV 系统采用双母线接线方式，共有 3 回出线。故障时，变电站 A 运行方式为：500kV 系统 6 回出线均运行，2 号主变压器运行，220kV Ⅰ、Ⅱ 段母线经母联 2210 断路器合环运行，2 号主变压器、2213 线运行于 220kV Ⅱ 段母线，2211、2212 线运行于 220kV Ⅰ 段母线，如图 9-12 所示。

变电站 A 利用合并单元进行交流采样，其保护装置采用"直接采样，直接跳闸"方式，即保护装置从所保护对象的合并单元直接获得所需交流电压、电流量，不经过 GOOSE 交换机，每个设备间隔保护装置及合并单元均为双套配置。该变电站的分层分布结构示意图如图 9-13 所示。

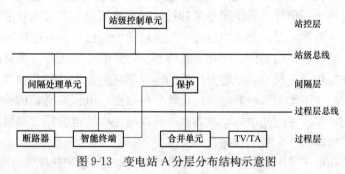

图 9-13 变电站 A 分层分布结构示意图

9.6.2 故障分析

1. 保护动作情况

现场检查保护动作情况，发现 2 号主变压器第一、二套保护的分侧差动跳闸；220kV Ⅱ 段母线两套母线差动保护动作跳闸；2212 线第一、二套光纤差动保护的 C 相纵联差动保护动作跳闸，重合闸动作成功；2213 线第一、二套光纤差动保护的纵联差动保护动作，2213 断路器 A、B、C 三相出口；5021、5022、2201、662、2213、2210 断路器在分位，一次设备均无异常。

2. 保护动作过程分析

（1）录波图形分析。通过分析对比该站故障录波图，发现 2 号主变压器中压侧电流波形比 500kV 侧滞后一个周波，2213 线、母联 2210 电流波形均滞后 2201（主变压器 220kV 侧断路器）一个周波，2212、2213 线本侧电流波形滞后对侧一个周波，500kV 系统故障录波中电压波形滞后电流波形一个周波。

（2）保护动作行为分析。进行现场实测，实测方法如下。在主变压器 220kV 侧间隔合并单元的母线差动保护电流输入端子和变压器保护的电流输入端子输入同一交流电流量，测试其输出数字量，结果两个数字量之间存在一个周波（20ms）的延时，结合录波图形分析可以判断，合并单元提供的电流量不同步是造成变电站 A 各差动保护动作的原因。2 号主变压器 220kV 侧变压器保护用电流波形滞后 500kV 侧电流一个周波，造成变压器差动保护动作，主变压器三侧跳闸。220kV 母线差动保护中的线路间隔电流滞后运行于 220kV Ⅱ 段母线的 2 号主变压器间隔电流波形一个周波，造成 220kV Ⅱ 段母线差动保护动作。而 220kV Ⅰ 段母线差动保护用各间隔电流均同步（实际是均滞后统一时标一个周期），故 Ⅰ 段母线差动保护未动作。220kV 线路保护电流滞后线路对侧电流一个周波，造成线路差动保护动作。运行于 220kV Ⅰ 段母线的 2212 线线路保护动作，为单相故障，重合闸动作。2211 线实际差流在 400A 左右，达不到线路差动最小动作门槛，故 2211 线线路保护未动作。

3. 故障原因

合并单元提供的电流量不同步是造成此次故障的原因。经过厂家及建设单位分析测试，造成合并单元数据不同步的原因如下：

（1）合并单元程序设计缺陷造成不同电流、电压量之间不同步，且此次工程应用的合并单元程序在入网测试版本基础上进行了改动而未再次经过测试。

（2）由于不同步量为整周波（20ms），因此稳态下的调试项目无法发现该问题，而现场调试也没有暂态调试项目。

9.6.3　经验教训

各种保护或者相关程序软件，必须经过入网测试合格才能应用于现场；经过改动的版本也要经过入网测试方能应用于现场。

9.6.4　措施及建议

（1）加强产品出厂前的测试工作，采用经入网测试合格的产品。

（2）改进现场调试方法。由于现场调试中合并单元延时的测试方法实际测试的不是合并单元绝对延时，而是合并单元角度偏差在工频下换算成的时间值，无法测出这种延时量为整周波的设备缺陷，因此在现场测试中应改进测试方法。例如，采用便携式录波仪或带有录波功能的合并单元校验仪测试合并单元的绝对延时，或利用多间隔合并单元暂态同步性测试的方法测试合并单元的绝对延时，以杜绝此类故障的再次发生。

9.6.5　相关原理

1. 合并单元

合并单元（Merging Unit，MU），是指对一次互感器传输过来的电气量进行合并和同步处理，并将处理后的数字信号按照特定格式转发给间隔层设备使用的装置。合并单元是电子式电流、电压互感器的接口装置，在一定程度上实现了过程层数据的共享和数字化。合并单元作为遵循 IEC 61850 标准的数字化变电站间隔层、站控层设备的数据来源，作用十分重要。随着智能变电站自动化技术的推广和工程建设，对合并单元的功能和性能要求越来越高。

2. 合并单元的功能

合并单元的功能主要是将互感器输出的电压、电流信号合并，输出同步采样数据，并为互感器提供统一的输出接口，使不同类型的互感器与不同类型的二次设备之间能够互相通信。按照功能来分，合并单元一般可以分为间隔合并单元和母线合并单元。间隔合并单元用于线路、变压器和电容器等间隔电气量的采集，只发送本间隔的电气量数据，一般包括三相

电压 U_a、U_b、U_c，三相保护电流 I_a、I_b、I_c、三相测量用电流 I、同期电压 U_L、零序电压 U_0、零序电流 I_0。对于双母线接线的间隔，合并单元根据本间隔隔离开关的位置，自动实现电压切换的功能。母线合并单元一般采集母线电压或者同期电压，在需要电压并列时，可通过软件自动实现母线电压的并列。目前，智能变电站中合并单元的采样频率和输出频率统一为 4kHz，即每个工频周期 80 个采样点，可以满足保护、测量装置的需求。对于计量用的合并单元则需要专门设计，其采样和输出频率为 12.8kHz。

　　3. 合并单元的配置连接

　　合并单元与现场其他设备的连接关系如图 9-14 所示。一台合并单元可以完成 24 路模拟量采集，其中包括三组三相保护电流，两组三相测量电流，一组三相保护电压，一组三相测量电压。同时也可以通过扩展 IEC 60044—8 或者 IEC 61850-9-2 协议接收母线电压。

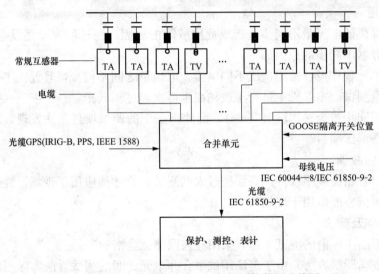

图 9-14　互感器、合并单元、保护测控装置连接图

　　4. 首周波测试

　　首周波测试主要用于测试合并单元在完成采样并输出报文时，是否存在正好延迟了整数个周波的现象。由于一般的测试方法是通过升压升流设备加量或功率源二次加量进行检测，此时模拟信号为 50Hz 的周期性信号。但是，当合并单元采样延时一个周波时测出来的相角差仍然是满足准确度要求的，而此时实际 SV 采样报文与模拟量相差了 360°，存在严重安全隐患。

　　利用合并单元测试仪产生一个周波的模拟信号并只输出一个周波信号，若合并单元正确的发送采样值报文，则测试仪的标准采样信号与 SV 报文中的被采样信号基本重叠。若合并单元延时一个周波，将能从标准及被检的采样波形中对比出来。首周波测试接线如图 9-15 所示。

　　因为需要抓取最开始几个周波，选择"首周波测试"后，运行软件是没有输出的，必须在运行软件后从录波图中点击"开始录波"，才会有几个周波的波形输出，所以在使用其他功能时，不能选择在"首周波测试"方式下进行。首周波测试输出波形如图 9-16 所示。

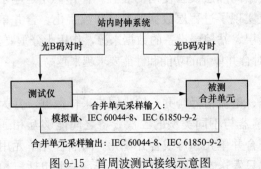

图 9-15　首周波测试接线示意图

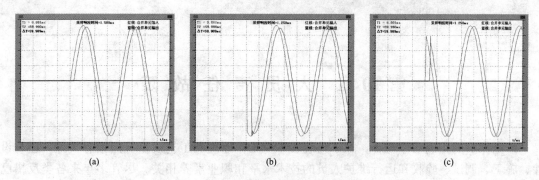

图 9-16　首周波测试输出波形示意图

（a）保护 A 相电流 I_{a1}；（b）保护 B 相电流 I_{b1}；（c）保护 C 相电流 I_{c1}

　　另外，使用此功能时需要有数字量输入才行，且接收到的 SMV 采样测量值通道必须与"通道配置"中的通道数一致（可先导入变电站配置文件，即 SCD 文件配置好通道），所以使用此功能时需特别注意。

第 10 章 人 员 责 任 故 障

继电保护的正确动作与否，除了与装置本身工作原理和工艺质量等因素有关外，还与设计、施工、调试、验收和运行维护人员的技术水平和职业素养相关。尽管多年来各类反措已颁布实施，然而继电保护"三误"事件仍不断重复发生。本章所列举的几则案例，皆与人员责任相关，包括误设计、误拆线、误接线、误操作等。

10.1 误拆线引起高压电抗器差动保护误动

10.1.1 故障简述

某日，某 500kV 变电站某线路高压电抗器 B 套保护的差动保护动作，跳开线路断路器，故障前该站全站设备处于正常运行方式，线路配置 A、B 两套高压电抗器保护。

10.1.2 故障分析

1. 现场检查分析

对高压电抗器差动保护区内一次设备进行检查，外露电气设备无放电痕迹，高压电抗器本体气体继电器未发现气体，对高压电抗器进行取油样试验数据合格；对高压电抗器保护B柜保护进行检查，调阅保护事件及波形，发现高压电抗器低压侧 C 相电流发生畸变，如图 10-1 所示。

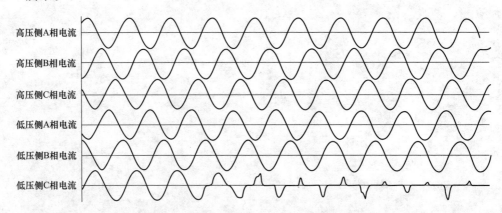

图 10-1 高压电抗器 B 套保护故障录波

由图 10-1 可见，由于高压电抗器低压侧 C 相电流发生畸变，而高电侧电流正常，从而在保护装置中产生差流，导致差动动作。

2. 故障过程分析

经了解，该站正在进行综合自动化改造，当天有现场更换故障录波器的相关工作，将老故障录波器中的相关电流、开关量回路退出，接入新故障录波器中。工作中，施工单位在未做好安全措施的情况下，误将串接自高压电抗器保护的高压电抗器低压侧 C 相电流回路拆除，造成电流回路开路（高压电抗器低压侧电流回路如图 10-2 所示），致使进入高压电抗器保护的高压电抗器低压侧 C 相电流发生畸变，从而在保护装置中产生差流，导致差动动作，跳开线路开关。

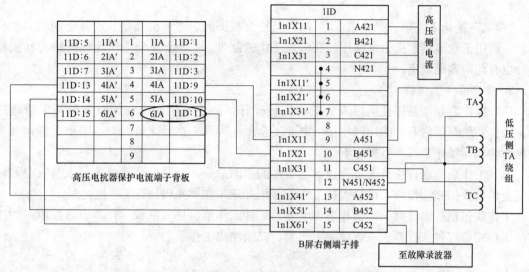

图 10-2　高压电抗器低压侧电流回路图

现场进一步检查还发现，老故障录波器不在工作票内，施工单位也无完备的现场作业方案及措施等，在未充分考虑到现场施工风险点情况下，盲目施工，造成了本次 500kV 线路跳闸事件。

3. 故障原因

本次故障是由于施工单位在施工过程中没有完备的现场作业方案及措施，在非工作地点盲目施工，造成电流互感器开路，线路高压电抗器差动保护动作跳开 500kV 线路断路器。

10.1.3　经验教训

（1）现场危险点辨识不全面，预控措施不到位，工作监护不到位。

（2）"两票三制"执行不到位，部分二次作业标准化程度不高，二次工作安全措施票填写不规范。

（3）员工安全意识有待强化，安全生产注意力不够集中，对现场作业危险点辨识能力不足。

10.1.4　措施及建议

（1）施工单位需加强作业人员安全培训，定期进行安全规程、制度、技术、风险辨识等的培训、考试，使其熟练掌握有关规定、风险因素、安全措施和要求，明确各自安全职责，提高安全防护、风险辨识的能力和水平。

（2）继电保护工作必须严格执行相关的现场工作保安规定，对应的工作必须有相对应的作业指导书与施工方案，并需参建各方会审，签字确认。

（3）严格执行工作监护制度，对于违反《电力安全工作规程》的行为及时制止和纠正，切实保障作业安全。

（4）对于此类几台保护公用电流互感器绕组的特殊情况，应按下列方法进行处理：

1）核实电流互感器二次回路的使用情况和连接顺序；

2）若在被检验保护装置电流回路前串接其他运行的保护装置，短接被检验保护装置电流回路后，监测到被检验保护装置电流接近于零时，方可断开被检验保护装置电流回路。

10.1.5　相关原理

1."两票三制"

"两票"是指工作票、操作票。"三制"是指交接班制、巡回检查制、设备定期试验轮换制。一般用于水电站、火力发电厂、变电站工作的制度，《电业安全工作规程》热力和机械部分也有此内容的规定。

2.操作票和工作票

（1）操作票制度是保证运行人员正确进行操作，防止发生误操作的有效的技术措施之一。操作票填写的内容，必须严格按《电业安全工作规程》执行，机、炉、电重大操作及典型操作应填写操作票或典型操作卡。

（2）工作票是准许检修人员在设备上工作的票面命令，也是保证检修人员人身安全和设备安全的重要措施。检修、试验人员工作前必须办理工作票并履行开工手续。

工作票包括：电气第一种工作票、电气第二种工作票、热力机械工作票、热控第一种工作票、热控第二种工作票、一级动火工作票、二级动火工作票。

10.2　安全措施不完备引起失灵保护误动

10.2.1　故障简述

1.故障经过

某日，某燃机电厂2号发电机—变压器组至220kV甲变电站4Y18线路开关失灵保护动作，致使4Y18线路及其临时T接支线失电。

2.故障前运行方式

故障前4Y18线路、4Y18临时T接支线、2号启动变压器（发电机组未运行前，供给厂用电的变压器）充电运行状态，燃机电厂2号燃机发电机组检修。4Y18线路配置线路差动保护、过电压及就地判别保护及开关失灵保护。其系统接线如图10-3所示。

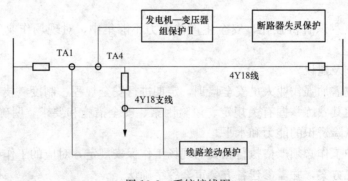

图 10-3　系统接线图

10.2.2　故障分析

1.保护动作情况

（1）220kV 4Y18线路开关失灵保护动作，动作报文见表10-1。

表 10-1　　　　　　　　　　　　　断路器失灵保护动作报文

事件序列	动作时间（ms）	保护动作行为
1	0	断路器失灵保护启动
2	569	失灵重跳本侧断路器 A、B、C 相以及 4Y18 支线断路器
3	767	失灵保护二时限启动远跳动作，跳对侧乙变电站 220kV 断路器
4	5767	由于试验电流的一直存在，装置判保护跳闸失败
5	20534	电流消失，保护复归

（2）4Y18 线路过电压及就地判别保护远跳装置动作。

（3）4Y18 支线过电压及就地判别保护远跳装置动作。

（4）2 号启动变压器保护无动作。

2. 保护动作分析

原 4Y18 线路电流互感器第一组二次绕组用于线路保护和断路器失灵保护，因 4Y18 支线临时 T 接于 4Y18 线路，故将该电流互感器二次回路与 4Y18 支线电流互感器二次回路并接后接入线路差动保护装置供差动保护用；因 4Y18 断路器失灵保护仅需要 4Y18 线路电流，而 4Y18 线路电流互感器六组二次绕组全部用完，只能将断路器失灵保护装置电流回路串接于 4Y18 线路电流互感器第四组二次绕组，与 2 号主变压器第二套保护装置共用。断路器失灵保护装置电流回路图如图 10-4 所示。

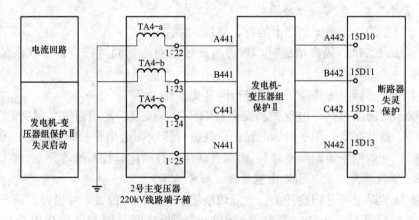

图 10-4　断路器失灵保护装置电流回路图

在 2 号发电机—变压器组保护检修过程中，在对 2 号主变压器第二套保护装置进行采样检查时，由于试验人员忽略了主变压器保护电流回路串接有断路器失灵保护装置电流，因此，试验电流同时也流入了 4Y18 断路器失灵保护装置，又因发电机—变压器组保护启动失灵的开关量始终处于动作状态，使失灵保护的两个判据（启动量和电流）同时满足，造成断路器失灵保护动作。断路器失灵保护动作后启动 4Y18 线路过电压及就地判别保护远跳装置跳开了 4Y18 线路对侧断路器，4Y18 线路及支线失电。

3. 故障原因

本次故障是由于在线路临时 T 接后，断路器失灵保护电流回路改为由发电机变压器组保护电流回路串接，检修人员在检修发电机变压器组保护时，未做好安全隔离措施，将电流通入断路器失灵保护装置，造成断路器失灵保护动作，远跳对侧断路器。

10.2.3　经验教训

（1）现场安全隔离措施不全面，预控措施不到位，工作监护不到位。

（2）"两票三制"执行不到位，相关人员责任心不强，二次工作安全措施票不规范。

（3）员工业务技能有待加强，安全生产注意力不够集中，对现场作业实际情况了解不够清晰。

10.2.4　措施及建议

（1）尽量避免在线路上临时 T 接支路的运行方式，同时在设计阶段，避免设计保护电流串接回路，在源头上消除可能存在的安全隐患。

（2）检修单位需加强作业人员安全培训，定期进行安全规程、制度、技术、风险辨识等的培训、考试，使其熟练掌握有关规定、风险因素、安全措施和要求，明确各自安全职责，提高安全防护、风险辨识的能力和水平。

（3）检修单位应制定完善的继电保护现场标准化作业指导书，现场工作人员需严格执行继电保护现场标准化作业指导书，规范现场安全措施，确保安全措施执行、验证程序到位。

（4）做好二次作业危险点分析预控工作，确保措施到位。

（5）严格执行工作监护制度，对违反《电力安全工作规程》的行为及时制止和纠正，切实保障作业安全。

10.2.5　相关原理

1. 需要填用二次工作安全措施票的工作

（1）在运行中的二次系统回路上的拆、接线工作。

（2）对检修设备执行隔离措施时，需拆断、短接和恢复同运行设备有联系的二次回路工作。

（3）在电流互感器与短路端子之间进行的其他工作。

（4）二次系统回路包括继电保护、安全自动装置、仪表、复用通道（利用 PCM 复接技术，以及光纤、微波通道，用于对继电保护信息进行传输，适用于长距离线路；专用通道用的是光缆通信，一般用于短距离线路）、通信自动化、自动化监控系统等。

2. 主变压器保护屏二次工作安全措施票（参考示例）

（1）检查保护屏上所有切换开关、电流切换端子、连接片位置，并做好记录。

（2）检查保护屏后电压空气断路器、保护直流断路器、控制屏操作电源位置，并做好记录。

（3）断开保护屏上跳闸连接片，尤其是跳旁路与母联连接片，做好防误措施，防止误跳运行断路器。

（4）断开电压空气断路器和电压小母线（母线、旁路）至保护屏上端子，防止电压二次回路短路或接地。

（5）断开保护屏上电流二次回路端子，如果电流二次回路在运行中（本侧、旁路）要在端子排外侧短接并接地良好，防止电流二次回路开路，断开差动保护电流二次回路接地点。

（6）断开母线差动失灵启动回路，主变压器解除母线差动电压闭锁回路，线头做好绝缘措施，防止误启动母线差动回路。

（7）断开保护启动录波器回路，线头做好绝缘措施，防止误启动录波器。

（8）断开保护屏上信号电源，线头做好绝缘措施，防止发信后干扰运行人员。

（9）做以上安措必须两人一起工作，一人执行，一人监护。

（10）恢复电压空气断路器、电流二次回路端子、连接片时都要用万用表测量电压确无短路、电流回路无开路、跳闸连接片无电压后才能操作。

（11）工作结束后恢复工作前位置。

10.3　操作不当引起主变压器保护误动

10.3.1　故障简述

某日，某 500kV 变电站运行人员按照调度命令进行操作，分开 1 号主变压器 2501 断路器，并为当日准备进行的电流互感器预试和 2501 断路器消缺工作进行检修前的安全隔离措施。因 1 号主变压器 500kV 侧和 35kV 侧的断路器尚在运行中，相应的主变压器保护也仍在运行中，需将 1 号主变压器 2501 电流互感器的二次回路与 1 号主变压器保护进行隔离。

8：53，运行人员在 1 号主变压器 2501 电流互感器端子箱处的试验端子完成隔离措施。8：59，500kV 1 号主变压器第二套保护零序差动动作，跳开 500kV 侧和 35kV 侧断路器。

10.3.2　故障分析

1. 现场检查

调阅故障录波器和保护信息管理机信息，1 号主变压器保护动作前后电网和站内的一、二次设备均无故障，检查保护和操作直流回路对地绝缘良好。对 1 号主变压器取变压器油进行分析，报告显示变压器无故障特征。现场复校保护采样准确度和模拟故障，保护情况良好，软件版本和校验码与整定通知书相符。从保护管理机读取保护装置上传的数据分析，表明保护装置和电流二次回路工作情况均良好。

2. 故障原因分析

（1）调取分开 2501 断路器时记录的主变压器保护波形，在操作过程中两套差动保护测录到的电流、电压波形正常，无故障特征，差流近似为 0，仅管理板（保护启动回路）显示 1 号主变压器 220kV 侧后备保护正常启动。

（2）调取第二套保护中零序差动保护动作故障录波，如图 10-5 所示。由图可知，由于 A 相的差流最大达到 0.495A，超过零序差动保护动作整定值（0.3A），保护动作出口。因保护启动未返回，零差保护随后多次动作。

根据现场检查及录波分析，现场天气晴好，继电保护、监控系统、直流系统运行情况正常，且检修人员尚未入场，在保护动作之前，仅有运行人员进行与当日检修工作相关的操作。因此，重点对运行人员的电流回路隔离操作进行分析。

从图 10-5 记录到的波形来看，如将试验端子先断开，则录波中不应有电流显示；如果将上排电流互感器侧的试验端子先短接接地，则对零序差动电流回路形成两点接地，如图 10-6 所示。因两点接地的两端地电位差在接地回路中形成的电流将流经零序差动和接地阻抗保护的电流回路，只要两点接地的两端的电位差的幅值足够大，或是在一定的电位差下接地回路的电阻足够小的情况下，流经零序差动和接地阻抗保护的电流回路的电流超过保护的整定值，这两套保护就会动作。

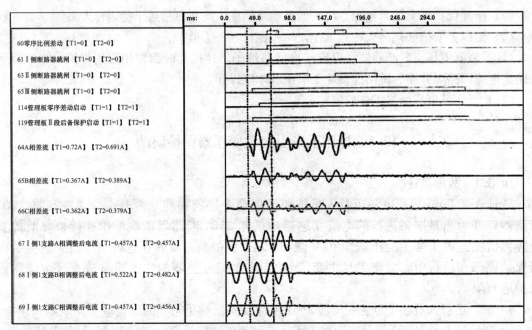

图 10-5　主变压器零序差动保护动作跳闸录波图

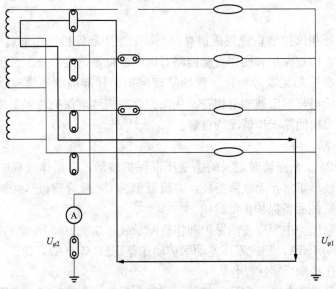

图 10-6　错误操作方式产生零序电流原理图

基于上述分析，进行模拟故障试验，将试验端子在电流互感器侧短接，使用交流电流表分别对第 1、2 套保护模拟电流回路 A、B、C 逐相短接，电流表显示电流值在 0.3～0.4A，均大于保护整定值。在进行上述模拟试验时，同时观察到零序差动保护动作，由保护管理机记录到两套主变压器保护的动作情况如图 10-7 所示，波形基本与图 10-5 动作的情况相似。

3. 故障原因

本次故障是由于运行人员在退出 1 号主变压器 2501 电流互感器二次回路时，操作不当，致使主变压器保护电流回路两点接地，产生差流，从而导致 1 号主变压器保护零序差动动作，跳开运行的 500kV 侧和 35kV 侧断路器。

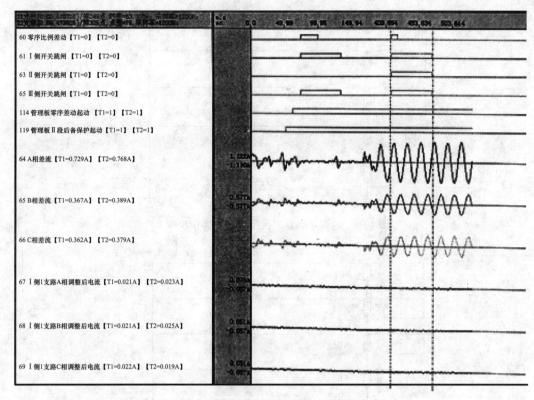

图 10-7　模拟试验时主变压器保护录波图

10.3.3　经验教训

故障中反应出运维人员业务能力不足，操作流程不够规范，对设备结构特点可能存在的薄弱环节等方面认识不足，业务技能水平有待提升。

10.3.4　措施及建议

在进行电流互感器预试时，按相关规程要求将电流互感器二次接地，但不恰当的接地操作方式将形成保护电流二次回路两点接地，可能产生零序电流造成保护的不正确动作。因此运行单位必须制定规范的操作步骤，并严格执行。

10.3.5　相关原理

电流互感器二次接地的正确操作方法如下：

（1）在 2501 断路器处于检修状态下，先将保护侧三相短接连片全部断开，如图 10-8 所示。

（2）在 2501 断路器处于检修状态下，确认保护侧 A、B、C、N 相短接连片已全部断开后，再将 7A 侧的各相从 XB5 开始，依箭头方向依次短接，如图 10-9 所示。

10.4　后台配置错误引起开关误动

10.4.1　故障简述

某日，某变电站 744 线断路器由冷备用转运行操作，操作完成后现场断路器实际位置、后台监控画面及保护装置均指示断路器为合闸状态，保护装置状态正常，后台无异常信号。12min 后，744 线断路器无故障跳开，744 线断路器实际位置、后台监控画面及保护装置均指示断路器为分闸状态。保护装置和后台无任何动作信号，仅有断路器变位信息。

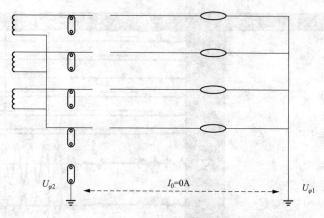

图 10-8　电流互感器二次接地正确操作步骤 1

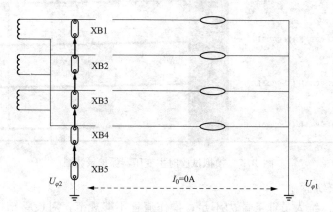

图 10-9　电流互感器二次接地正确操作步骤 2

10.4.2　故障分析

1. 现场检查

在断路器跳闸过程中，保护装置运行正常，无保护动作信号。检查跳闸时监控后台动作信息报文，发现 744 线断路器分合闸的同时，都伴随有"744 事故总复位"的变位动作信号，见表 10-2。

表 10-2　　　　　　　　　　　　**744 动作报文表**

序号	时间	动作信号
1	18：36：51：099	744 事故总复位
2	18：36：51：099	744 合闸
3	18：48：50：723	744 分闸
4	18：48：50：723	744 事故总复位

2. 故障原因分析

经查询监控操作画面，发现有"744 事故总复位遥控操作"按钮，如图 10-10 所示。经试验，此"744 事故总复位遥控操作"按钮"遥控合"操作会造成 744 断路器分闸，"遥控分"操作会造成 744 断路器合闸。经询问监控人员，当值监控因为没有看到 744 断路器合闸的实时变位信息，确实进行过"744 事故总复位遥控操作"按钮操作。经检查断路器变位信息没有即时传送到监控是由于现场远动总控设置为"信息全发全收"，在一次设备操作频繁时，网络通信传输数据量大，传输速度慢。进一步调取测控装置参数配置后发现，该"744 事故总复位遥控操作"按钮参数配置不正确，本应配置为"远方复归 KKJ"，实际配置为"遥控断路器出口"即"遥控分闸"。

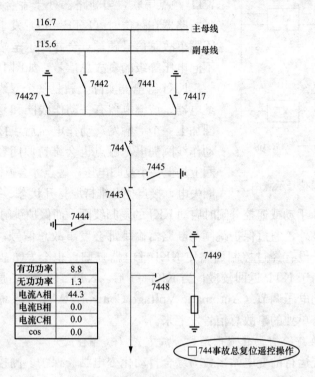

图 10-10　监控操作画面

3. 故障原因

本次故障是由于厂家调试人员将测控装置参数配置错误，将"远方复归事故总"误配置为"断路器分闸"，致使监控人员在进行复归操作时，误将断路器分闸。

10.4.3　经验教训

（1）对厂家依赖较大。现场测控装置参数配置多以厂家为主导，现场服务人员的技术水平及责任心对参数配置的正确性影响巨大。

（2）验收项目不完整。在参数配置以厂家为主导的情况下，专业人员未能把好验收关，对全站测控的所用功能进行验证，导致留有隐患。

10.4.4　措施及建议

（1）在现场测控装置参数配置多以厂家为主导的现实情况下，厂家应制定切实有效的管理制度，保证现场服务人员的技术水平，保证工程质量。

（2）严把工程投产验收关，专业人员应全程参与工程验收工作，熟悉图纸、熟悉设备，不走过场，不甩项漏项，高度重视整组试验，真实模拟设备运行情况，进行相关功能的验证，严格把好验收质量关，确保不让任何一个隐患流入运行之中。

（3）运行管理部门应及早介入工程建设，熟悉设备，提出与生产运行相关的要求，及时发现问题，消除隐患。

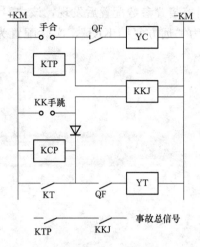

图 10-11　事故总信号示意图

10.4.5　相关原理

1. 传统的事故总信号（硬接点方式）

事故总信号由合后继电器 KKJ 和跳闸位置继电器 KTP 触点串联，当断路器处于手合后位置（KKJ=1），且断路器在跳位时（KTP=1），发事故总信号；再将各间隔事故总信号硬触点合并产生全站事故总信号或组成不同电压等级的事故总信号，如图 10-11 所示。

KKJ 继电器实际上就是一个双线圈磁保持的双位置继电器。该继电器有一动作线圈和复归线圈，当动作线圈加上一个"触发"动作电压后，接点闭合。此时如果动作线圈失电，触点也会维持原闭合状态，直至复归线圈上加上一个复归电压，触点才会返回。这时如果复归线圈失电，接点也会维持原打开状态。手动或遥控合闸时启动 KKJ 的动作线圈，手动或遥控分闸时启动 KKJ 的复归线圈，而保护跳闸则不启动复归线圈。

除了手跳和遥跳外，通过保护跳闸与断路器偷跳都会发事故总信号，在现场对断路器进行紧急分闸时，由于没有经过控制回路使 KKJ 继电器复归，也会发事故总信号。有时，手合或遥合断路器时由于 KTP 返回较慢，当 KKJ=1 后，KTP 还持续接通几十毫秒，导致会发事故总信号，自动电压调节（Automatic Voltage Control，AVC）系统对变电站内电容器进行合闸时，时常有单独的事故总信号发上来。

2. 事故总信号在综合自动化变电站的合成方式（软件合成）

目前，电力系统运行的变电站多数为综合自动化变电站。保护、测控装置均能够通过网络与主站连通，保护装置的各种动作信号都能够通过软报文上传。初期对全站事故总信号的合成方法是把所有装置的保护动作信号组合在一起。这种方法看似效果跟把全部断路器的事故总信号合成方法效果是一样的，但实际上两种方法还是有区别的。保护合成事故总信号，优点是全站事故总信号可以自动复归，但缺点是不能反应断路器"偷跳"。被合并的保护动作信号通过"或"的逻辑关系实现事故总信号：即任意一个保护信号动作，则事故总信号动作（相当于遥信合闸位置）。所有保护信号复归，则事故总信号复归（相当于遥信分闸位置）。同时合成信号参与逻辑运算的数量也较大（所有装置的所有动作信号）。这种情况下信号合成时既容易遗漏某个元件动作信号，同时如果现场某个元件只是投信号，没有投跳闸，则也会造成断路器并没有跳开但误发事故总信号的问题。为了解决这一问题，引入了断路器分闸位置，在计算机监控系统中事故总信号的表达式为

事故总信号＝∑（断路器分闸位置）&（此断路器相关的各保护动作跳闸信号）

该表达式的原理是：当继电保护动作，断路器跳闸时报事故总信号。这种方法基本反映了运行中多数故障情况，但是这一方法也有致命的缺点，就是无法反映出非保护动作的跳闸故障，如断路器本身或操动机构、回路的故障引起的跳闸故障（偷跳）。针对这种缺陷，在事故信号生成表达式中增加了一个并列条件"断路器合闸位置 & 此断路器对应的重合闸动

作"，其依据是断路器在无保护跳闸和无人工操作的情况下跳闸将引起重合闸动作，合上该断路器。事故信号的生成表达式就变为：

$$事故总信号＝\Sigma(断路器分闸位置)\&(此断路器相关的各保护动作跳闸信号)$$
$$.or.\Sigma(断路器合闸位置)\&(此断路器对应重合闸动作信号)$$

3. 事故总信号逻辑规定

（1）事故总信号形成逻辑。通过远动工作站（RTU），采集厂站主保护动作信号（硬触点及保护通信信号）及断路器偷跳信号进行"逻辑或"；采用保护动作信号上升沿触发事故总信号上送，并延时自动复归，延时时间 4～10s 可设定。

（2）事故总信号采集范围。对网（省）调，要求 500kV 厂站内所有主要保护动作信号及断路器偷跳信号参与事故总信号合成逻辑。220kV 厂站内所有 220kV 间隔（当 110kV 侧有电源线时包括 110kV 所有间隔）、主变压器各侧、发电机保护动作信号及断路器偷跳信号参与事故总信号合成逻辑。对地调，其所有接入站全部间隔保护信号均参与事故总信号合成逻辑。

（3）断路器偷跳信号的采集与处理。在保护屏完成此信号合成，逻辑是由保护操作箱内的断路器合后位置继电器（KKJ）和跳闸位置继电器（KTP）串联引出形成，对于低压保护测控一体装置由装置内部完成逻辑判别并通过通信系统上送。

10.5　接线错误引起保护跳错相

10.5.1　故障简述

1. 故障经过

某日，220kV 线路 L1 由于雷击造成 A 相瞬时接地故障。甲变电站侧第一套线路保护启动后未出口，第二套线路保护 A 相跳闸失败转三跳。断路器 B 相跳闸后三相跳闸。乙变电站侧第一套线路保护启动后未出口，第二套线路保护 A 相跳闸后重合闸出口。断路器 A 相跳闸后，重合成功。

2. 故障前运行方式

线路 L1 从 220kV 甲变电站至 220kV 乙变电站，线路两端保护配置均为高频保护，保护组屏如下：第一套保护/第二套保护＋收发信机＋操作箱/断路器保护。

10.5.2　故障分析

1. 原因分析

（1）第一套保护启动但未出口的原因。故障时刻甲变电站后台显示"线路 L1 保护装置电压互感器断线动作"告警信号，之后一直未复归，此缺陷没有及时发现与得到处理，故闭锁了第一套保护。乙变电站侧保护因对侧闭锁没有判别出内部故障，故也仅启动。

经现场检查确认，线路 L1 线路电压互感器端子箱内第一套保护电压用的空气断路器下桩头 C 相接触不良，拧紧后电压恢复正常。

（2）甲变电站侧第二套保护 A 相跳闸失败继而三跳的原因。故障发生后，对线路 L1 断路器分相操作时发现 A、B 相不对应，进一步检查发现，断路器操动机构箱内部第二组跳闸回路中 A、B 相跳闸内部配线接反，所以在 A 相跳闸出口时，实际跳开的断路器是 B 相，故障相仍有电流，故保护判 A 相跳闸失败，继而三跳。同时，断路器 A、B 相合闸监视回路也接反。导致当 A 相跳闸出口后,尽管分开的是 B 相断路器,但在保护操作箱上显示的还是 A 相跳闸信号。

2. 故障原因

本次故障是由于断路器内部接线错误,调试人员在调试过程中未认真验证,导致在故障发生时单相故障却三相跳闸。

10.5.3 经验教训

(1)调试单位责任心不强。此次保护动作错误是断路器内部接线错误引起,调试过程中调试人员责任心不强,未到现场认真核对保护动作情况与断路器实际情况是否一致。

(2)验收项目不完整。该工程当日上午完工后,即进行竣工验收,第二日即启动投入运行。预留给验收时间很短,在对线路 L1 等 5 条线路保护进行功能试验的同时,还得进行通信、自动化等的相关验收,为保证按时投入运行,对断路器传动试验时进行的是抽检。(本例中,对线路 L1 断路器,第一套保护跳闸出口与三相断路器对应关系都是正确的,第二组 C 相也是正确的,仅 A、B 相对调,故抽检也仅有 1/3 的几率发现此缺陷)。

(3)对调试单位有依赖性。因为回路的验证是调试单位必须完成的项目,保证回路正确是调试单位担负的最基本职责,故在验收时间不足的情况下,验收人员过于依赖调试单位,相信其正确完成了回路验证工作。

10.5.4 措施及建议

(1)结合停电检修对甲变电站其他 220kV 线路保护进行保护整组联动试验。

(2)进一步严格执行基建验收程序。验收工作是基建、改扩建工程的最后一道关口,必须予以高度重视,工程建设单位应严格对待、认真组织,参加验收的人员必须提前熟悉图纸、熟悉设备,不走过场,不甩项漏项,严格把好验收质量关,确保不让任何一个隐患流入运行之中。

10.6 接线错误引起断路器不重合

10.6.1 故障简述

1. 故障经过

某日,某 220kV 变电站线路 L1 发生 A 相永久性接地故障,两套线路保护均动作,断路器 A 相跳开后转三相跳闸,断路器未能重合。

2. 保护配置

线路两侧保护均为双套保护加操作箱的配置。正常运行时仅启用第一套保护重合闸,方式为单相重合闸方式。

10.6.2 故障分析

1. 保护动作情况

发生故障时两套保护均动作出口,其中第一套保护于启动后 25ms 时纵联保护 A 跳出口,41ms 时综重沟通三跳,故障测距为 A 相接地,故障电流 7.191kA。第一套保护在启动后 9ms 时 A 相电流差动保护动作,故障相电流 7.385kA。

线路对侧 220kV 变电站线路保护 A 相跳闸并重合,因重合于永久性故障后保护三跳。

2. 故障原因分析

因本侧保护动作行为与对侧保护不同,且不符合永久性接地故障动作逻辑,因此对本侧线路保护及其二次回路进行了检查。发现在对第二套保护进行通流模拟单相瞬时性故障,且重合闸仅启用第一套保护重合闸功能时,只要投入第二套保护屏上"至重合闸"连接片,则第一套保护动作后单相出口转综重沟通三跳,重合闸放电不重合。保护动作行为与故障时动作行为一致,证明保护或二次回路的确存在异常。

在对二次回路检查中发现,第二套保护装置里有一副 KT-1 接点,名称是第一组至重合闸的单跳触点(见图 10-12),该触点的作用是作为启动第一套保护装置重合闸的外部保护(见图 10-13)。正确接线应该是第二套保护的 KT-1 通过二次电缆接入相邻的第一套保护的"单跳启动"开关量输入中(见图 10-14),而在变电站现场发现该回路没有接在第一套保护装置的"单跳启动"开关量输入位置,而是接到了第一套保护装置的"三跳启动"开关量输入位置(见图 10-15)。

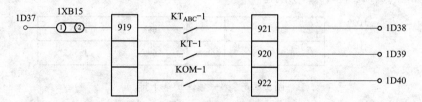

图 10-12　第二套保护开关量输出回路图

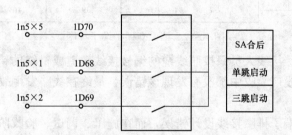

图 10-13　第一套保护开关量输入回路图

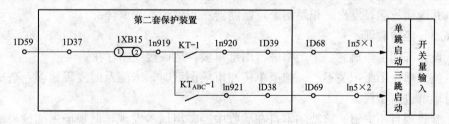

图 10-14　正确接线

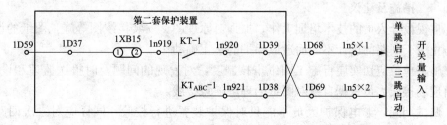

图 10-15　错误接线

经试验发现，这种错误接线会导致在线路单相故障时，第二套保护发出单跳令，启动 KT-1 后导通第一套保护的"三跳启动"开关输入量。而此时第一套保护的重合方式为单重方式，在接到"三跳启动"命令后，按照保护逻辑，重合闸放电并沟通三跳，发出三相跳闸令，导致断路器三相跳闸不能重合。

第二套保护屏上 1D38、1D39 端子上的电缆芯线原本应接在第一套保护屏的 1D68、1D69 的端子上，而现场在第一套保护屏中这两个芯线接反，变成 1D38 接 1D68、1D39 接 1D69，且现场该电缆芯线两端都没有信号，从而导致上述故障时保护和断路器动作行为的不正确。

在二次回路检查中，发现端子排图中端子号的对应关系是正确的，即 1D38 接 1D69、1D39 接 1D68，但由于回路编号定义错误，将 1D38、1D68 定义为"35"，1D39、1D69 定义为"37"，如图 10-16、图 10-17 所示。

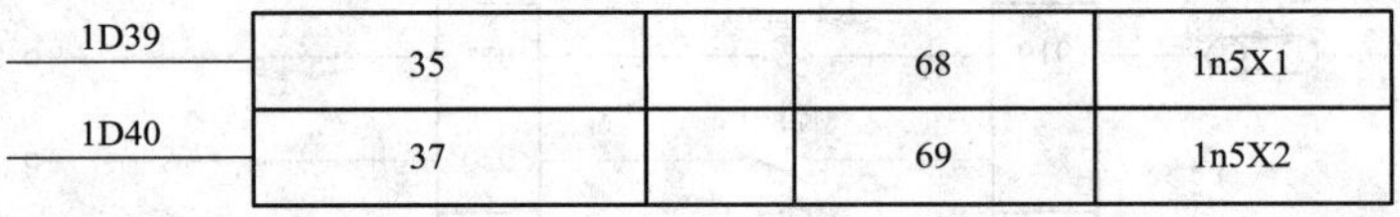

1D39	35		68	1n5X1
1D40	37		69	1n5X2

图 10-16　第一套保护端子排

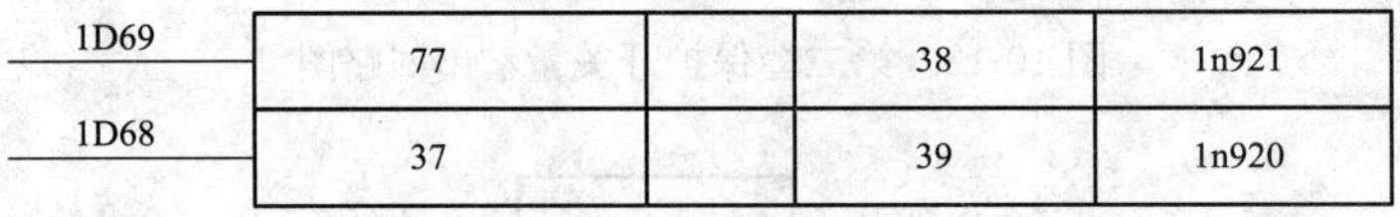

1D69	77		38	1n921
1D68	37		39	1n920

图 10-17　第二套保护端子排图

而在实际接线中，接线人员只按照线缆的编号接线，造成最终的错误接线。而后，在施工调试以及自验收、投产验收中都没有发现该错误，最终在线路发生故障时，暴露该问题。

3. 故障原因

本次故障是由于端子排图接线设计错误，而在施工、调试、验收阶段，均未发现该接线错误，致使"单跳启动"重合闸开关量输出接入到"三跳启动"开关量输入中，在线路正常运行时发生单相接地故障，由于重合闸装置在单重方式下收到"三跳启动"开关量输入，重合闸放电并沟通三跳，发出三相跳闸令，断路器三相跳闸不能重合。

10.6.3　经验教训

（1）设计部门工作疏忽，未严格进行图纸审核，造成接线图存在错误。

（2）施工单位图纸把关不严。施工单位在审核图纸时，未能及时发现错误，造成接线人员按自身理解进行接线。

（3）验收项目不完整。该缺陷本可在验收中经整组试验发现，但现场未能按要求对保护系统的相关性、完整性及正确性进行最终的全面检验。

10.6.4　措施及建议

（1）重视设计人员的技术培训工作，加强对原理图、安装接线图等施工图纸的设计审核工作，防止由于回路的设计不当而造成保护的不正确动作。

（2）施工单位应切实履行施工图纸审核制度，对发现的问题及时报送监理和设计单位，不可任由现场接线人员依据自身对图纸的理解随意接线。

（3）调试期间，继电保护人员不能只对保护装置进行校验，同样应对二次回路深入了解，根据原理接线进行正确的试验工作。

10.6.5　相关原理

1. 重合闸沟通三跳的产生

电力系统运行经验表明，架空线路绝大多数的故障都是瞬时性的，永久性故障一般不到
10%。在继电保护动作切除瞬时性短路故障之后，电弧将自动熄灭，绝大多数情况下短路处
的绝缘可以自动恢复。所以，自动将断路器重合，不仅提高了供电的安全性，减少了停电损
失，还提高了电力系统的暂态稳定水平，增大了高压线路的送电容量。随着分相断路器在高
压电网中的普及，目前大部分保护装置均具备选相跳闸功能，与此对应出现了具有单相、两
相、三相重合的综合重合闸装置。当由于重合闸装置本身原因不允许保护进行选跳的情况
下，就要求重合闸装置具有沟通三跳的逻辑。

2. 重合闸沟通三跳的实现

(1) 由重合闸装置判断沟通三跳后，输出沟通三跳接点，与保护动作信号接点串联接入
操作箱的三跳回路。此输出的沟通三跳触点应为动断触点，以适应在装置故障或失电的情况
下仍能输出的要求。此方式在三跳情况下仍然会输出沟通三跳触点。

(2) 如果重合闸装置与断路器保护或线路保护共用出口回路时，在装置判断满足沟通三
跳逻辑时，可直接出口跳三相。

3. 重合闸沟通三跳的条件

(1) 三重方式。

(2) 停用方式。

(3) 装置故障。

(4) 装置失电。

(5) 重合闸充电未满。

4. 保护装置中的"永跳"连接片与重合闸的配合

(1) 定值中整定的不启动重合闸的保护动作后，启动永跳。

(2) 重合闸方式开关在"单重"位置时，断路器三跳开关量输入，启动永跳。

(3) 重合闸在"停用"或由于某种原因放电时，任何保护动作均启动永跳。

(4) 手合至故障线路时，保护动作启动永跳。

综上四点，"永跳"出口后，断路器三跳并闭锁重合闸，即给重合闸放电。重合闸方式
与保护跳闸方式配合表见表 10-3。

表 10-3　　　　　　　　　重合闸方式与保护跳闸方式配合表

	保护单跳	保护两跳	保护三跳
重合闸单重方式	单重	两重	三重
重合闸三重方式	沟三→三重	沟三→三重	三重或沟三→三重
重合闸综重方式	单重	两重	三重或沟三→三重
重合闸停用方式	沟三→永跳	沟三→永跳	沟三→永跳
重合闸充电未满	沟三→永跳	沟三→永跳	沟三→永跳
装置故障或失电	沟三→永跳	沟三→永跳	沟三→永跳

5. 重合闸沟通三跳的逻辑

(1) PSL-632 型断路器保护沟通三跳逻辑如图 10-18 所示。

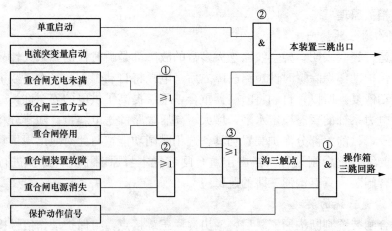

图 10-18　PSL-632 型断路器保护沟通三跳逻辑图

1）重合闸在满足充电未满、三重方式、停用这三个条件中的任意一个时，通过或门①打开与门②，此时重合闸单重启动且有电流突变（防止开关量输入故障造成误动）即通过与门②出口跳三相。

2）重合闸在满足充电未满、三重方式、停用、装置故障、装置失电这五个条件中的任意一个时，通过或门③输出沟通三跳触点，该触点与线路保护的动作信号触点串联接入操作箱三跳回路，在保护动作时不经选相立即三相跳闸。

（2）RCS-931A 型保护沟通三跳逻辑如图 10-19 所示。

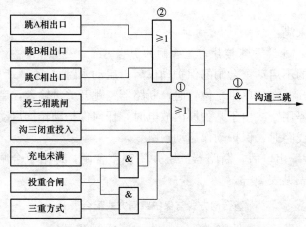

图 10-19　RCS-931A 型保护沟通三跳逻辑图

当投三相跳闸、沟通三跳闭锁重合闸投入、投重合闸且充电未满或三重方式这四个条件中的任意一个满足时，通过或门①打开与门①，此时不论是单相出口、两相出口还是三相出口均通过或门②及与门①去沟通三跳。

10.7　接线错误引起手合时远跳误动

10.7.1　故障简述

1. 故障经过

某日，由某 220kV 乙变电站侧对线路 L1 充电，在甲变电站侧合上断路器 1（合环）时，乙变电站侧断路器 2 收到对侧远跳信号，导致乙变电站 L1 线路第一套保护出口，断路器三跳。乙变电站侧线路 L1 第二套保护未动作，甲变电站侧两套保护都未动作。

图 10-20　故障前运行方式

2. 故障前运行方式

故障前运行方式如图 10-20 所示。

10.7.2　故障分析

1. 现场检查

调取线路 L1 两侧第一套保护动作信息（见表 10-4、表 10-5），故障时电压三相均正常，电流为负荷电流，乙变电站侧收到远跳动作出口，甲变电站侧有远跳开关量输入信号，未动作。

表 10-4　　　　　　　　　　乙变电站侧第一套保护动作信息

序号	保护动作信息	
1	保护启动	3ms
2	远跳动作	3ms
3	永跳动作	3ms
4	跳闸动作	3ms
5	A 相电压	60.785V
6	B 相电压	60.219V
7	C 相电压	60.245V
8	A 相电流	0.102A
9	B 相电流	0.096A
10	C 相电流	0.101A

表 10-5　　　　　　　　　　甲变电站侧第一套保护动作信息

序号	WXH-803 动作信息	
1	远跳 2 开关量输入	0ms
2	远跳 1 开关量输入	0ms

甲变电站侧第一套保护有远跳 1、远跳 2 开关量输入变位信号，检查远跳开关量输入二次回路，并与图纸核对。从第一套保护原理图（见图 10-21）看，远跳开关量输入端子为 1QD11，由外部 TJR 动作而来；从第一套保护端子排图看，远跳 1QD11 端子线缆编号为 31，对侧端子号为 4P2D13。

第一套保护远跳端子 1QD11 对应的是第二套保护屏上操作箱远跳动作触点，检查操作箱原理图（见图 10-22），该端子为 4P2D13，与第一套保护远跳端子所标的对侧端子号一致。检查第二套保护屏操作箱端子排图（见图 10-23），发现 4P2D13 端子上所接线缆编号为 27，与对侧线缆编号 31 不一致，而第二套保护屏端子上编号为 31 的线缆，接的却是 4P2D11 号端子，为停用、闭锁重合闸。

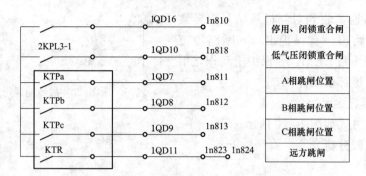

图 10-21　甲变电站侧第一套保护原理图

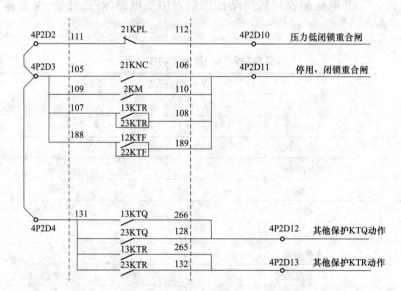

图 10-22　甲变电站第二套保护操作箱原理图

1QD端子排				
KTPa	1n811	7	23A	4P2D7
KTPb	1n812	8	23B	4P2D8
KTPc	1n813	9	23C	4P2D9
低气压闭锁重合闸	1n818	10	29	4P2D10
远方跳闸	1n823	11	31	4P2D13
		12		
远传1	1n819	13		
远传2	1n821	14		
停用、闭锁重合闸	1n810	15	27	4P2D11
	1XB3-2	16		

图 10-23　甲变电站第二套保护屏操作箱端子排图

至此，通过对两套保护的端子排图及原理图的核查，可以发现，由于端子排线路编号设计错误，导致线缆两侧编号不一致，而施工人员接线时，只按线缆编号接线，未核对线缆的本侧和对侧端子号，导致实际接线回路错误，操作箱的"KTR 动作"接入第一套保护的

"停用、闭锁重合闸"开关量输入，操作箱的"停用、闭锁重合闸"接入第一套保护的"远跳"开关量输入，实际接线如图 10-24 所示。

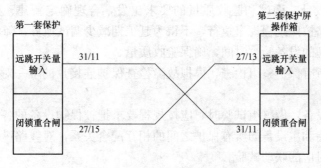

图 10-24　实际接线示意图

2. 试验验证

为验证接线是否有问题，进行如下试验：

（1）手合断路器，第一套保护只报"远方跳闸"变位；

（2）模拟 KT 继电器动作，第一套保护只报"停用、闭锁重合闸"变位。以上结果证明"停用、闭锁重合闸"和"远方跳闸"线缆确实接反。

在第二套保护屏内将"31/11"、"27/13"线缆反接后再次进行验证：

（1）手合断路器，第一套保护只报、"停用、闭锁重合闸"变位；

（2）模拟 KT 继电器动作，第一套保护只报"远方跳闸"变位。

改接线后回路正确。

3. 保护动作分析

由于甲变电站内第一套保护屏和第二套保护屏之间"停用、闭锁重合闸"和"远跳开关量输入"线缆接反，当手合断路器 1 时，操作箱发"停用、闭锁重合闸"至第一套保护"远方跳闸"中，保护发远跳命令给对侧乙变电站的第一套保护。同时，因断路器 1 合环，乙变电站第一套保护电流突变量启动，满足第一套保护远方跳闸逻辑，致使乙变电站断路器 2 三跳。

4. 故障原因

本次故障是由于端子排线缆接线错误，导致在手合断路器时，操作箱的"停用、闭锁重合闸"信号误发至保护的"远方跳闸"，从而发远跳命令给线路对侧保护，在对侧保护启动的情况下，致使远跳动作出口跳开断路器。

10.7.3　经验教训

本次故障暴露了在设计错误时，施工及调试单位均未能及时发现错误。在验收阶段，由于采用短接远方跳闸触点的方式，未能发现回路错误问题。必须严格按照继电保护全过程管理规定，规范设计，提高施工、调试质量，严把验收关，切实保障继电保护的安全运行。

10.7.4　措施及建议

（1）重视设计人员的技术培训工作，加强对原理图、安装接线图等施工图纸的设计审核工作，防止由于回路的设计不当而造成保护的不正确动作。

（2）施工单位应切实履行施工图纸审核制度，对发现的问题及时报送监理和设计单位，不可任由现场接线人员依据自身对图纸的理解随意接线。

10.7.5 相关原理

继电保护装置试验及验收的相关要求：

（1）应从保证设计、调试和验收质量的要求出发，合理确定新建、扩建、技改工程工期。基建调试应严格按照规程规定执行，不得为赶工期减少调试项目，降低调试质量。

（2）应保证合理的设备验收时间，确保验收质量。

（3）必须进行所有保护整组检查，模拟故障检查保护连接片的唯一对应关系，避免有任何寄生回路存在。

（4）对于新投设备，做整组试验时，应按规程要求把被保护设备的各套保护装置串接在一起进行。检验线路和主设备的所有保护之间的相互配合关系，对线路纵联保护还应与线路对侧保护进行一一对应的联动试验。

（5）应认真检查继电保护及安全自动装置、站端后台、调度端的各种保护动作、异常等相关信号的齐全、准确、一致，符合设计和装置原理。

附录 A 故障录波图的阅读与分析

A.1 概   述

A.1.1 故障录波器及其作用

故障录波器是电力系统发生故障及振荡时能自动进行记录的一种装置,可以记录因短路故障、系统振荡、频率崩溃、电压崩溃等大扰动引起的系统电流、电压及其导出量(如有功功率、无功功率及系统频率)的全过程变化现象。故障录波器是进行电气故障规律分析研究的依据,被称为电力系统的"黑匣子"。它主要用于检测继电保护与安全自动装置的动作行为,了解系统暂态过程中系统各电参数(电参数就是用电设备的用电参数数据)的变化规律,校核电力系统计算程序及模型参数的正确性。分析故障录波也是研究现代电网的一种方法,是评价继电保护动作行为,分析设备故障性质,查找事故原因的有效手段,故障录波已成为分析系统故障的重要依据。

故障录波器的作用如下:

(1)根据所记录波形,可以正确地分析判断电力系统、线路和设备故障发生的确切地点、发展过程和故障类型,以便迅速排除故障和制定防止对策。

(2)分析继电保护和高压断路器的动作情况,及时发现设备缺陷,查找电力系统中存在的问题。

(3)积累第一手材料,加强对电力系统规律的认识,不断提高电力系统运行水平。

A.1.2 故障录波分析的重要意义

(1)正确分析事故的原因并研究对策。

(2)正确评价继电保护及安全自动装置的动作行为。

(3)准确定位线路故障,缩小巡线范围。

(4)发现二次回路的缺陷,及时消除隐患。

(5)发现一次设备的缺陷,及时消除隐患。

(6)为系统复杂故障的分析提供有力支撑。

(7)验证系统运行方式的合理性,及时调整系统运行方式。

(8)实测系统参数,验算保护定值。

(9)分析研究系统振荡问题。

(10)分析研究电力系统内部过电压问题。

A.1.3 故障录波装置的前景和展望

(1)随着电网的不断发展,区域电网的故障录波装置联网运行,实现数据共享,对于提高事故处理速度,及时恢复供电,保障电网安全意义深远。

(2)随着智能电网的不断发展,数字化变电站的不断推陈出新,需要针对数字化变电站模拟量和开关量的数据特性进行录波记录，以便进行原理和接入方式的研究，从而实现对电气量和 GOOSE 跳闸方式的保护动作及断路器分合等状态量的录波，因此故障录波装置将面临重大变革。

（3）传统的故障录波装置及保护信息子站等后台装置，采用比较常见的 IEC 60870-5-103 或者 DNP 规约，通过硬接线接入装置采集电流电压等模拟量信号和跳合闸命令、位置状态等开关量信号，不能满足变电站对数字化的要求。而基于 IEC 61850 标准的故障录波装置，通过对智能变电站中数据对象的订阅来实现数据的自由记录，网络代替了大量传统的电缆，IED 信息共享更加快捷；当系统扩容或者需要调整采集对象时，只需修改订阅参数。因此，智能变电站故障录波装置具有良好的发展前景。

A.2 故障录波图的基本知识

A.2.1 故障录波图的基本构成

变电站的故障录波图一般分为两种：一种是保护及自动装置的录波图，另一种是专用故障录波器的录波图。虽然不同的装置所形成的录波图在图形格式上略有区别，但是各类故障录波图的基本格式是相同的。图 A-1 所示为专用故障录波器的录波图。图中主要有五部分内容：①文字信息部分；②比例标尺部分；③通道注解部分；④时间刻度部分；⑤录波波形部分。

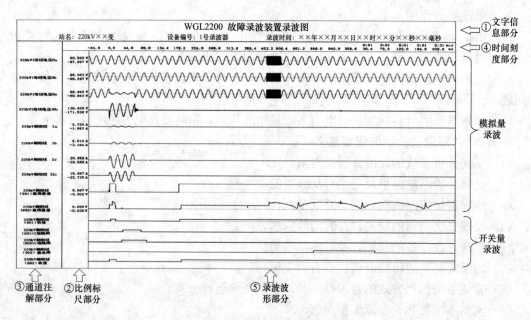

图 A-1 典型故障录波图

A.2.2 故障录波图的基本内容

1. 文字信息部分

录波图的文字信息主要描述故障录波设备安装地点，被录波的相关设备的名称，以及故障发生时录波启动的绝对时间等。文字信息的格式，不同的录波装置各不相同。有的故障录波图的文字信息部分相当于一份简单的故障报告，还反映了故障相别、故障电流、故障电压、故障测距等。

在故障分析处理中，可以通过阅读录波图的文字信息，简单地对故障的总体情况做一个了解。但是录波图的文字信息内容不能作为最后对故障的定性分析结果。

2. 比例标尺部分

录波图比例标尺有电流比例标尺、电压比例标尺、时间比例标尺，是对录波图进行量化阅读的重要工具。比例标尺由录波装置自动生成，一般同一张录波图同一电气量使用的比例标尺相同。录波图的电流、电压比例标尺可以是瞬时值标尺，也可以是有效值标尺，可以是一次值标尺，也可以是二次值标尺，以二次瞬时值比例标尺最为常见。实际应用中可以通过录波图中故障前的正常电压、电流幅值来推算当前使用的标尺的类别。

电流、电压通道的比例标尺主要有两种模式。一种标尺为最大值法，该种标尺方法是在录波通道中显示当前通道中所录波形的正半周最大值和负半周最大值，然后可通过与最大值波形的幅值比例关系去阅读该通道中其他各点波形的幅值。另一种为平均刻度值法，即利用图中统一定义了单位幅值量的刻度格来充当标尺，通过阅读波形所占格数来阅读幅值量。以上两种标尺模式最为常见，此外现场也有少量录波装置，其标尺定义为以标准纸打印输出后的实际单位长度作为比例标尺刻度，如 1kV/mm、100A/mm 等。

3. 录波图通道注解部分

录波图通道注解即对所录波形的内容进行定义，标明当前通道中所录波形的对象名称。录波图的录波通道内容注解一般有两种模式。一种是在各录波通道附近对应位置注解，多见于专用故障录波器。另一种模式是在录波图中对各录波通道进行编号，然后集中对各通道进行注解定义，多见于保护装置打印输出波形。

4. 时间刻度部分

录波图时间刻度，一般以 s（秒）或 ms（毫秒）作为刻度单位。相关规程规定以 0 时刻为故障突变时刻，要求误差不超过 1ms，同时要求 0ms 前输出不小于 40ms 的正常波形。实际现场的很多故障录波器并不完全是以 0 时刻为故障突变时刻的，因此在分析录波图时要注意区分。

在录波图打印输出过程中，为了减小篇幅方便阅读，一般会将录波图中电气量较长无明显变化的录波段省略输出，保护装置录波省略输出比较常见。

5. 录波波形部分

（1）模拟量录波。

1）电流量。电流量录波主要为 A、B、C 三相电流及 $3I_0$ 零序电流，其中 A、B、C 三相电流一般有条件的均要求使用保护安装处电流互感器的录波专用二次绕组。现场也有与保护装置合用一个电流互感器二次绕组的情况，此时要求录波装置电流回路串接于保护装置之后。$3I_0$ 录波电流量一般为录波装置内部的零序电流采样回路即 N 线（中性线）上的小电流互感器的二次量，属于物理合成的零序电流。当无零序采样回路小电流互感器时，也有使用自产 $3I_0$ 方式录波的，此时属于数字合成的零序电流。有的保护装置习惯将 $3I_0$ 录波与实际零序电流反相，在阅读时需要注意区分。

2）电压量。电压量录波主要为 A、B、C 三相电压及 $3U_0$ 零序电压，其中 A、B、C 三相电压来自电压互感器二次绕组，与保护合用。$3U_0$ 零序电压录波量对于专用故障录波器，一般使用来自电压互感器的二次开口三角绕组，属于物理合成的零序电压。保护装置录波主

要为自产 $3U_0$ 电压，属于数字合成的零序电压。

3) 高频通道录波。高频通道录波量来自高频保护收发信机背板端子上的专用录波输出量，不允许将录波通道直接并接于高频保护通道上，以防止录波通道故障而导致高频保护的不正确动作。高频保护通道录波的作用主要是为了在故障分析时，查看收发信机的停发信是否正常，收发信波形幅值是否正常，波形是否完整连续，有无缺口等，为故障分析提供依据。

（2）开关量录波。

1) 保护信号录波主要包括保护装置跳闸出口信号（对于分相操作的断路器应为分相跳闸信号）、重合闸动作出口信号、纵联保护收发信信号、重要的告警信号等。

2) 断路器位置录波量有条件的应直接采用断路器辅助接点信号，分相操作的断路器应为分相位置信号。现场不少录波中的断路器位置量录波使用的是分、合闸位置继电器 KTP、KCP 的触点信号，在故障分析时应考虑其在时间上的误差。

保护装置录波中的开关量录波内容比较详细，可以将保护动作过程中关键点逻辑电平的变化情况记录下来，而且保护装置录波中的保护动作类开关量录波，往往要比专用录波器中的保护动作类开关量录波的时效性强。

A.3　故障录波图的阅读方法

这里所指的故障录波图的阅读是指对纸质录波图的目测估算阅读，旨在快速阅读，及时分析处理故障，因此所得数据主要作为定性分析用和简单定量分析用，一般不做深层次定量计算用。需要深层次定量分析场合，可借助专门的录波分析软件从录波装置电子文档中提取精确数值进行分析计算。

故障录波图的阅读主要包括幅值阅读、相位阅读、时间阅读和开关量阅读。

A.3.1　幅值阅读

1. A 相故障电流 I_a 的有效值阅读

从图 A-2 中可以看出 e-f 段电流波形峰值处约占 0.9 格，所以其有效值估算如下：

$$二次有效值 = (0.9 格 \times 17A/格)/\sqrt{2} = 10.82A$$
$$一次有效值 = 10.82 \times (1200/5) = 2596.5A$$

2. A 相故障时 U_a 残压幅值阅读

从图 A-2 中可以看出 g-h 段电压波形峰值处约占 0.3 格，所以其有效值估算如下：

$$二次有效值 = (0.3 格 \times 100V/格)/\sqrt{2} = 21.2V$$
$$一次有效值 = 21.2 \times (220/0.1) = 46.64V$$

3. 含有非周期分量的幅值阅读

如图 A-3 所示，A 相故障电流 I_a 的波形明显偏向时间轴上方，波形中含有一定的非周期分量。从图 A-3 中可以看出，录波图显示的是一次值，使用的标尺为 10kA/格（一次峰值）。此时波形的幅值阅读方法与前面不同。

（1）最大峰值电流阅读。从图 A-3 中可以看出波形最大峰值在 a 点，a 点处约占 2.15格，所以最大峰值估算如下：

$$一次最大峰值 = 2.15 格 \times 10kA/格 = 21.5kA$$
$$二次最大峰值 = 21.5kA/(1250/5) = 86A$$

模拟量通道:

I_a=17.0A/格	I_b=17.0A/格	I_c=17.0A/格	$3I_0$=17.0A/格
U_a=100.00V/格	U_b=100.00V/格	U_c=100.00V/格	$3U_0$=100.00V/格

开关量通道:

1=发信	2=收信	3=A相跳闸	4=B相跳闸
5=C相跳闸	6=永跳	7=重合闸	8=其他保护动作

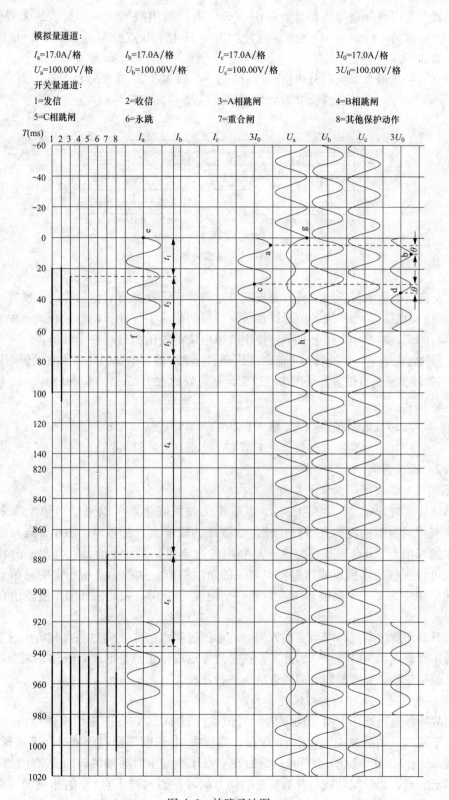

图 A-2　故障录波图一

（2）最大非周期分量电流阅读。从图 A-3 中可以看出波形第一个周波最大峰值点在 a 点，第一个周波另一峰值点在 b 点，a 点处约占 2.15 格，b 点处约占 0.75 格。所以非周期分量值估算如下：

$$一次最大非周期分量值＝(2.15 格－0.75 格)/2×10kA/格＝7kA$$

$$二次最大非周期分量值＝7kA/(1250/5)＝28A$$

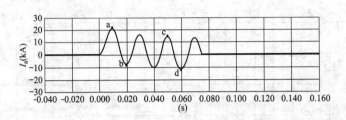

图 A-3　故障录波图二

（3）交流有效值阅读。当波形有非周期分量时，为了提高有效值估算的准确度，应尽量使用故障波形中最后几个周波的波形进行估算，目的是为了让非周期分量衰减至最小，从而对有效值的估算影响最小，但是也不宜使用故障电流消失前的最后一个峰值点，主要考虑电路换路过程的暂态影响，以及负荷电流、电压叠加所造成的影响。因此图中有效值阅读，采用 c 点和 d 点的峰值来进行估算。从图中可以看出 c 点处约占 1.45 格，d 点处约占 1.2 格，所以有效值估算如下：

$$一次有效值＝(1.45 格＋1.2 格)×10kA/格/2/\sqrt{2}＝9.37kA$$

$$二次有效值＝9.37kA/(1250/5)＝37.48A$$

A.3.2　相位阅读

1. 不同电气量之间的相位关系阅读

图 A-2 中零序电流 $3I_0$ 与零序电压 $3U_0$ 相位关系阅读，可以通过加辅助线来帮助阅读，一般利用两波形的特殊点进行比较，如波形的峰值点、过零点。图中 a 点与 b 点的比较是利用的峰值点，c 点和 d 点的比较是利用的过零点，其中 θ 为 $3I_0$ 与 $3U_0$ 的相位角度差。这里可以观察两峰值点或两过零点之间的角度差值，如图 A-2 所示中两峰值点或两过零点之间的角度为 1/4 个周波多一点，而一个周波为 360°，因此估计的角度差值在 100°～110°之间。

阅读时要注意过零点与峰值点的方向，波形的过零点分为正向过零点和负向过零点，峰值点分为正峰值点和负峰值点。因此，在选择过零点或峰值点的时候，要注意两个波形的两个对应点的一致性，要选择同方向最近的点进行比较。

2. 同一电气量故障前后的相位关系阅读

利用故障前电压波形中两个同方向的峰值点（过零点），在图中画出两峰值（过零点）点间的水平距离，如图 A-4 所示中 ab 线段；然后按 ab 长度等幅向故障时间区域延长 ab 线段，得到 ae 线段（ab＝bc＝cd＝de）；最后在 e 点作垂直于时间轴的辅助线交于故障期间的电压波形于 g 点，比较辅助线与其最临近的同方向峰值点（过零点）f 的相位即可得到故障电压与故障前电压的相位关系。

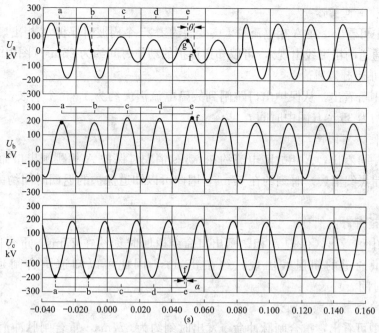

图 A-4　故障录波图三

　　A 相电压故障前的过零点的延伸点 e 与故障期间电压过零点 f 的相位关系为：故障电压滞后故障前电压一个 θ 角。得到 e 和 f 之间的水平距离后，可以通过两种方法估算角度：一是通过两点在故障电压波形上的落点段波形所占周波数来确定，如 g 到 f 段波形约占 1/6 个周波，因此角度差值约为 60°；二是通过时间轴的刻度读出 e 和 f 之间的水平距离对应的时间刻度，然后转换成角度。

　　B 相电压故障前的峰值延伸点 e 与故障期间电压峰值 f 点基本同相，即故障电压与故障前电压基本同相。

　　C 相电压故障前的峰值延伸点 e 与故障期间电压峰值 f 点的相位关系为：故障电压超前故障前电压一个 α 角，为 10°～15°。

　　相位关系阅读中需要注意的是：①当被比较的两个电气量中含有非周期分量时，不宜使用过零点法比较相位，尽量使用峰值点法，同时要用非周期分量衰减至最小后波形进行相位比较；②与幅值阅读一样，也不宜使用故障波形消失前的最后一个峰值点（过零点）；③当被比较的电气量幅值较小，峰值处比较平坦时，为减小阅读误差，尽量使用过零点进行阅读。

A.3.3　时间阅读

1. 故障电流持续时间阅读

　　图 A-2 中 A 相故障电流从 0ms（e 点）时开始突变，至约 60ms（f 点）时结束，持续的时间约为 60ms。时间的阅读可以通过波形图中的时间轴的刻度获得，也可以通过波形本身的周波数来计算获得。例如，A 相的故障电流的波形持续了约 3 个周波，按每周波 20ms 计算，因此故障电流持续了约 60ms。当系统频率变化时，利用故障波形本身的周波数来计算时间可能会有偏差，但一般情况下的定性分析均可忽略这种偏差，这种利用波形本身的周波数来估算时间的方法是录波图阅读中常用的方法。

2. 保护动作时间阅读

从图 A-2 中可看出，在 A 相电流发生突变后约 1.25 个周波时保护 A 相出口跳闸（图 A-2 中 3 号开关量通道的粗黑线出现），可以知道保护的动作时间约为 25ms（图中时间 t_1）。

3. 断路器开断时间阅读

从图 A-2 中可看出，从保护出口跳闸到故障电流消失约为 1.75 个周波，可以知道断路器的开断时间约为 35ms（图中时间 t_2）。

4. 保护返回时间阅读

从图 A-2 中可看出，A 相故障电流约在 60ms 消失，保护 A 相跳闸出口命令返回（3 号开关量通道的粗黑线消失）时刻约在 77ms，因此可以知道保护的返回时间约为 17ms（图中时间 t_3）。

5. 重合闸延时时间阅读

从图 A-2 中可看出，保护 A 相跳闸出口命令返回时刻约在 77ms，重合闸脉冲命令发出（7 号开关量通道的粗黑线出现）约在 877ms，因此可以知道重合闸延时时间约为 800ms（图中时间 t_4）。

6. 保护重合闸脉冲宽度阅读

从图 A-2 中可看出，重合闸脉冲命令发出时刻约为 877ms，重合闸脉冲消失（7 号开关量通道的粗黑线消失）时刻约在 937ms，因此可以知道重合闸脉冲宽度约为 60ms（图中时间 t_5）。

阅读时要注意，不能将重合闸脉冲发出时刻到第二次故障电流出现时刻定义为断路器的合闸时间。其原因，一是重合闸回路要经操作箱合闸保持继电器才能去断路器合闸线圈，因此存在继电器动作时间的延时；二是断路器重合后第二次故障不一定是立刻发生的。

A.3.4　开关量阅读

开关量阅读主要为开关量发生时刻、返回时刻的阅读。如图 A-2 所示中保护 A 相跳闸出口命令发出时刻约在 25ms，返回时刻约在 77ms（3 号开关量通道的粗黑线）。

开关量的阅读与保护动作逻辑需紧密结合。图 A-2 中 1、2 号通道为该线路保护中允许式方向纵联保护的收发信开关量录波，可以看出约在 20ms 时，1、2 号通道开关量几乎同时发生变化，即纵联保护有发信又有收信，满足正方向区内故障特征，约 5ms 后线路保护 A 相跳闸出口，该跳闸命令可以是纵联保护发出的，也可以是线路保护中距离或零序保护发出的。而图 A-2 中在重合闸出口合闸于永久性故障时，约在 942ms 时纵联保护有发信，945ms 时纵联保护有收信，但是线路保护已在 942ms 时三相跳闸出口、永跳出口，图 A-2 中 3～6 号通道出现跳闸出口命令。可见，942ms 时的三相跳闸、永跳命令不是纵联保护发出的，而是距离保护或零序保护的加速段发出的跳闸命令。通过开关量的阅读，可以知道第一次保护动作可能是线路纵联保护出口的，但是重合于故障后的第二次保护动作肯定不是纵联保护最先出口的。

A.4　故障录波图的分析

A.4.1　典型故障的波形特点

电力系统中常见的故障有线路单相接地故障、线路两相短路故障、线路（变压器低压侧）三相短路故障、变压器低压侧两相短路故障。另外，励磁涌流波形也是波形分析经常会见到的一种非故障类波形。

1. 线路单相接地故障波形特征

(1) 故障相电压下降。

(2) 出现较大零序电压。

(3) 故障相电流增大。

(4) 出现零序电流，大小、相位和故障相相同。

2. 线路两相短路故障波形特征

(1) 两故障相电压下降。

(2) 两故障相电流大增，且大小相同，相位相反。

(3) 无零序电压、零序电流。

(4) 在环网系统中，非故障相电流可能略有增加。

3. 线路（变压器低压侧）三相短路故障波形特征

(1) 三相电压均下降，且幅值基本相同。

(2) 三相电流均增大，且幅值基本相同。

(3) 三相电流相位关系与正常运行相同。

(4) 无零序电流、零序电压。

4. 变压器低压侧两相短路故障波形特征

(1) 滞后相电压下降最多。

(2) 滞后相电流最大。

(3) 其他两相电流大小相位相同，大小是滞后相的一半，相位与滞后相相反。

(4) 无零序电压、零序电流。

5. 励磁涌流的波形特征

(1) 含非周期分量，波形偏向一边。

(2) 波形随时间衰减。

(3) 波形有明显间断角（2 次谐波含量高）。

(4) 电压无明显变化。

综上所述，保护装置录波信息清晰，录波图获取便捷、阅读简单，在一般性单一故障的分析处理方面是可以使用，但需要全面掌握各类保护装置的基本原理和其在故障录波方面的特殊点，以便故障分析时能正确判断。但是，保护装置的故障录波信息不能替代专用故障录波器的信息，特别是在高压电网中一些复杂的故障分析处理中，专用故障录波器信息是故障分析的首要信息。例如，高压系统的暂态问题分析、谐波问题分析、振荡问题分析的主要依据就是专用故障录波器的录波信息。

A.4.2　故障录波分析时要注意的问题

1. 不能用保护装置录波取代专用故障录波器录波

(1) 两者功能、作用上的区别。保护装置的首要任务是在系统发生故障时能快速可靠地切除故障，保证系统安全稳定运行，现代的微机保护中均有一定的录波功能，但只是记录与该保护动作情况相关的少数电气量，且记录长度有限。保护装置是不反映除短路故障以外的其他系统动态变化过程的，因此也无法记录这些系统动态变化过程。正确动作的保护故障录波可以作为单一故障的分析依据，但不能完全作为分析电力系统故障发展和演变过程的依据，但是当保护装置不正确动作时，就需要由专用故障录波器的录波数据来分析保护的动作行为。专用故障录波器实际上应命名为电力系统故障动态记录仪，其记录的主要任务是：记录系统大扰动（如短路故障、系统振荡、频率崩溃、电压崩溃等）发生后的有关系统电气量的变化过程及继电保护与安全自动装置的动作行为。

（2）两者在前置滤波、采样频率上的区别。各电气量进入保护装置被用于计算前，都要滤除高频分量、非周期分量等，因此保护装置的故障录波已不是系统故障时的真实波形。由于部分高次谐波与非周期分量被滤除，因此录波波形一般毛刺较少，比较光滑。专用故障录波器旨在真实反映系统的动态变化过程，所录各电气量波形力求真实，一般不经特殊的滤波处理。保护装置的采样频率一般为 $1.2\sim2.4\text{kHz}$，专用故障录波器采样频率为 $3.2\sim5\text{kHz}$。因此，专用故障录波器的录波波形真实性比保护装置录波高，但波形的暂态分量、谐波分量较重，波形毛刺较多。

（3）两者在启动方式上的区别。保护装置一般使用电流的突变量启动以及零序或负序电流辅助启动，不使用稳态的正序电流启动或单一的正、负、零序电压启动。专用故障录波器除了上述的全部启动方式外，还可以使用开关量启动和遥控、手动启动等。

2. 要保障录波设备的运行工况良好

保护装置往往很重视装置的异常、闭锁等告警问题，一旦保护装置的巡检程序检测到软件或硬件的故障，都会向监控系统发告警信号，以提醒运维人员注意。运维人员也对此类故障告警信息很重视，所以保护装置运行工况比较好。而专用故障录波器的侧重点是录波，现场很多的故障录波器的软、硬件故障告警能力远不如保护装置，特别是软件故障告警能力，软件程序"走死"后能可靠发告警信号的能力一直不理想，使得录波器的运行工况无法得到有效监控，给故障分析带来困难。

此外，综合自动化变电站应重视各类二次设备的 GPS 对时问题，精确而统一的事故发生的绝对时间，对于正确快速地阅读各类装置的报文、录波信息，快速处理事故是极其重要的，特别是分析处理区域性电网故障意义更大。

A.4.3 如何提高故障录波图的阅读、分析能力

故障录波图是电网故障处理的入手点，是建立事故分析、处理整体思路所需的重要信息。如何从录波图上去寻找故障分析的突破口，对于迅速判断故障性质、故障位置非常关键。这要求分析者有一定的系统故障分析理论水平，掌握一定的系统知识，还要有丰富的现场经验。

正确阅读、分析故障录波图是继电保护专业人员的一项重要技能，如何提高阅读分析能力，主要有以下六个要点。

（1）多看熟记。继电保护专业人员要多看故障录波图，特别是正确动作的录波图，只有对各种故障情况下正确动作的录波图的特点能熟练掌握，才能对异常情况下的录波图有敏锐的洞察力，从而快速找到故障处理的入手点和突破口。

（2）信息关联。要善于将录波图中获取的信息与自己掌握的系统知识、故障分析知识、保护装置原理、保护整定定值、一次设备基本原理等相互关联起来，往往在关联过程中就能发现异常情况。例如，在图 A-2 中可以知道断路器开断时间 t_2 约为 35ms，这和一般断路器的开断时间是相符的，如果时间偏长，就可能是异常点。在图 A-2 中重合闸延时时间 t_4 约为

800ms，此时可以查看与保护定值整定是否相符。在图 A-2 中，故障期间 A 相电压下降，但是非故障的 B、C 相电压幅值与相位基本保持不变，由此可以从故障分析的理论知识知道保护安装处的零序等值阻抗与正负序等值阻抗接近。A 相的残压相位与零序电压的相位基本反相，可以说明发生的是 A 相的金属性接地短路故障，基本无过渡电阻。故障分析的理论知识，不能只停留在掌握故障点的电气量变化特点，更应掌握故障情况下保护安装处电气量变化的特点。

（3）结合运方。故障录波图的分析、阅读要和系统的运行方式相结合，切忌生搬硬套，同样类型的故障在不同的运行方式下，产生的录波波形会有区别，不能脱离系统运行方式，孤立地去分析阅读录波图，这样很有可能会造成误导。

（4）横向比较。可以将同一故障下不同装置的录波图进行比较，如可以将双套保护配置的保护装置录波图进行比较，也可以将保护装置的录波图与专用故障录波器的录波图进行比较，还可以将上级设备的录波图与下级设备录波图进行比较。进行比较的目的是为了发现异常点，找到故障处理的突破口。在比较时应注意不同保护装置原理导致的录波差异，还要注意不同装置的录波用电流互感器、电压互感器安装位置的不同而导致的录波差异。例如，录波专用电流互感器与保护装置用电流互感器的位置不同，又如母线电压互感器与线路电压互感器的不同等。

（5）细化阅读。要会使用专用故障录波分析软件对电子文档的故障录波图进行细化阅读，以满足在特定的故障分析场合进行深层次的量化分析的需要，这是继电保护专业人员需要掌握的一项技能。

（6）定量计算。在分析故障录波时，有时需要进行一定的定量计算来帮助定性判断，因此有两点需要引起重视。一是要熟练掌握故障分析计算的基本方法，如对称分量法、故障分量法、电路叠加定理等。二是在计算时要善于灵活、合理运用假设、忽略、等效等方法，目的在于简化计算，提高分析判断速度。

附录 B　电力系统调度操作术语说明

序号	术语	含　义
1	设备停电	运行的电气设备，经隔离开关隔离后使设备不带电压
2	设备停役	在运行或备用中的设备经调度操作后，停止运行及备用，进行检修、试验或其他工作
3	设备复役	设备检修完毕，具备运行条件，经调度操作后，投入运行或列入备用
4	设备试运行	检修后或新投产的设备投入系统运行进行必要的试验与检查，并随时可能停止运行
5	开工时间	检修工作负责人向有关工作许可人办好许可工作手续时，这个时间为开工时间
6	完工时间	检修工作负责人向有关工作许可人汇报检修工作结束的时间为完工时间
7	持续停役时间	从停役到复役的持续时间
8	停役时间	锅炉从发出 MFT 信号的时间算起，汽轮机从主汽门关闭时间算起，发电机从主断路器断开时算起。线路、主变压器等电气设备从各端做好保安接地时算起
9	复役时间	锅炉从锅炉点火时间算起，汽轮机从冲转时间算起，发电机从主断路器合上时算起。线路、主变压器等电气设备指汇报工作结束时。发电机组复役从发电机并网时间算起
10	线路（或变压器）潮流	指××线路（或××号主变压器××kV 侧）的电流、有功功率、无功功率。有功功率、无功功率从母线送向设备的为正（记作：$P-jQ$）。反之，设备送向母线的为负（记作：$-P+jQ$）
11	过负荷	线路、主变压器等电气设备的电流超过运行限额
12	有功输出功率	指发电设备的有功输出功率（单位：kW）
13	无功输出功率	指发电设备的无功输出功率（单位：kW）
14	紧急备用	设备存在某些缺陷，只允许在紧急需要时短时期运行，并经有关领导批准
15	进相运行	发电机或调相机力率超前
16	滞相运行	发电机或调相机力率滞后
17	空载	变压器或线路在运行状态，但没有负荷
18	过载	变压器或线路所载负荷已达到限额
19	运行状态	指设备的断路器及隔离开关都在合上位置，即将电源至受电端间的电路接通，包括辅助设备例如电压互感器、避雷器等
20	热备用状态	是指设备只有断路器断开，而隔离开关仍在合上位置
21	一次接线	500、220、110、35、24、10、6.6kV 及 380V 主设备接线
22	二次接线	电压互感器、电流互感器次级回路及保护、自动装置回路接线
23	直流接地	直流系统中某极对地绝缘降低或到零
24	直流接地消失	直流系统中某极对地绝缘恢复，接地消失
25	拉开/合上××隔离开关（或断路器）	将××隔离开关（断路器）切断/接通

续表

序号	术语	含　义
26	冷备用状态	指设备的断路器及隔离开关（如接线方式中有的话）都在拉开位置 （1）"开关冷备用"或"线路冷备用"时，接在断路器或线路上的电压互感器高低压熔断器一律取下，高压隔离开关也拉开 （2）电压互感器与避雷器，当其以隔离开关隔离后，或无高压隔离开关的电压互感器当其低压熔断器取下后，即处于"冷备用"状态 （3）"防雷冷备用"是指输配电线路的断路器、线路隔离开关均拉开，而母线隔离开关不拉开；如线路侧有电压互感器，则线路电压互感器隔离开关应拉开或取下高压熔断器 （4）"带电冷备用"是指断路器本身在断开位置，其带电侧的隔离开关在合闸位置，而无电侧的隔离开关在拉开位置
27	检修状态	指设备的所有断路器、隔离开关均拉开，挂好接地线或合上接地隔离开关。根据不同的设备又分为： （1）"开关检修"是指断路器及断路器两侧隔离开关均拉开，如断路器与线路隔离开关（或变压器隔离开关）间有电压互感器，则该电压互感器的隔离开关需拉开（或取下高压熔断器），取下低压熔断器，取下开关操作回路熔断器，在开关两侧挂上接地线（或合上接地隔离开关），装有母差电流互感器的断路器，其母差电流互感器回路应拆开并短路接地 （2）"线路检修"是指线路的断路器、线路隔离开关、母线隔离开关均拉开，如有线路电压互感器者，则应将电压互感器隔离开关拉开（或高压熔断器取下），低压熔断器也取下，并在线路出线端挂上接地线（或合上线路接地隔离开关） （3）"变压器检修"是指该变压器的断路器、隔离开关均拉开，在变压器各侧挂上接地线（或合上接地隔离开关） （4）"母线检修"是指连接该母线上的所有隔离开关（包括母联、分段）均拉开，还包括该母线上的电压互感器及避雷器改为冷备用状态或检修状态，并在该母线上挂上接地线（或合上母线接地隔离开关） 注：① 在进行不符合上述"四种状态"的操作时，应另行提出要求和发布操作指令 ② 母线无热备用状态。"母线从冷备用改为检修"时，应包括母线上的电压互感器及避雷器改为冷备用状态或检修状态。"母线从检修改为冷备用"时应包括母线电压互感器改为运行状态 ③ 设备转入检修状态，需要挂上有关"标示牌"及装设临时遮栏等安全措施，不列入操作步骤中，但有关人员仍应按照《电业安全工作规程》的规定执行（恢复时同）
28	××保护动作，跳闸（或发信）	××继电保护动作，断路器跳闸（或发信）
29	××点××分××断路器跳闸，保护未动作	××点××分××断路器跳闸，继电保护没有动作
30	××点××分××断路器跳闸	同左
31	××点××分××断路器跳闸，重合成功	同左
32	××点××分××断路器跳闸，重合不成	××点××分××断路器跳闸，重合动作，断路器合上后又跳闸
33	××点××分××断路器跳闸重合闸拒动	××点××分××断路器跳闸，重合闸装置拒绝动作
34	××点××分××断路器强送成功	同左
35	××点××分××断路器强送不成	同左

序号	术语	含　义
36	××断路器非全相运行	××断路器原在运行状态，由于保护动作（跳闸、重合闸动作）或在操作过程中拉闸、合闸等，致使断路器一相或二相运行
37	开启/关闭××阀门（或主汽门）	将××阀门（或主汽门）开启/关闭
38	××号机（或××号炉）紧急停机（炉）	设备发生异常情况，不能维持运行而紧急将设备停止运行
39	振荡	电力系统并列的两部分间或几部分间失去同期，使系统上的电压表、电流表、有功功率表、无功功率表发生大幅度有规律的摆动现象
40	系统突破	系统电压发生瞬时下降或上升后立即回复正常
41	摆动	系统上的电压表、电流表发生有规律的小幅度摇摆现象
42	操作指令	值班调度员对其所管辖的设备进行变更电气接线方式和故障处理而发布倒闸操作的指令
43	操作许可	电气设备，在变更状态操作前，由值长或班长提出操作项目，值班调度员许可其操作
44	并列	发电机（或两个系统间）经检查同期后并列运行
45	解列	发电机（或一个系统）与全系统解除并列运行
46	合环	在电气回路内或电网开口处经操作将断路器或隔离开关合上形成回路
47	解环	在电气回路或电网回路上某处经操作后将环路开口
48	开机	将汽轮发电机组启动待与系统并列
49	停机	将汽轮发电机组解列后停下
50	强送	设备因故障跳闸后，未经检查即送电
51	试送	设备因故障跳闸后，经初步检查后再送电
52	充电	不带电设备与电源接通，但不带负荷
53	验电	用校验工具验明设备是否带电
54	放电	设备停电后，用工具将电荷放去
55	核相	用校验工具核对带电设备的相位
56	挂（拆）接地线（或合上、拉开接地隔离开关）	用临时接地线（或接地隔离开关）将设备与大地接通（或断开）
57	零起升压	利用发电机将设备从零起渐渐增至额定电压
58	××（设备）××保护从停用改为信号（或从信号改为停用）	放上××保护直流熔断器（或合上直流电源开关），或取下直流熔断器（或拉开直流电源开关）
59	××（设备）××（保护）从信号改为跳闸（或从跳闸改为信号）	用上（停用）××保护跳闸连接片
60	用上（或停用）××（设备）××保护×段	用上（或停用）××（设备）××（保护）×段跳闸连接片
61	××（断路器）改为非自动	将断路器直流控制电源断开
62	××（断路器）改为自动	将断路器直流控制电源合上
63	××（设备）××（保护）更改定值	将××（保护）阻抗值、电压、电流、时间等从××值改为××值
64	××保护信号动作	××保护动作发出信号
65	信号复归	将××保护信号指示恢复原位
66	放上或取下××熔断器	将熔断器放上或取下
67	放上或取下××连接片	将连接片放上或取下

续表

序号	术语	含义
68	在××断路器母线侧挂接地线（或合上接地隔离开关）	在××断路器与母线隔离开关之间挂接地线（或合上接地隔离开关）
69	在××断路器线路侧接地线（或合上接地隔离开关）	在××断路器与线路隔离开关之间挂接地线（或合上接地隔离开关）
70	拆除××断路器母线侧接地线（或拉开接地隔离开关）	拆除××断路器与母线隔离开关之间接地线（或拉开接地隔离开关）
71	拆除××断路器线路侧接地线（或拉开接地隔离开关）	拆除××断路器与线路隔离开关之间接地线（或拉开接地隔离开关）
72	在××主变压器××kV侧挂接地线（或合上接地隔离开关）	同左
73	拆除××主变压器××kV侧接地线（或拉开接地隔离开关）	同左
74	工作接地	检修工作人员根据现场需要在工作设备上自行负责装拆的临时接地线
75	实联	为了减少下级电网的合环环流，将上一级电网先行合环的操作
76	解除实联	实联操作的复原
77	开启	将主汽门或阀门处于通路状态
78	关闭	将主汽门或阀门处于非通路状态
79	摇绝缘	用绝缘电阻表测量设备的绝缘状况
80	××点××分××号机并列	发电机用手动同期方法并入电网
81	××点××分××号机自同期并列	发电机用自动同期方法并入电网
82	点火	锅炉点火启动
83	停炉	锅炉熄火停运
84	去压	锅炉停止运行后按规程将压力泄去的过程
85	吹灰	用蒸汽或压缩空气吹清锅炉各受热面上的积灰
86	顶压	用给水泵（水源）保持锅炉内有一定水压
87	水压试验	指设备检修后进行水压试验，检查是否泄漏
88	熄火	锅炉运行中由于某种原因引起炉火突然熄灭
89	打焦	用工具清除四角火嘴、水冷壁、过热器管、防焦箱的结焦
90	盘车	用电动机（或手动）带动汽轮发电机组转子缓慢转动
91	低速暖机	汽轮机开车过程中的低速运转，使汽轮机的本体达到一定均匀的温度
92	系统解列期间由你所（调度所）负责监督频率	同左
93	系统解列期间由你厂负责调频	同左
94	锅炉热状态	锅炉从系统中解列后冷却时间较短或采取措施保持适当的汽温、汽压
95	锅炉的热备用容量	全厂锅炉总的并列容量比调度需要出力多准备的容量，并随时可以根据调度需要加增负荷
96	锅炉冷状态	锅炉已停止运行，但随时可以升火加入运行
97	锅炉（干、湿）保养状态	锅炉已做好保养措施
98	锅炉检修状态	锅炉已做好开工检修措施
99	发电机旋转备用容量（包括原动机）	全厂并列电网运行的发电机总容量较调度输出功率多准备的容量
100	发电机冷备用状态（包括原动机）	发电机已停止运行，但可以随时启动加入运行

序号	术语	含 义
101	发电机检修状态（包括原动机）	已做好开工检修措施的发电机
102	发电机保养状态（包括原动机）	已做好保养措施的发电机
103	升速	汽轮机的转速按规定逐渐升高
104	惰走	汽轮机或其他转动机械在停止汽源或电源后继续保持转动（例如汽轮机停止供汽后的转动）
105	维持全速	发电机组因故与系统解列后，维持额定转速，等待并列
106	滑参数起动（或停）	一机一炉单元情况下，使锅炉蒸汽参数以一定速度随汽轮机负荷上升（或下降）的起动（或停）方式
107	转车	指蒸汽进入汽轮机转子开始转动
108	脱扣	指汽轮机自动装置动作（或手动）造成自动主汽门关闭
109	甩负荷	将载有负荷的发电机的主断路器突然断开（故障或试验）负荷甩至零
110	反冲洗	大型汽轮机凝结器中循环水经调整阀门方式后，反向流动冲走垃圾
111	紧急降低输出功率	系统故障或异常情况下，将发电机组输出功率紧急降低，但发电机组不解列
112	升压（指锅炉）	锅炉自点火至并炉整个过程
113	失步	发电机（或系统）功率不断增大，其同步功率随时间振荡，平均值几乎为零，而进入一个异常运行状态
114	AGC	自动发电控制
115	调频	当系统频率偏差超过规定范围时，发电机组自动增减输出功率或由值班人员进行手动增减输出功率，调度员协调各厂进行增减输出功率，使系统频率恢复至规定范围
116	调频（BLR）	AGC 发电机组输出功率在该模式下，不管 ACE 在任何范围内均调节（除了死区）
117	协助调频（BLA）	AGC 发电机组输出功率在该模式下，仅当 ACE 在辅助调节区和紧急调节区内才进行调节
118	紧急协助调频（BLE）	AGC 发电机组输出功率在该模式下，当 ACE 在紧急调节区内才进行调节
119	固定负荷（BLO）	AGC 发电机组输出功率在该模式下，不管 ACE 在何范围内均不调节，仅根据预定的计划进行调整
120	设定功率（BPO）	AGC 发电机组输出功率在该模式下，不管 ACE 在何范围，发电机组仅根据设定的基点功率进行调整
121	报数：幺，两，三，四，五，陆，柒，八，九，洞	一、二、三、四、五、六、七、八、九、零
122	调度管辖	发电设备的输出功率（计划和备用）运行状态改变和电气设备的运行方式，倒闸操作及故障处理的指挥权限划分
123	调度指令	值班调度员对其所管辖的设备发布变更输出功率计划、备用容量、运行方式、接线方式、倒闸操作以及故障处理的指令
124	调度许可	设备由下级调度运行单位管辖，但其运行状态的改变前必须取得上级值班调度员的许可才能进行
125	发布指令	值班调度员正式给下属各运行值班人员发布的调度指令

续表

序号	术语	含　义
126	接受指令	值班人员接受值班调度员发布给他的调度指令
127	复诵指令	值班人员在接受值班调度员发布给他的调度指令时，依照指令的步骤和内容，给值班调度员诵读一遍
128	汇报指令	值班人员在执行完值班调度员发布给他的调度指令后，向值班调度员报告已经执行完调度指令的程序、内容和时间

参 考 文 献

[1] 国家电力调度通信中心. 电网调度运行使用技术问答. 北京：中国电力出版社. 2000.
[2] 国家电力调度通信中心. 电力系统继电保护实用技术问答. 北京：中国电力出版社. 2004.
[3] 国家电力调度通信中心. 电力系统继电保护典型故障分析. 北京：中国电力出版社. 2004.
[4] 许扬，陆于平，袁宇波. 一种同杆架设多回线路简化零序互感计算方法. 电力自动化设备. 2013.
[5] 芮新花，赵珏斐. 智能变电站二次系统. 北京：中国水利水电出版社. 2016.
[6] 芮新花，赵珏斐. 继电保护综合调试实习实训指导书. 北京：中国水利水电出版社. 2010.
[7] 国家电网公司. 国家电网公司电力安全工作规程（变电部分）. 北京：中国电力出版社. 2017.
[8] 国家电网公司. 国家电网公司十八项电网重大反事故措施. 北京：中国电力出版社. 2011.
[9] 宋庭会. 智能变电站运行与维护. 北京：中国电力出版社. 2013.
[10] 乔峨，安作平，罗承沐，等. 光电式电流互感器的开发与应用. 世纪互感器技术展望. 变压器. 2000.
[11] 龙槐生，张仲先，谈恒英. 光的偏振及其应用. 北京：机械工业出版社. 1989.
[12] 平绍勋，黄仁山. 光电式电流互感器的现状和发展. 高压电器. 2001.
[13] 吕海宝，冯勤群，周卫红，等. 强度型光纤传感检测中强度补偿技术. 激光技术. 1999.
[14] 李家泽，阎吉祥. 光电子学基础. 北京：北京理工大学出版社. 1998.
[15] 申烛，王士敏，罗承沐. 一种电子式电流互感器的研制. 电力系统自动化. 2002.
[16] 易本顺、刘延冰、阮芳. 光学电流互感器现场运行性能分析. 中国电机工程学报. 1997.
[17] 韦仲康. 一起发电厂220kV母线全停事故分析. 电力安全技术. 2005.
[18] 刘学军. 继电保护原理. 北京：中国电力出版社. 2004.
[19] 徐宇新. 湖南电网220kV母线失压事故简析. 电网技术. 1998.
[20] 李斌，隆贤林. 电力系统继电保护及自动装置. 北京：中国水利水电出版社. 2008.
[21] 袁季修，盛和乐，吴聚业. 保护用电流互感器应用指南. 北京：中国电力出版社. 1999.
[22] 高翔. 数字化变电站应用技术. 北京：中国电力出版社. 2009
[23] 殷志良. 数字化变电站中采样值. 同步技术研究. 华东电力. 2008.
[24] 刘天斌，张月品. 同塔并架线路接地距离保护零序电流补偿系数整定. 电力系统及其自动化学报. 2008.
[25] 郑玉平. 智能变电站二次设备与技术. 北京：中国电力出版社. 2014.
[26] 邹森元.《电力系统继电保护级安全自动装置反事故措施要点》条例分析. 沈阳：白山出版社. 2000.
[27] 郭光荣. 电力系统继电保护. 北京：高等教育出版社. 2006.
[28] 王士政. 电力系统控制与调度自动化（第二版）. 北京：中国电力出版社. 2012.
[29] 于永源，杨绮雯. 电力系统分析. 北京：中国电力出版社. 2007.
[30] 沈其工，方瑜，周泽存，等. 高电压技术，4版. 北京：中国电力出版社. 2012.